工程电磁场仿真与应用

主　编　孙惠娟

副主编　蔡智超　邹丹旦

西南交通大学出版社

·成　都·

内容简介

本书根据教育部电气工程专业教指委关于工程电磁场课程及其实验教学的基本要求，为适应工程教育认证发展需要而编写。

全书分 6 章，主要内容包括：工程电磁场数值计算、MATLAB 仿真与实例、ANSYS 仿真与实例、ANSOFT 仿真与实例、验证性实验和电磁场虚拟仿真实验。在内容编排上力求突出工程电磁场的应用，讲透电磁场的基本分析方法，引导读者抓住重点、突破难点、掌握方法，着重阐述问题的解决方法，强调理论联系工程实际，注重培养学生的创新意识、工程素养和解决实际问题的能力。

本书可供普通高等学校电子信息工程、电气工程及其自动化、计算机应用、电子信息科学类及其他相近专业本科生、研究生学习“工程电磁场”“电磁场与电磁波”等课程使用，也可供相关专业研究生、教师、工程技术人员参考。

图书在版编目（CIP）数据

工程电磁场仿真与应用 / 孙惠娟主编. —成都：西南交通大学出版社，2021.10
ISBN 978-7-5643-8334-3

Ⅰ. ①工… Ⅱ. ①孙… Ⅲ. ①电磁场－计算机仿真 Ⅳ. ①O441.4

中国版本图书馆 CIP 数据核字（2021）第 209224 号

Gongcheng Diancichang Fangzhen yu Yingyong
工程电磁场仿真与应用

主编　孙惠娟

责任编辑　赵永铭
封面设计　曹天擎

出版发行　西南交通大学出版社
（四川省成都市金牛区二环路北一段 111 号
西南交通大学创新大厦 21 楼）
邮政编码　610031
发行部电话　028-87600564　028-87600533
网址　http://www.xnjdcbs.com
印刷　四川森林印务有限责任公司

成品尺寸　185 mm × 260 mm
印张　12
字数　277 千
版次　2021 年 10 月第 1 版
印次　2021 年 10 月第 1 次
定价　36.00 元
书号　ISBN 978-7-5643-8334-3

课件咨询电话：028-81435775
图书如有印装质量问题　本社负责退换
版权所有　盗版必究　举报电话：028-87600562

P/前言 reface

《工程电磁场仿真与应用》是为适应工程教育认证发展需要而编写，根据教育部电气工程专业教指委关于工程电磁场课程及其实验教学的基本要求，设置了验证性实验和电磁场虚拟仿真实验。

全书分6章，主要内容包括：工程电磁场数值计算、MATLAB仿真与实例、ANSYS仿真与实例、ANSOFT 仿真与实例、验证性实验和电磁场虚拟仿真实验。本书设置的实验项目覆盖面广、取材新颖、合理，综合性和仿真实验贴近工程实际应用，注重培养学生的创新思维。全书在内容编排上力求突出工程电磁场的应用，讲透电磁场的基本分析方法，引导读者抓住重点、突破难点、掌握方法，着重阐述问题的解决方法，强调理论联系工程实际，注重培养学生的创新意识、工程素养和解决实际问题的能力。

本书由华东交通大学电气与自动化学院工程电磁场教学团队老师共同编写完成。全书共6章，第1章、第2章、第4章和第5章由孙惠娟、蔡智超老师编写；第6章由邹丹旦、祝四强老师编写；第3章由蔡智超、曾晗老师编写。

本书可供普通高等学校电子信息工程、电气工程及其自动化、计算机应用、电子信息科学类及其他相近专业本科生、研究生学习“工程电磁场”“电磁场与电磁波”等课程使用，也可供相关专业研究生、教师、工程技术人员参考。

对本书选用的参考文献的著作者，我们致以真诚的感谢。限于编者水平，书中难免有疏漏和不妥之处，敬请同行和读者批评指正。

编 者

2021年8月

目录 Contents

第 5 章 验证性实验

第 6 章 电磁场虚拟仿真实验

第 1 章　工程电磁场数值计算

1.1　概　述

电磁场的分析方法主要包括作图法、实验法和计算法。作图法的特点为定性分析不够精确；实验法的成本高昂并且有时会可能无法实现，其主要包括实测法和模拟法；计算法主要包括解析法和数值法。电磁场分析方法的框架如图 1-1 所示。

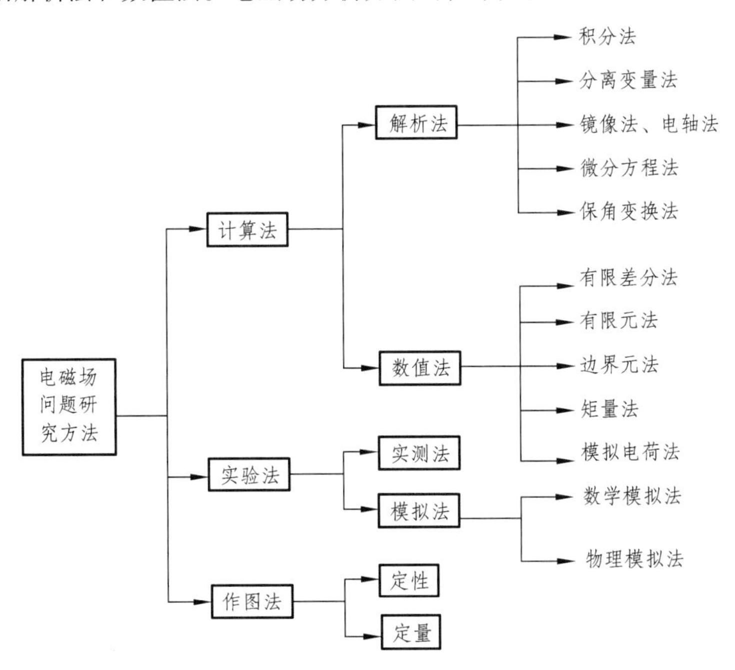

图 1-1　电磁场分析的主要方法

1.1.1　解析法

解析法是求解偏微分方程的经典方法，主要应用于理论分析。其主要包括分离变量法、格林函数法、积分变换法等。

解析法的主要优点：解是精确的；具有一定的普适性，当问题中的某些参数变化时不必重新求解；具有明确的解析表达式，能够反映参数之间的依赖关系。

解析法的主要缺点：适用的范围非常有限，仅有极少数的问题可以直接求解。

1.1.2 数值计算方法

数值计算方法是一种广泛运用于电气、军事、经济、生态、医疗、天文、地质等众多领域的研究并解决数学问题数值近似解的方法。其优点为适用范围广，一般可以求解大多数问题；缺点为计算量比较大，因此数值法的发展与高性能计算机技术同步。在电磁场领域，电磁场数值分析技术已经成为解决工程实际问题的主要手段。自从 1864 年麦克斯韦建立了统一的电磁场理论，围绕电磁分布边值问题的求解，国内外专家学者做了大量的工作。在数值计算方法之前，电磁分布的边值问题的研究方法主要是推导过程极其烦琐的解析法，缺乏通用性，实际应用中存在局限性，可求解的问题十分有限。20 世纪 60 年代以来，随着电子计算机技术的不断发展，多种电磁场数值计算方法应运而生。对比解析法而言，数值计算方法受边界形状的约束大幅减少，可以解决多种类型的复杂问题。

1.2 麦克斯韦方程组

电磁场数值分析是根据电磁场的基本特性，即基于麦克斯韦方程组：首先，建立逼近实际工程电磁场的数学模型；然后，采用相应的数值计算方法，经离散化处理，把连续型数学模型转化为离散型数学模型——由离散数值构成的联立代数方程组（离散方程组），应用有效的代数方程组解法，计算出数学模型的离散解（即场量的数值解）；最后，在所得该电磁场场量（含势函数）离散解的基础上求出所需的场域中任意点处的场强、任意区域的能量、损耗分布，以及各类电磁参数与性能指标等，以达到对给定的工程电磁场正问题进行理论分析、工程判断乃至优化设计等目的。

麦克斯韦方程组是麦克斯韦提出的可用于所有宏观电磁现象的理论模型，它是电磁场理论的基础，主要由安培环路定律、法拉第电磁感应定律、高斯电通定律和高斯磁通定律（磁通连续性定律）组成。

磁场中磁场强度 $\overrightarrow{H}$ 在任意闭合路径上的积分和穿过其所围成曲面 S 内的电流之和相等，称为安培环路定律。积分表示为

$$\oint_{\Gamma} \vec{H} \cdot \mathrm{d}\vec{l} = \iint_{S} \left(\vec{J} + \frac{\partial \vec{D}}{\partial t} \right) \cdot \mathrm{d}\vec{S} \tag{1-1}$$

式中，Γ 是 S 的边界，$\vec{J}$ 是电流密度矢量，$\partial \vec{D} / \partial t$ 是电流密度，$\vec{D}$ 是电通密度。

在闭合回路中，感应电场的环量与回路中的磁通量随时间的变化成正比。称为法拉第电磁感应定律。积分式为

$$\oint_{\Gamma} \vec{E} \cdot \mathrm{d}\vec{l} = -\iint_{S} \frac{\partial \vec{B}}{\partial t} \cdot \mathrm{d}\vec{S} \tag{1-2}$$

式中，$\vec{E}$ 为电场强度，$\vec{B}$ 为磁感应强度。

电场中穿过任意闭合曲面的电通量与该曲面围聚的电荷量相等，称为高斯电通定律。

积分表示为

$$\oiint_S \vec{D}\cdot \mathrm{d}\vec{S} = \iiint_V \rho \mathrm{d}V \tag{1-3}$$

式中，V 是 S 围成的体积，ρ 是电荷体密度。

在磁场中任意闭合曲面的磁通量恒为零，磁通量是磁通矢量对这个曲面的积分，称为高斯磁通定律。积分表示为

$$\oiint_S \vec{B}\cdot \mathrm{d}\vec{S} = 0 \tag{1-4}$$

式（1-4）表明磁场为无源场。

引入位移电流假说，方程组可以表示成对应的微分形式：

$$\begin{cases} \nabla\times\vec{H}=\vec{J}+\dfrac{\partial\vec{D}}{\partial t} \\ \nabla\times\vec{E}=\dfrac{\partial\vec{B}}{\partial t} \\ \nabla\cdot\vec{D}=\rho \\ \nabla\cdot\vec{B}=0 \end{cases} \tag{1-5}$$

添加介质特征，可写出电磁场的辅助方程组：

$$\begin{cases} \vec{D}=\varepsilon\vec{E} \\ \vec{B}=\mu\vec{H} \\ \vec{J}=\sigma\vec{E} \end{cases} \tag{1-6}$$

式（1-6）中，ε、μ 和 σ 分别表示介电常数、磁导率和电导率。

在变化的电磁场中，一般需对方程组做简化以便于求解，为把电场矢量和磁场矢量分离开来，定义两个物理量，即矢量磁位（$\vec{A}$）和标量电势（φ）；如下公式：

$$\begin{cases} \vec{B}=\nabla\times\vec{A} \\ \vec{E}=-\nabla\varphi \end{cases} \tag{1-7}$$

因矢量磁位和标量电势满足法拉第电磁感应定律和高斯磁通定律，结合安培环路定律和高斯磁通定律推导出磁场偏微分方程和电场偏微分方程：

$$\begin{cases} \nabla^2\vec{A}-\mu\varepsilon\dfrac{\partial^2\vec{A}}{\partial t^2}=-\mu\vec{J} \\ \nabla^2\varphi-\mu\varepsilon\dfrac{\partial^2\varphi}{\partial t^2}=-\dfrac{\rho}{\varepsilon} \end{cases} \tag{1-8}$$

式中，∇^2 表示拉普拉斯算子：

$$\nabla^2=\left(\frac{\partial^2}{\partial x^2}+\frac{\partial^2}{\partial y^2}+\frac{\partial^2}{\partial z^2}\right) \tag{1-9}$$

1.3 磁场中的边界条件

电磁场中表示边界所处的值称为边界条件，边界条件可分为以下三种边界条件：狄利克雷边界条件、诺依曼边界条件和混合边界条件。

（1）狄利克雷边界条件（第一类边界条件）。

$$\Phi|_{\Gamma}=g(\Gamma) \tag{1-10}$$

式中，Γ 为其边界，$g(\Gamma)$ 一般为常数或零。有限元分析时称它为约束边界条件，反映边界的场量分布。

（2）诺依曼边界条件（第二类边界条件）。

$$\frac{\partial \Phi}{\partial n}|_{\Gamma}+f(\Gamma)\Phi|_{\Gamma}=h(\Gamma) \tag{1-11}$$

式中，Γ 为其边界，n 为边界的外法线矢量，$f(\Gamma)$ 和 $h(\Gamma)$ 一般为常数或零，诺伊曼边界条件表明了边界处场量的法向分布。

（3）混合边界条件（第三类边界条件）。

若边界条件为第一类边界条件和第二类边界条件的线性组合，则这种边界条件称为混合型边界条件。

1.4 数值计算方法

1.4.1 模拟电荷法

模拟电荷法是静电场数值计算的主要方法之一。类似于镜像法，模拟电荷法基于静电场的唯一性定理，将导体电极表面连续分布的自由电荷用位于导体内部的一组离散的电荷来替代（例如在导体内部设置一组点电荷、线电荷或环电荷等），这些离散的电荷被称为模拟电荷。然后应用叠加定理，用这些模拟电荷的解析公式计算场域中任意一点的电位或电场强度。而这些模拟电荷则根据场域的边界条件确定，模拟电荷法的关键在于寻找和确定模拟电荷。

早在 1950 年，Loeb 在研究棒形电极的电晕放电时，就用了一组虚设在电极内部的电荷来计算棒形电极对地的电场分布，他没有用计算机，仅通过手算就完成了计算。到了 20 世纪 60 年代末期，M. S. Abou-Seada 和 E. Nasser 借助计算机用模拟电荷法计算了棒形电极和圆柱形电极对地的电场分布。20 世纪 70 年代以后，模拟电荷法在高电压工程的电场计算方面显示了很大的优点。H. Singer 和 H. Steinbigler 将模拟电荷法用于二维和三维电场计算，得到了计算结果。B. Bachmann 将模拟电荷法用于计算具有表面漏电流的电场问题。模拟电荷法也被用于高电压电极系统的优化设计，例如通过修正原有电极的外形使电极表面的电场强度均匀分布或使电极表面的最大电场强度最小，以使绝缘材料得到充分利用。

从本质上看，模拟电荷法可以看作是广义的镜像法，但它在数值处理和工程实用方面远优于镜像法。

模拟电荷法的基本思想就是在被求解的场域以外，用一组虚设的模拟电荷来等效代替电极表面的连续分布的电荷，并应用这些模拟电荷的电位或电场强度的解析计算公式来计算电场。模拟电荷的类型（例如点电荷、直线电荷、圆环电荷等）和位置是由计算者事先根据电极的形状和对场分布的定性分析所假设的，而模拟电荷的电荷值则由电极的电位边界条件通过解线性代数组确定。当模拟电荷的电荷值确定后，场中任意一点的电位或电场强度就可以通过叠加定理由这些模拟电荷的电位或电场强度的解析计算公式进行计算。因此，模拟电荷法的理论基础是静电场的唯一性定理。

在场域外（电极内部）设置 n 个模拟电荷 Q_j（j=1，2，…，n），在给定电位边界条件的电极表面上选定 n 个电位匹配点，显然，各匹配点上的电位值 φ_{0j}（j=1，2，…，n）是已知的。根据叠加定理，对应于所有的 n 个匹配点，可以逐一地列出由设定的 n 个模拟电荷所建立的电位表达式，即

$$\begin{cases} P_{11}Q_1 + P_{12}Q_2 + \cdots + P_{1n}Q_n = \varphi_{01} \\ P_{21}Q_1 + P_{22}Q_2 + \cdots + P_{2n}Q_n = \varphi_{02} \\ \qquad\qquad \cdots\cdots \\ P_{n1}Q_1 + P_{n2}Q_2 + \cdots + P_{nn}Q_n = \varphi_{0n} \end{cases} \tag{1-12}$$

式中，P_{ij} 为第 j 个单位模拟电荷在第 i 个匹配点上产生的电位值，它与第 j 个模拟电荷的类型和位置以及第 i 个匹配点和场域的介电常数有关，而与第 j 个模拟电荷的电荷值无关，通常称为电位系数。

针对具体问题列出模拟电荷的线性代数方程组（1-12）以后，就可以求解模拟电荷的电荷值 Q_j（j=1，2，…，n）。

然而，尚不能用这些模拟电荷直接计算场域任意一点的电位或电场强度，必须检验这些模拟电荷产生的电位是否满足电极表面上非匹配点的边界条件。为此在电极表面上另外选取 m 个电位校验点，电位校验点一般选在两个相邻的电位匹配点中间。用模拟电荷对每个电位校验点的电位进行计算，即

$$\varphi_k = P_{k1}Q_1 + P_{k2}Q_2 + \ldots + P_{kn}Q_n \quad (k = 1,\ 2,\ \cdots,\ m) \tag{1-13}$$

将各个电位校验点的电位值 φ_k（k=1，2，…，m）与给定的已知电位值 φ_{0k}（k=1，2，…，m）相比，如果二者的差值满足

$$|\varphi_k - \varphi_{0k}| \leqslant \Delta \quad (k = 1,\ 2,\ \cdots,\ m) \tag{1-14}$$

式中 Δ 为由计算者预先确定的计算误差，则由式（1-12）解出的模拟电荷的电荷值有效，即可以应用这些模拟电荷来计算场域中任意一点的电位或电场强度。如果式（1-14）不满足，则应该对第一次假设的模拟电荷的类型、位置、个数做适当调整，重新计算式（1-12）和式（1-13），直到式（1-14）满足要求为止。

综上所述，模拟电荷法的主要步骤如下：

（1）根据对电极和场域的定性分析和经验，确定一组模拟电荷的类型、位置和数量。

（2）根据电极表面的几何形状，选定与模拟电荷数量相同的电极表面电位匹配点，然后建立模拟电荷的线性代数方程组。

（3）解模拟电荷的线性代数方程组，求解模拟电荷的电荷值。

（4）在电极表面另外选定足够数量的电位校验点，校验电极表面的电位计算精度。如果不符合要求，则重新修正模拟电荷的类型、位置或数量，再行计算，直到达到所要求的计算精度为止。一般经过几次修正即能达到要求。

（5）按所得的模拟电荷用解析计算公式计算场域内任意一点的电位或电场强度。

在模拟电荷法中，模拟电荷的选定是相当随意的。这时计算者的直观经验的判断将起到重要作用。计算者一般按场分布的特点，选择模拟电荷的类型、位置和数量，以求使所设置的模拟电荷的整体在给定电极表面的总电位有可能满足电极表面的等电位要求。

模拟电荷与电极表面匹配点的布置对于计算精度有很大的影响。在具体应用时，通常由于匹配点位于电极表面，所以应首先选定电极表面匹配点的位置，然后再决定相应模拟电荷的位置。经验表明，遵循以下原则是合宜的：

（1）在电场急剧变化处或在所关心的场域附近，电极表面匹配点和模拟电荷可以分布密些，但在电极表面的角点处一般不应设置匹配点。

（2）模拟电荷宜正对电极表面匹配点放置，并以落在与电极表面内的垂线上为佳。此外，若设模拟电荷到电极表面的垂直距离为 a，对应电极表面匹配点左右相邻两个匹配点之间的距离为 b，则根据经验，二者之间的比值 a/b 取 0.2 ~ 1.5，通常取 0.75。

（3）模拟电荷的设定不是越多越好，因为在数值计算中，数值解的误差不仅与离散误差相关，还与电位系数矩阵的条件数有关。当电极表面匹配点的数量增多时，虽然离散误差似有所减小，但是同时也导致电位系数矩阵中相邻两行或相邻两列之间的元素数值相近，因而使电位系数矩阵的行列式的值很小，电位系数矩阵的条件数增大，即导致所谓“病态”线性代数方程组。这将引起计算时的舍入误差和数字有效位相减误差的增加，影响计算精度。

1.4.2 有限差分法

在电磁场数值计算方法中，有限差分法（Finite Difference Method，简称 FDM）是应用最早的一种方法。有限差分法以其概念清晰、方法简单等特点，在电磁场数值分析领域内得到了广泛的应用。现阶段各种电磁场数值计算方法发展很快，尤其是在有限差分法与变分法相结合的基础上形成的有限元法日益得到广泛的应用。

为求解由偏微分方程定解问题所构造的数学模型，有限差分法的基本思想是利用网格剖分将定解区域（场域）离散化为网格离散节点的集合，然后，基于差分原理的应用，以各离散点上函数的差商来近似替代该点的偏导数。这样，待求的偏微分方程定解问题可转化为相应的差分方程组（代数方程组）问题，解出各离散点上的待求函数值，即为所求定解问题的离散解，若再应用插值方法，便可从离散解得到定解问题在整个场域上的近似解。

对于包括电磁场在内的各种物理场，应用有限差分法进行数值计算的步骤通常是：

（1）采用一定的网络划分格式离散化场域，把实际连续的场离散为有限多个点，用这些离散点上的参数近似描述实际上连续的场也就是所谓的离散。

（2）基于差分原理的应用，对场域内偏微分方程以及场域边界上的边界条件进行差分离散化处理，即用差商代替偏导数，给出相应的差分计算格式。

（3）结合一定的代数方程组的解法，编制计算程序求解由上述步骤所得到的对应于待求边值问题的差分方程的解，即求出节点的位函数值，据此进一步求出场强分布。

有限差分法是以差分原理为基础的一种数值计算法。它用离散的函数值所构成的差商来近似逼近相应的偏导数，而所谓差商则是基于差分应用的数值微分表达式。设一函数 $f(x)$，其自变量 x 得到一个很小的增量 $\Delta x=h$，则函数 $f(x)$ 的增量为

$$\Delta f(x)=f(x+h)-f(x) \tag{1-15}$$

式（1-15）称为函数 $f(x)$ 的一阶差分。显然，只要增量 h 很小，差分 Δf 与微分 $\mathrm{d}f$ 之间的差异将很小。

一阶差分仍是自变量 x 的函数，类似地，按式（1-15）计算一阶差分的差分，就得到 $\Delta^2 f(x)$，称之为原始函数 $f(x)$ 的二阶差分。同样，当 h 很小时，二阶差分 $\Delta^2 f(x)$ 逼近于二阶微分 $\mathrm{d}^2 f$。同理，可以定义更高阶的差分。

根据泰勒展开式定理，如果定义在一个包含 x 的区间上的函数 $f(x)$ 在 x 处 n+1 次可导，那么对于在这个区间的任意 $x+\Delta x$，都有

$$f(x+\Delta x)=f(x)+\frac{f'(x)}{1!}+\frac{f''(x)}{2!}(\Delta x)^2+\cdots+\frac{f^{(n)}(x)}{n!}(\Delta x)^n+R_n(x) \tag{1-16}$$

令 $u_{i+1,j}=u_{i,j}+\Delta u$，代入上式有

$$u_{i+1,j}=u_{i,j}+(\frac{\partial u}{\partial x})_{i,j}\cdot\frac{\Delta u}{1!}+(\frac{\partial^2 u}{\partial x^2})_{i,j}\cdot\frac{(\Delta u)^2}{2!}+\cdots+(\frac{\partial^{(n)} u}{\partial x^{(n)}})_{i,j}\cdot\frac{(\Delta u)^n}{n!}+R_n(u) \tag{1-17}$$

根据差分形式的不同，可以将有限差分法分为前向差分、后向差分和中心差分三种不同的形式。

综上所述，对场域 D 内各个节点（包括所有场域内节点和有关的边界节点）逐一列出对应的差分计算格式，即构成以这些离散节点上的位函数 u 为待求量的差分方程组（代数方程组）。该方程组的系数一般都有规律，且各个方程都很简单，包含的项数不多（取决于前述对称或不对称的所谓星形离散结构，每个方程待求量的项数最多不超过 5 项）。

1.4.3 有限元法

有限元法是将连续的求解域离散为一组单元的组合体，用每一个单元的近似函数来替代整个组合体的函数，建立求解场函数的方程组。

有限元法由于在各个单元进行函数近似，因此首先也得对整个场域进行划分网格，然后根据划分的网格单元和空间维数的不同，可以分为线单元、二维单元和三维单元。其中二维单元可以分为三角形单元和四边形单元；三维单元分为四面体单元和六面体单元。

有限元方法的步骤：

（1）运用变分原理把边值问题转变成变分问题，建立表达式；

（2）将完整的连续区域离散成有限个子区域；

（3）选择子域中的插值函数，将子域中待求函数用一组带有未知系数的简单插值函数近似代替；

（4）用变分法得到一组代数方程；

（5）解代数方程组获取边值问题的解。

网格细分法是基于有限元方法，在不改动基础模型、不限定网格数量的前提下减小网格边长，以减小单元运算面积，获得更精确解的方法。首先将求解区域离散化成三角形单元，通过剖分插值计算子空间（每个三角形单元），用各个子空间场计算结果逼近整个空间的场。在同一求解域中随着网格边长的减小，网格数量的增多，每个子空间的面积会减小，计算数量会增多，而使得在最终联立的方程组的计算结果会更准确。

第 2 章　MATLAB 仿真与实例

2.1　MATLAB 概述

MATLAB 是矩阵实验室（Matrix Laboratory）的简称，是一种用于算法开发、数据可视化、数据分析及数值计算的高级计算语言。MATLAB 里有若干个附加的工具箱（单独提供的专用 MATLAB 函数集），可以实现数值分析、优化、统计、偏微分方程数值解，解决应用领域内特定类型的问题。

MATLAB 的主要特点有：

（1）计算功能强大。MATLAB 具有强大的数值计算功能，编程语法简单，用简单指令可以完成大量的计算，计算界可视化。

（2）工具箱功能强大。MATLAB 包含两个部分：核心部分和各种可选的工具箱。核心部分有数百个核心内部函数。其工具箱又分为两类：功能性工具箱和学科性工具箱。

① 功能性工具箱主要用来扩充其符号计算功能、图示建模仿真功能、文字处理功能及与硬件实时交互功能。功能性工具箱用于多种学科。

② 学科性工具箱的专业性比较强，如统计工具箱（Statistics Toolbox）、优化工具箱（Optimization Toolbox）、曲线拟合工具箱（Curve Fitting Toolbox）、神经网络工具箱（Neural Network Toolbox）、金融工具箱（Financial Toolbox）、控制系统工具箱（Control System Toolbox）、信号处理工具箱（Signal Processing Toolbox）等。

（3）移植性和开放性好。MATLAB 可以很方便地移植到能运行 C 语言的操作平台上。除了内部函数外，MATLAB 的所有核心文件和工具箱文件都是公开的，都是可读可写的源文件，用户可通过对源文件的修改及加入自己的文件构成新的工具箱。

（4）绘图方便。MATLAB 具有较强的编辑图形界面的能力。图 2-1 和图 2-2 分别为 MATLAB 绘制的三维图和二维图。

（5）编程效率高。MATLAB 是一种面向科学与工程计算的高级语言，用 MATLAB 编写程序犹如在演算纸上排列出公式与求解问题。因此，MATLAB 语言也可通俗地称为演算纸式科学算法语言，编写简单，效率高，易学易懂。

（6）用户使用方便。MATLAB 语言能够把编辑、编译、链接和执行融为一体，可在同一画面上进行灵活操作，快速排除输入程序中的书写错误和语法错误。

（7）语句简单，内涵丰富。MATLAB 语言中最重要的成分是函数，其一般形式为[a，b，c，…]=fun（d，e，f，…），即一个函数由函数名，输入变量 d，e，f，…和输出变量

a，b，c，…组成，同一函数名 F，不同数目的输入变量（包括无输入变量）和不同数目的输出变量，代表着不同的含义。图 2-3 表示自定义函数的特征。

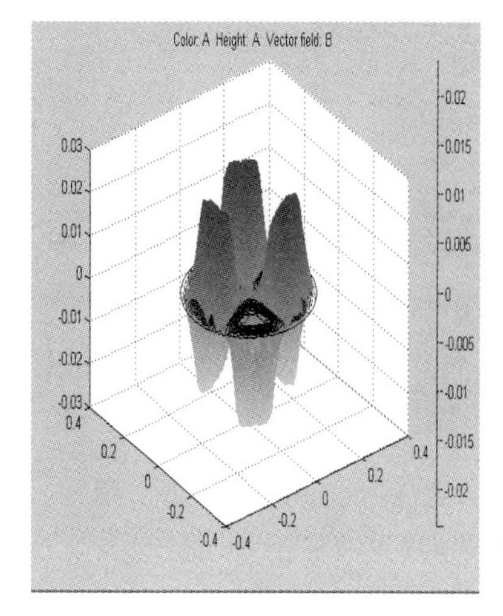

图 2-1　MATLAB 绘制的三维图

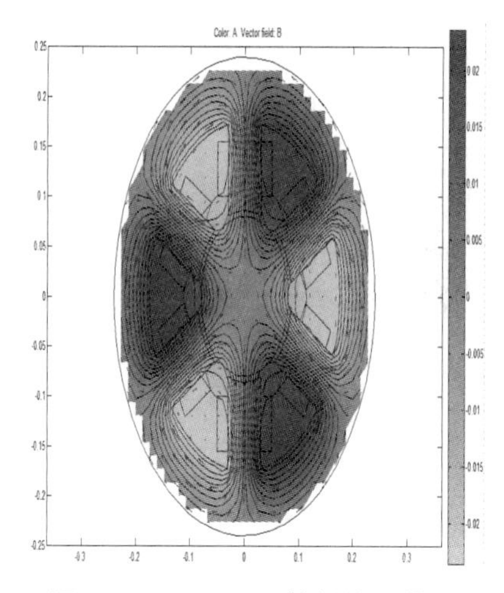

图 2-2　MATLAB 绘制的二维图

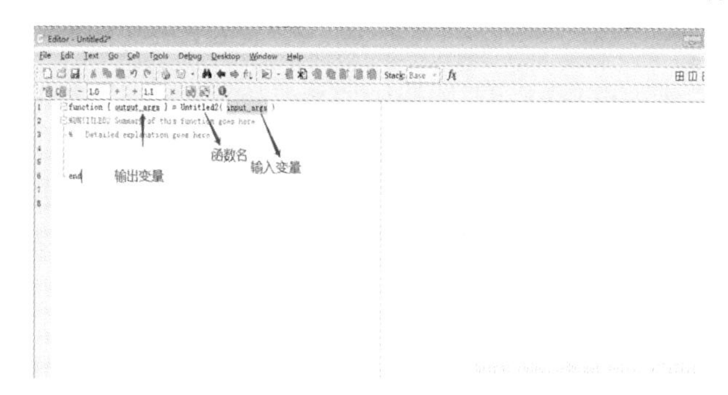

图 2-3　自定义函数文件的特征

2.1.1　MATLAB 启动

利用菜单、快捷键或者文件夹三种方法都可以进入 MATLAB 工作窗口。利用菜单进入 MATLAB 的操作步骤为：进入 Win9x→开始→程序→MATLAB Release 12→MATLAB R2012a。MATLAB R2012a 的工作窗口如图 2-4 所示。

图 2-4　MATLAB 的工作窗口

从 MATLAB 的工作窗口可以看出其包含 3 个区域，这三个区域的名称和作用如下。

（1）CurrentFolder：中文一般翻译成工作路径，一般设置成一个自己建立的、有读写权限的文件夹，例如在“我的文档”下建立一个“matlab”文件夹。

（2）Command Window：字面意思是命令窗口，用来运行代码，所有的代码都是在这里输入。

（3）Workspace：字面意思是工作空间，其实就是暂存所有运行结果的地方。

MATLAB 工作窗口中的一些常用操作命令参见表 2-1。

表 2-1　MATLAB 命令窗口中部分常用命令

命令	目的	命令	目的
demo	演示程序	type	显示文件内容
quit	关闭和退出 MATLAB	dir	列出制定目标下的文件和句子目录清单
pathtool	搜索路径管理器	whos	列出工作内存中的变量细节
path	设置 MATLAB 的搜索路径	who	列出工作内存中的变量名
tookfor	关键词	which	确定指定函数和文件的位置
load	从磁盘文件中调入数据变量	save	把内存数据变量存入磁盘文件中
length	确定向量的长度	workspace	工作内存浏览器
help	在线帮助指令	what	列出当前目录下的 M 文件、mat 文件和 mex 文件
exist	检查变量或文件的存在性	size	确定矩阵的维数

在 MATLAB 语言中，一些标点符号也被赋予了特殊的意义或代表一定的运算，如表 2-2 所示。

表 2-2　MATLAB 语言的标点

标点	说明	标点	说明
:	冒号，具有多种应用功能	%	百分号，注释标记
;	分号，区分行及取消运行结果显示	!	惊叹号，调用操作系统运算
,	逗号，区分列及函数参数分隔符	=	等号，赋值标记
( )	括号，指定运算的优先级	‘	单引号，字符串的标识符
[]	方括号，定义矩阵	.	小数点及对象域访问
{}	大括号，构造单元数组	…	续行符号

2.1.2　MATLAB 的数据类型和变量

MATLAB 的数据类型主要包括：数字、字符串、矩阵、数组、单元型数据和结构型数据。MATLAB 最常用的是数值数组（double array）和字符串（char array）。矩阵是 MATLAB 最基本和最重要的数据对象，单个数值看作是一行一列矩阵，列向量看作是只有一列的矩阵，行向量看作是只有一行的矩阵。MATLAB 可以进行数组运算和矩阵运算，数组运算是元素对元素的元素运算，矩阵运算强调的是整体运算，采用线性代数的运算方法，MATLAB 通过运算符（见表 2-3）的不同来区别这两种运算。通常，数学中数据的主要形式有数字、字母变量、表达式、向量和矩阵。

表 2-3　MATLAB 的几种基本算数运算符

算数运算符	功能	运算式
/	左除	a/b 即 a÷b
\	右除	a\b 即 b÷a
^	乘方	a^b
.*	数组乘法	点运算符，表示数组中对应元素的运算，在作图和编写函数时经常使用
./	数组左除	
.\	数组右除	
.^	数组乘方	
:	冒号表达式，生成数组	a:b 或 a:n:b
（ ）	小括号，用于决定计算顺序	
[ ]	中括号，用于生成数组或矩阵	

MATLAB 的变量命名规则：

（1）变量名、函数的大小写不同。

（2）变量的第一个字符必须为英文字母，最多不能超过 31 个字符。

（3）变量名可以包含下划线、数字，但不能包含空格、标点。

（4）MATLAB 中的关键字（又称保留字，如 for、end、if、while 等等）不能用作 MATLAB 的变量名。

2.1.3　图形处理

plot 是绘制二维图形的最基本函数，它是针对向量或矩阵的列来绘制曲线的。常用格式如下。

（1）plot（x）：当 x 为一向量时，以 x 元素的值为纵坐标，x 的序号为横坐标值绘制曲线。

例：a=[5 2 8 4 7 2]，其维数为 6，求 plot(a)。

在命令窗口输入：

```
>> a=[5 2 8 4 7 2];
>> plot（a）
```

绘制的实数向量二维图形如图 2-5 所示。

如果 x 为实数矩阵，则把 x 按列方向分解为几个列向量，而 x 的行数为 n，则 plot(x) 等价于 plot(y，x)，其中 y=[1；2；…；n]；（如果 x 为一实矩阵时，则以其序号为横坐标，按列绘制每列元素值相对于其序号的曲线，当 x 为 m×n 矩阵时，就有 n 条曲线）。

（2）plot（x，y）：以 x 元素为横坐标值，y 元素为纵坐标值绘制曲线。

（3）plot（x1，y1，x2，y2，⋯）：绘制多条曲线。

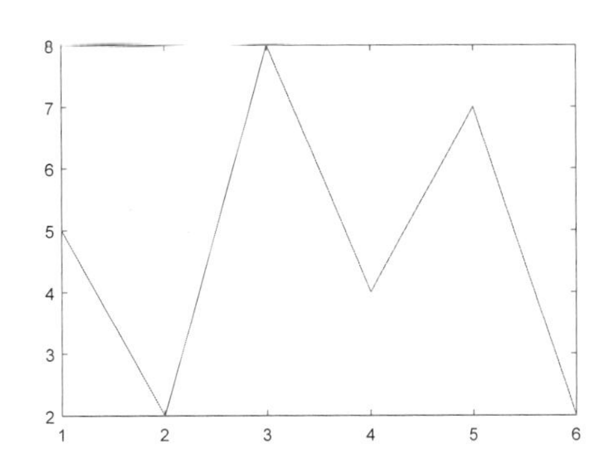

图 2-5　实数向量二维图形

MATLAB 的几种数据点形如表 2-4 所示。

表 2-4　MATLAB 的几种数据点形

符号	含义	符号	含义
.	实心黑点	v	朝下三角符
o	空心圆圈	^	朝上三角符
x	叉字符	<	朝左三角符
+	十字符	>	朝右三角符
*	星号	p	五角星
s	正方形	h	六角星
d	菱形符		

例：画出 0 到π带有显示属性设置的正弦和余弦曲线。

```
>>x=0：pi/10：2*pi;                 %构造向量
>>y1=sin(x);                         %构造对应 y1 的坐标
>>y2=cos(x);                         %构造对应 y2 的坐标
>>plot(x,y1,'r + -',x,y2,'k * :')    %y1 曲线用红色实线并用+号显示数据点位置，
y2 曲线用黑色点线并用*号显示数据点位置
```

绘制的二维图如图 2-6 所示。

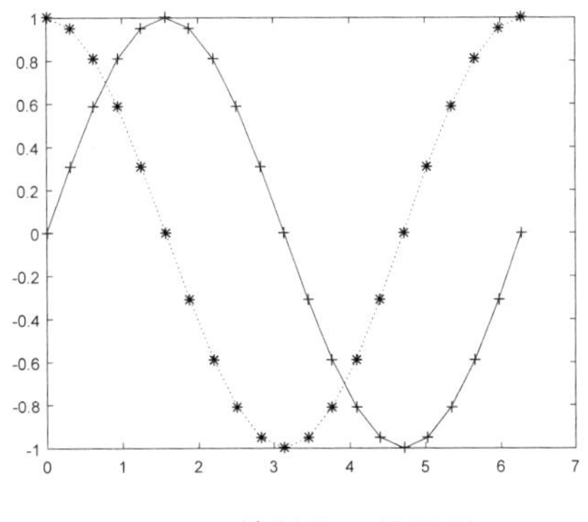

图 2-6　绘制的三维图形

2.2 PDE 图形用户界面

MATLAB 提供的图形用户界面的偏微分方程数值求解工具主要有菜单和工具栏两部分，可以交互式地实现偏微分方程数学模型的数值求解。

2.2.1 PDE Toolbox 菜单

（1）File 菜单（见图 2-7）。

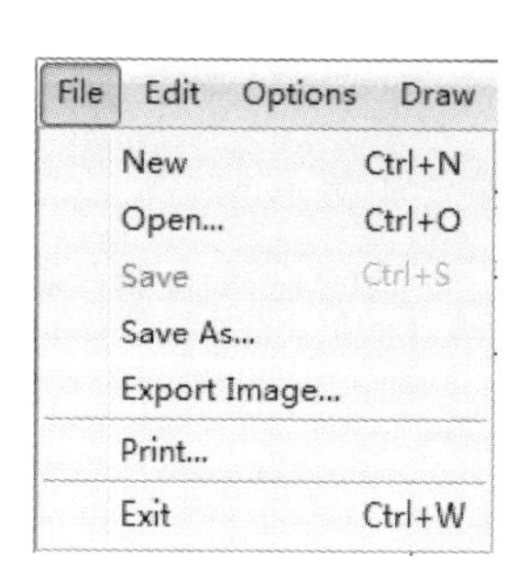

图 2-7 File 菜单

New： 新建一个几何结构实体模型（Constructive Solid Geometry，简记为 CSG），默认未见名为“Untitled”。

Open...： 从硬盘装载 M 文件。

Save： 将在 GUI 内完成的成果储存到一个 M 文件中。

Save As...： 将 GUI 内完成的成果储存到另一个 M 文件中。

Print...： 将 PDE 工具箱完成的图形送到打印机内进行硬拷贝。

Exit： 退出 PDE 工具图形用户界面。

（2）Edit 菜单（见图 2-8）。

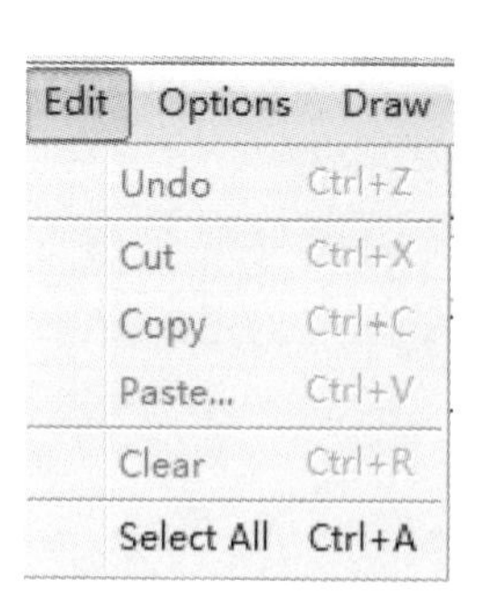

图 2-8 Edit 菜单

Undo： 在绘制多边形时退回到上一步操作。

Cut： 将已选实体剪切到剪贴板上。

Copy： 将已选实体拷贝到剪贴板上。

Paste...： 将剪贴板上的实体粘贴到当前几何结构实体模型中。

Clear：删除已选的实体。

Select All：选择当前几何结构实体造型 CSG 中的所有实体及其边界和子阈。

（3）Options 菜单（见图 2-9）。

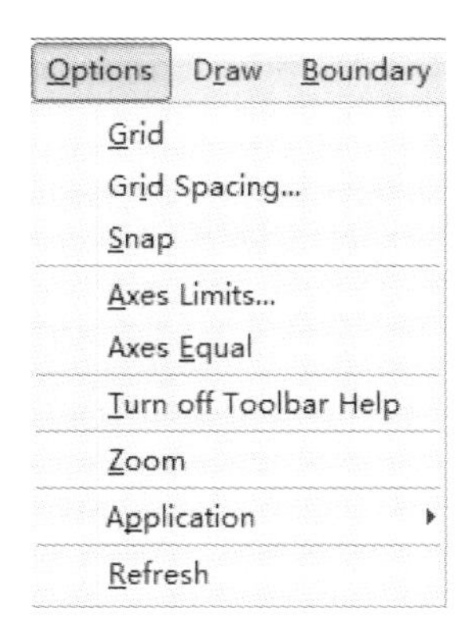

图 2-9　Options 菜单

Grid：绘图时打开或关闭栅格。

Grid Spacing...：调整栅格的大小。

Snap：打开或关闭捕捉栅格功能。

Axes Linits...：设置绘图轴的坐标范围。

Axes Equal：打开或关闭绘图方轴。

Turn off Toolbar Help：关闭工具栏按钮的帮助信息。

Zoom：打开或关闭图形缩放功能。

Application：选择应用的模式。

Refresh：重新显示 PDE 工具箱中的图形实体。

（4）Draw 菜单（见图 2-10）。

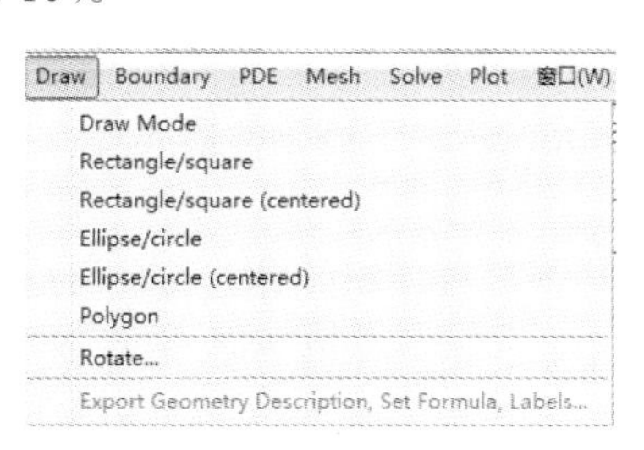

图 2-10　Draw 菜单

Draw Mode：进入绘图模式。

Rcctangle/square：以角点方式画矩形/方形（Ctrl+鼠标）。

Rectangle/square（centered）：以中心方式画矩形方形（Ctrl+鼠标）。

Ellipse/circle：以矩形角点方式画椭圆/圆（Ctrl+鼠标）。

Ellipse/circle（centered）：以中心方式画椭圆/圆（Ctrl+鼠标）。

Polygon：画多边形，单击鼠标右键可封闭多边形。

Rotate...：旋转已选的图形。

Export Geometry Description，Set Formula，Labels...：将几何描述矩阵 gd、公式设置字符 sf 和标识空间矩阵 ns 输出到主工作空间去。

单击“Draw”菜单中“Rotate...”选项，可打开 Rotate 对话框，通过输入旋转的角度，可使选择的物体按输入的角度逆时针旋转，如图 2-11。旋转中心的选择如果缺省，则为图形的质心，也可以输入旋转中心坐标。

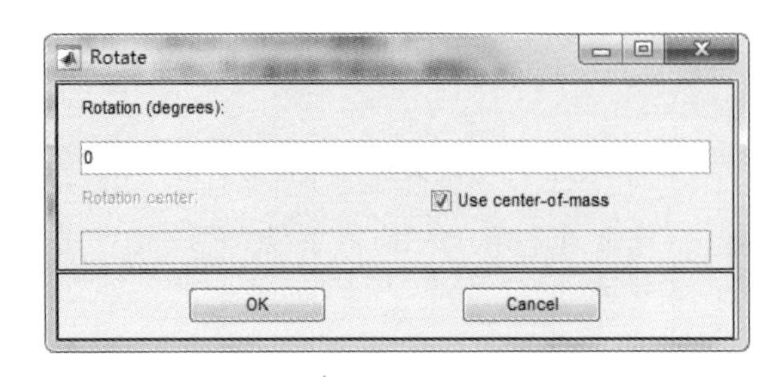

图 2-11　Rotate 对话框

（5）Boundary 菜单（见图 2-12）。

Boundary　PDE　Mesh　Solve　Plot　窗口(W)　Help

Boundary Mode　Ctrl+B

Specify Boundary Conditions...

Show Edge Labels

Show Subdomain Labels

Remove Subdomain Border

Remove All Subdomain Borders

Export Decomposed Geometry, Boundary Cond's...

图 2-12　Boundary 菜单

Boundary Mode：进入边界模式。

Specify Boundary Conditions...：对于已选的边界输入条件，如果没有选择边界，则边界条件适用于所有的边界。

Show Edge Labels：显示边界区域标识开关，其数据是分解几何矩阵的列数。

Show Subdomain Labels：显示子区域标识开关，其数据是分解几何矩阵中的子域数值。

Remove Subdomain Border：当图形进行布尔运算时，删除已选攻的子域边界。

Remove All Subdomain Border：当图形进行布尔运算时删除所有的子域边界。

Export Decomposed Geometry，Boundary Cond's...：将分解几何矩阵 g、边界条件矩阵 b 输出到主工作空间。

选择“Boundary”菜单中“Specify Boundary Conditions...”命令可定义边界条件，如图 2-13。在打开的 Boundary Condition 对话框中，可对已选的边界输入边界条件。共有如下三种不同的条件类型：

- Neumann 条件。这里边界条件是由方程系数 q 和 g 确定的，在方程组的情况下，q 是 2×2 矩阵，g 是 2×1 矢量。

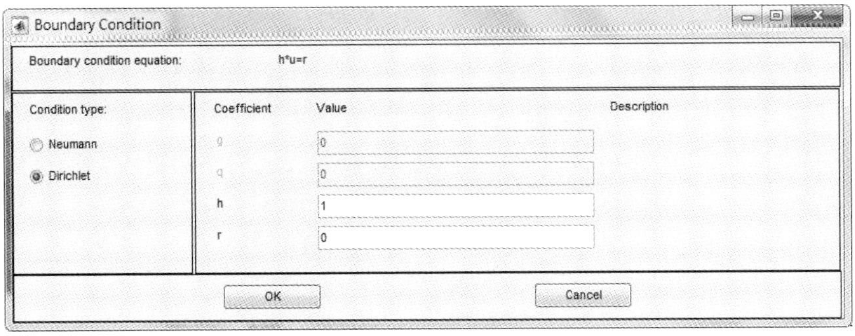

图 2-13　定义边界条件对话框

- Dirichlet 条件。u 定义在边界上，边界条件方程是 h*u=r，这里 h 是可以选择的权因子（通常为 1）。在方程组情况下，h 是 2×2 矩阵，r 是 2×1 矢量。
- 混合边界条件（仅适合于方程组情形）。它是 Dirichlet 和 Neumann 的混合边界条件，q 是 2×2 矩阵，g 是 2×1 矢量，h 是 1×2 矢量，r 是一个标量。

（6）PDE 菜单（见图 2-14）。

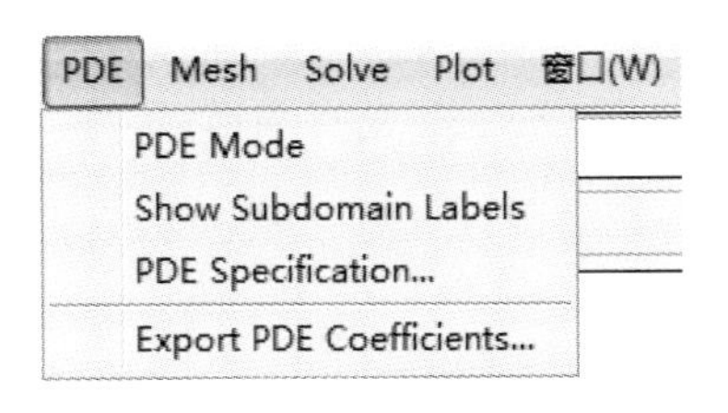

图 2-14　PDE 菜单

PDE Mode： 进入偏微分方程模式。

Show Subdomain Labels： 显示子区域标识开关。

PDE Specification...： 调整 PDE 参数和类型。

Export PDE Coficients....： 将当前 PDE 参数 c，a，f，d 输出到主工作空间，其参数变量为字符类型。

单击“PDE”菜单中“PDE Specification...”选项，可打开如图 2-15 所示的对话框。从中可选择偏微分方程的类型以及对应用参数作一定的调整。参数的维数决定于偏微分方程的维数。如果选择专业应用模型，那么特殊偏微分方程的参数将代替标准偏微分方程系数。每一个参数 c，a，f 或 d 皆可作为有效的 MATLAB 表达式，以及作为计算三角形单元质量中心的参数值。

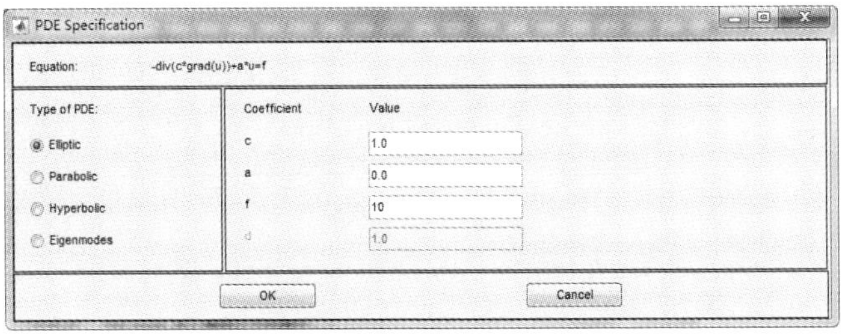

图 2-15　PDE Specification 对话框

注意：如果偏微分方程的参数是解 u 或者它的导数 u_x 和 u_y 的函数，则必须使用非线性求解器；如果偏微分方程参数是时间 t 的函数，则需使用抛物型或双曲型偏微分方程。

（7）Mesh 菜单（见图 2-16）。

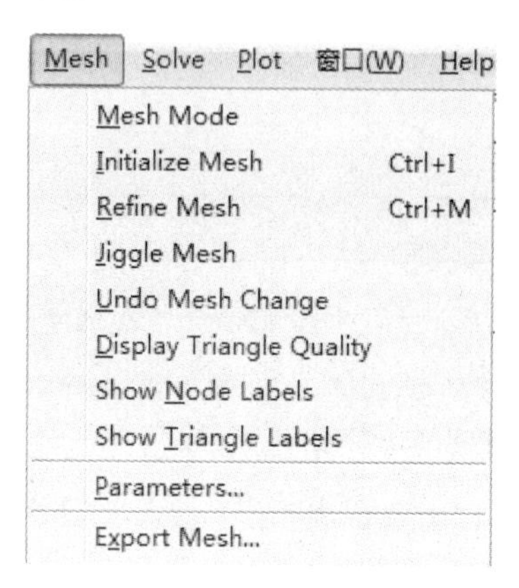

图 2-16 Mesh 菜单

Mesh Mode：输入网格模式。

Initialize Mesh：建立和显示初始化三角形网格。

Refine Mesh：加密当前三角形网格。

Jiggle Mesh：优化网格。

Undo Mesh Change：退回上一次网格操作。

Display Triangle Quality：用 0 ~ 1 之间数字化的颜色显示三角形网格的质量，大于 0.6 的网格是可接受的。

Show Node Labels：显示网格节点标识开关、节点标识数据是点矩阵 p 的列。

Show Triangle Labels：显示三角形网格标识开关，三角形网格标识。数据是三角形矩阵 t 的列。

Parameters...：修改网格生成参数。

Export Mesh...：输出节点矩阵 p、边界矩阵 e 和三角形矩阵 t 到主工作空间。

（8）Solve 菜单（见图 2-17）。

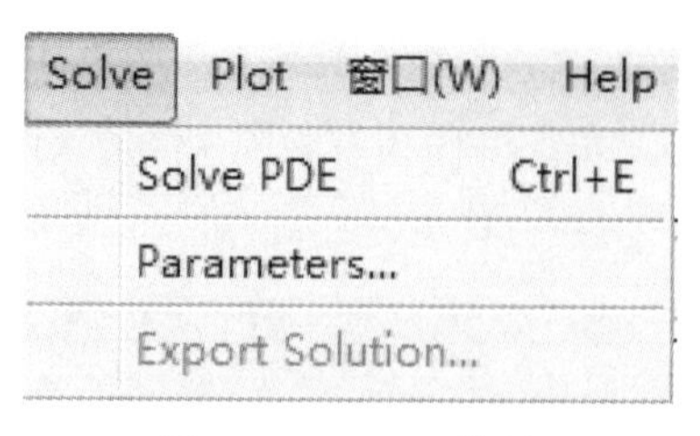

图 2-17 Solve 菜单

Solve PDE：对当前的几何结构实体 CSG、三角形网格和图形解偏微分方程。

Parameters...：调整解 PDE 的参数。

Export Solution...：输出 PDE 的解矢量 *u*。如果可行，将计算的特征值 *l* 输出到主工作空间。

单击“Solve”菜单中“Paramets...”选项，打开 Solve Parameters 对话框，从中可输入解方程的参数。每组参数的选择取决于 PDE 的类型。

① 对于椭圆型偏微分方程，在缺省方式下，不需要专门定义解方程的参数。解椭圆方程采用基本方程求解器 assempde。在自适应网格生成和 adaptmesh 之间进行选择。对于自适应网格方式，如图 2-18 所示。

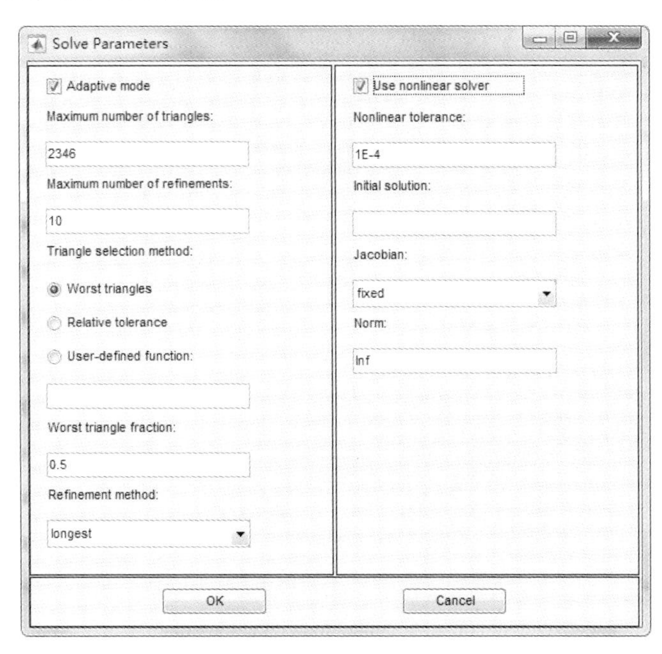

图 2-18　Solve Parameters 对话框

② 对于抛物型偏微分方程（Parabolic PDEs），解抛物型的参数如图 2-19 所示。

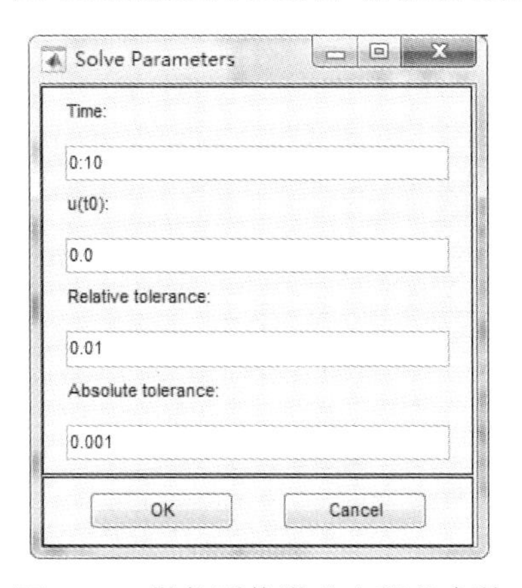

图 2-19　抛物型偏微分方程的参数

Time：求解抛物型偏微分方程的 MATLAB 时间矢量。相关时间间隔依赖于问题的动态状况。例如：输入“0：10”或“logspace（-2，0，20）”等。

u(t0)：对于抛物型偏微分方程的初始值是 u(n)。初始值可以是一个常数或者是当前网格的节点值的列向量。

Relative tolerance：相对容差。对于常微分方程 ODE 的求解器的相对容差参数，是用来求解抛物型偏微分方程有关时间部分。

Absolute tolerance：绝对容差。对于常微分方程 ODE 的求解器的绝对容差参数，是用来求解抛物型偏微分方程有关时间部分。

③ 对于双曲型偏微分方程（Hyperbolic PDEs），解双曲型的参数如图 2-20 所示。

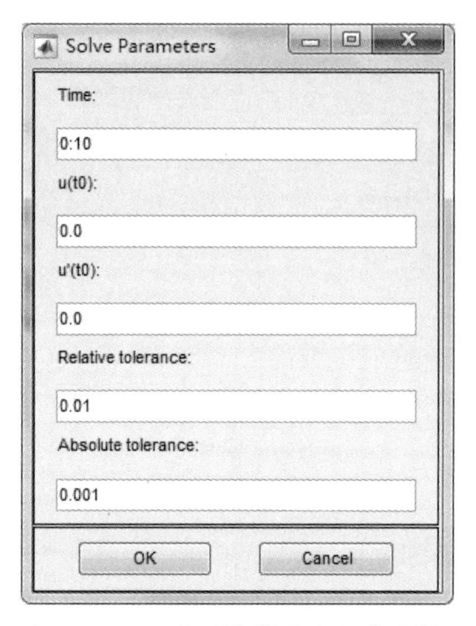

图 2-20　双曲型偏微分方程的参数

Time（时间）：求解双曲型偏微分方程的 MATLAB 时间矢量。相关时间间隔依赖于问题的动态状况。

u(t0)：对于双曲型偏微分方程的初始值是 $u(t_0)$。初始值可以是一个常数或者是当前网格的节点值的列向量。

u′(t0)：对于双曲型偏微分方程的初始值是 $u'(t_0)$，可使用与 $u(t_0)$ 相同的格式。

Relative tolerance（相对容差）：对于常微分方程 ODE 的求解器的相对容差参数，是用来求解双曲型偏微分方程有关时间部分。

Absolute tolerance（绝对容差）：对于常微分方程 ODE 的求解器的绝对容差参数，是用来求解双曲型偏微分方程有关时间部分。

（9）Plot 菜单（见图 2-21）。

图 2-21　Plot 菜单

Plot Solution：显示图形解。

Parameters...：打开绘图方式对话框。

Export Movie...：如果动画被录制了，则动画矩阵 M 将输出到主工作空间。

单击“Plot”菜单中“Parametes...”选项，可打开 Plot Selection 对话框，如图 2-22 所示。其中含有控制绘图和可视化选项部分。

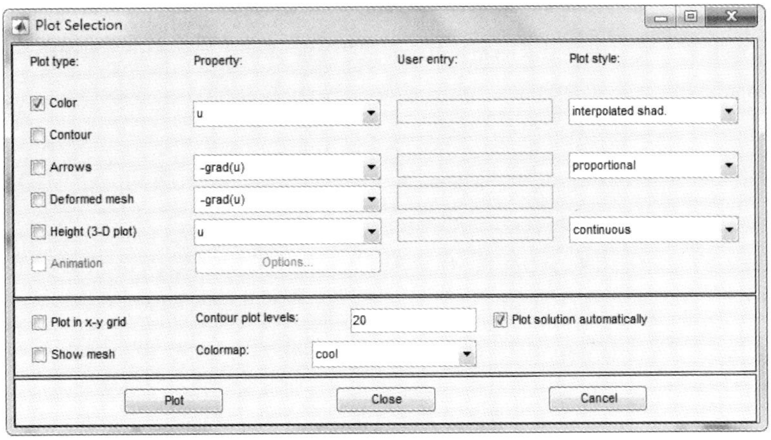

图 2-22　Plot Selection 对话框

Color（颜色）：用于着色曲面标量属性的可视化。

Contour（等值线）：用于等值线标量属性的可视化。当绘图类型（颜色和等值线）被检查后，等值线可提高颜色的可视化，等值线被两成黑色。

Arrows（箭头）：用箭头表示矢量属性的可视化。

Deformed mesh（变形网格）：用向量属性表示变形网格的可视化。变形会自动地控制在问题区域的 10%。这种绘图类型基本上要把结构力学中的 x 和 y 位移（u 和 v）显示出来。如果没有其他的绘图类型选取，那么变形三角形网格会被显示出来。

Height（3-D plot）（三维图形）：分别用不同图形窗口进行三维图形（3-D plot）标量属性的可视化。如果颜色和等值线的绘图类型没有选取，则三维图形（3-D plot）绘出的仅仅是网格图，当然也可以在三维图形（3-D plot）中同时用颜色和（或）等值线绘出其他标量属性。

Animation（动画）：在抛物型和双曲型问题中依赖于时间解的动画。如果选取了这个选项，方程解就被记录下来，然后用 movie 函数可在不同的图形窗口中做动画演示。

Property（属性）：用于画图时选用相应的绘图类型。

第一个弹出菜单用于控制颜色或等值线的显示属性。其中

U：方程的解。

abs(grad(u))：每个三角形的中心的 Vu 的绝对值。

abs(c*grad(u))：每个三角形的中心的 c.Vu 的绝对值。

user entry：MATLAB 表达式，返回一个定义在当前三角形网格的节点或者三角形上的数据矢量。选取 User entry 项，可以将表达式输入到右边的 User entry 的编辑框中。

u 的导数是 u_x 和 u_y。第二和第三个弹出菜单，通过使用箭头和变形网格可视化图形表示矢量值属性。其中

-grad（1）：u 的负梯度，即-Vu。

-c*grad（u）：c 乘以 u 的负梯度，即 $-c\nabla u$。

user entry：MATLAB 表达式[px；py]可返回一个 2xn 维定义当前三角形网格数据的矩阵。

解 u，其导数 u_x 和 u_y，$c\nabla u$ 的 x 和 y 分量，皆适用于局部空间。三角形中心的值是由节点插值得到的。可以在右边 User entry 中对属性弹出式菜单进行赋值。

对于方程组情形，若使用颜色、等值线或三维绘图等可视化属性是 u，v，abs（u，v）和用户输入框。

若使用箭头或变形网格，可选择（u，v）或用户框。对于结构力学中的应用来说，u 和 v 分别是 x 和 y 方向的位移。

User entry（位于第三列）：含有 4 个编辑框，可供用户输入自己的表达式。只有当用户在编辑窗左边的弹出菜单选择了 User entry 项，才可输入属性。

Plot style（位于第四列）：绘图方式含有三个弹出菜单，可分别用作对颜色、箭头及三维绘图的属性控制。

对于箭头（Arrows）绘制有两种方式可选择：

Proportional：箭头的长度与设置的有关属性大小相对应。

Normalized：所有的箭头的长度都是相等的，这对于只想了解矢量场的方向是很有用的，即使区域很小时，矢量的方向也清晰可见。

在对话框底部有许多辅助绘图控制选择项如下。

Plot in x-y grid：如果选择了此项，图形解将原来的三角形网格转变成矩形 x-y 网格。这对于动画来说是非常有用的，因为四边形网格可有效地加速动画片存储过程。

Show mesh：在曲面图中，如果选择此项，网格被画成黑色；如果缺省，网格消隐。

Contour plot levels：等值线条数，比如，输入 15 或 20，系统会按此数目画出等值线，缺省值为 20。

Colormap：使用 Colormap 弹出菜单，可以选择不同的色图，如 cool，gray，bone，pink，copper，bot，jet，hsv 和 prism。

Plot solution automatically：如果关闭此项，则 PDE Toolbox 不会立刻显示图解。然而，新解仍然可以用这个对话框画出来。

至此，Plot selection 对话框设置完毕，若点击“Plot”按钮，则按当前图形设置，其解立刻被绘出；如果当前没有偏微分方程，则首先解方程，有了解以后再绘图。

若点击“Done”按钮，对话框则会关闭。当前的设置将被储存，没有新图形产生。

若点击“Cancel”按钮，对话框则会关闭，设置不会改变。

2.2.2 PDE 工具栏

主菜单下是工具栏，工具栏中含有许多工具图形按钮，可提供快速、便捷的操作方式。从左到右 5 个按钮为绘图模型按钮，紧接着的 6 个按钮为边界、网络、解方程和图形显示控制功能按钮，最右边的为图形缩放功能键（如图 2-23 所示）。

图 2-23　PDE 工具栏

□ 以角点方式画矩形方形（Ctrl+鼠标）。

⊞ 以中心方式画矩形方形（Ctrl+鼠标）。

⬭ 以矩形角点长轴方式画椭圆/圆（Ctrl+鼠标）。

⊕ 以中心方式画椭圆/圆（Ctrl+鼠标）。

画多边形，按右键可封闭多边形。

∂Ω 进入边界模式。

PDE 打开 PDE Specification（偏微分方程类型）对话框。

△ 初始化三角形网格。

加密三角形网格。

= 解偏微分方程。

打开 Plot Selection 对话框，确定后给出解的三维图形。

为显示缩放切换按钮。

2.3　PDE 工具箱使用及其应用实例

偏微分方程工具箱（PDE Toolbox）提供了研究和求解空间二维偏微分方程问题的一个强大而又灵活实用的环境。PDE Toolbox 的功能包括：

（1）设置 PDE（偏微分方程）定解问题，即设置二维定解区域、边界条件以及方程的形式和系数；

（2）用有限元法（FEM）求解 PDE，即网格的生成、方程的离散以及求出数值解；

（3）解的可视化。

无论是高级研究人员还是初学者，在使用 PDE Toolbox 时都会感到非常方便。启动 MATLAB 后，在 MATLAB 工作空间的命令行中输入“pdetool”，系统立即产生偏微分方程工具箱（PDE Toolbox）的图形用户界面（Graphical User Interface，简记为 GUI），即 PDE 解的图形环境，就可定解区域、设置方程和边界条件、作网格剖分、求解、作图等工作。

PDE Toolbox 求解的基本方程有椭圆方程、抛物线方程、双曲型方程、特征方程、椭圆形方程组以及非线性椭圆形方程。边界条件是解偏微分方程所不可缺少的，常用的边界条件有以下几种：

（1）狄利克雷（Dirichlet）边界条件：$hu=r$。

（2）诺依曼（Neuman）边界条件：$n\cdot(c\nabla u)+qu=g$。

其中，n 为边界（$\partial\Omega$）外法向单位向量；g、q、h、r 是在边界（$\partial\Omega$）上定义的函数。

一般地，利用 PDE 图形用户界面求解问题的过程分为以下几步：选择应用模式；建立几何模型；定义边界条件；定义 PDE 类型和 PDE 系数；三角形网格剖分；PDE 求解；解的图形表示。

2.3.1　地铁隧道电磁场仿真实例

接触轨是城市轨道交通线路敷设的与轨道平行的附加轨，又称为第三轨，电能通过它输送给电动车组。运行过程中，电动车组伸出的集电靴与之接触并接收电能。

接触轨上电压额定值为 DC 750 V，电压允许波动范围为 500 ~ 900 V，最大持续电流有效值 3 000 A，供给电动车的电流经过走行轨返回牵引变电所。其中，接触轨接牵引变电所正极线路，走行轨接牵引变电所负极线路。

由图 2-24 可见，因接触轨的存在破坏了隧道内电磁场分布的对称性，为求解隧道内的电磁场分布，首先将求解域划分成不同的子空间（离散化），并计算各子空间的电磁场，再用各子空间的计算结果逼近整个隧道截面的电磁场（有限元分析方法）。

图 2-24　第三轨供电方式下隧道结构图

现在以第三轨道 DC 750 V 供电方式下的地铁隧道电磁场仿真为例，使用 PDE 工具求解，求解步骤如下所示。

1. 应用模式选择

在 MATLAB 命令窗口中输入命令：pdetool，然后单击回车键，显示 PDE 图形用户界面，如图 2-25 所示。

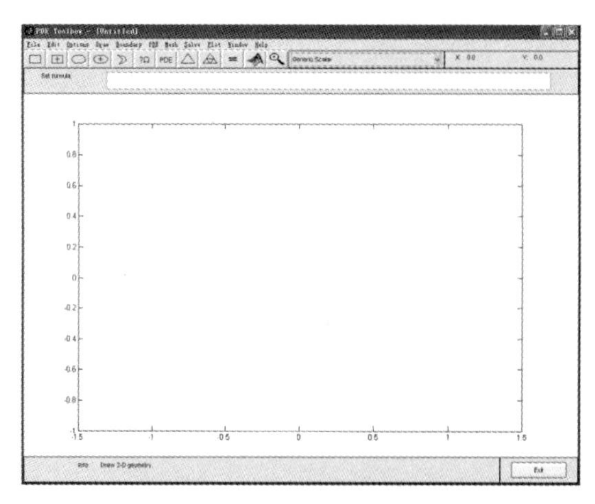

图 2-25　PDE 图形用户界面

在“Options”菜单条中用鼠标指向“Application”选项，会弹出一个子菜单，在其中选择应用模式。电场和磁场应用模式选择如图 2-26 和图 2-27 所示。

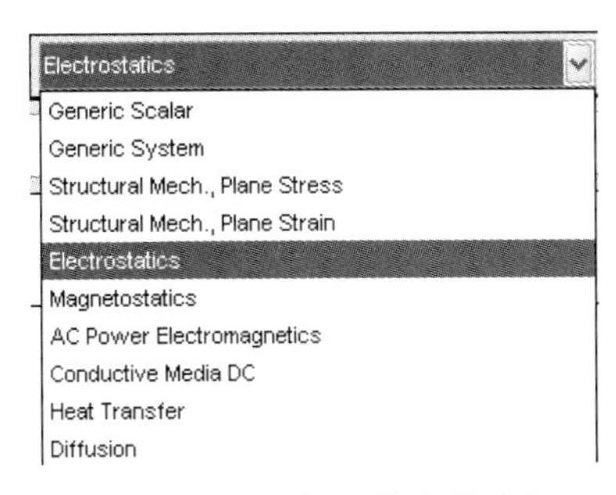

图 2-26　电场应用模式的选择

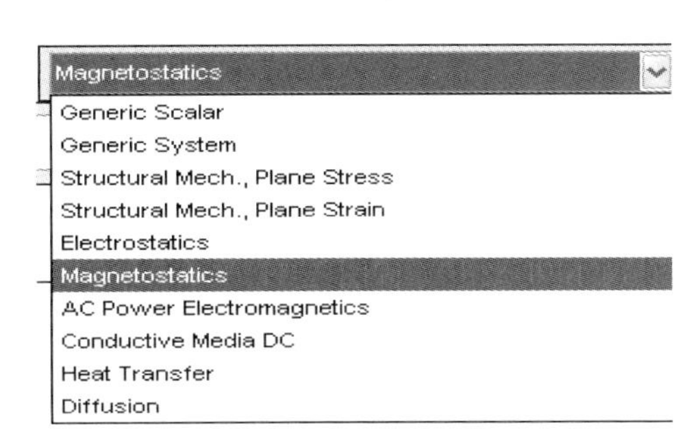

图 2-27　磁场应用模式的选择

2. 建立几何模型

以北京地铁某区间以矿山法暗挖法施工的马蹄形隧道为例，隧道高度为 4 460 mm，车体宽为 2 650 mm，高为 3 510 mm。接触轨和走行轨的相对位置如图 2-28 所示。

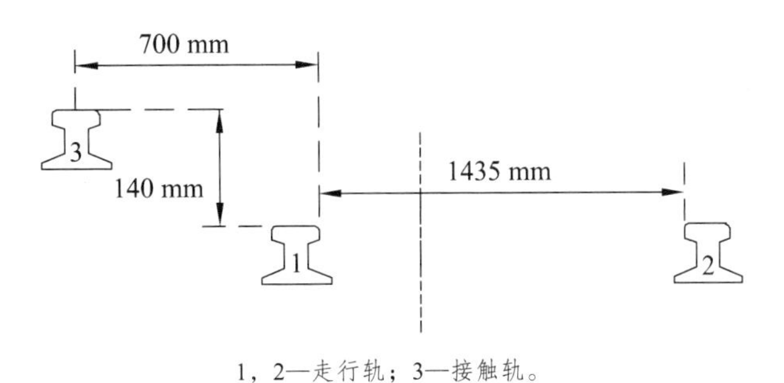

1，2—走行轨；3—接触轨。

图 2-28　接触轨和走形轨相对位置

在 Draw 模式可以用图形交互模式或命令方式建模。在“Options”菜单中选择“Axes Limits”设置横纵坐标，在“Options”菜单中选择“Grid”选项可以在图中显示网格，单击“Grid Spacing”选项，打开对话框可以调整网格间隔大小。选择“Snap”选项，则鼠标在图中点击时，将自动选择离该点最近的网格交点。在画图之前设置上面的选项可以使绘图更方便。利用 分别绘制矩形、方形、椭圆、圆形、多边形，双击所画的图形可以修改图形的坐标和尺寸。隧道无、有车时的几何模型如图 2-29 所示。

分析隧道电场时，接触轨和走行轨具有良好的导电性，通常可视其内部静电平衡，另外车体外壳为金属材料，因此分析静电场时的求解域是隧道内、钢轨及列车外的空间。所以在“Set Formula”文本框中输入公式，如图 2-30 和图 2-31 所示。

分析隧道磁场时，因钢轨是良好的磁导体而列车多为铝制，其磁导率与空气十分接近，对磁场基本无影响，所以磁场分布在整个隧道空间内，整个隧道截面都列入求解域。所以在“Set Formula”文本框中的公式如图 2-32 和图 2-33 所示。

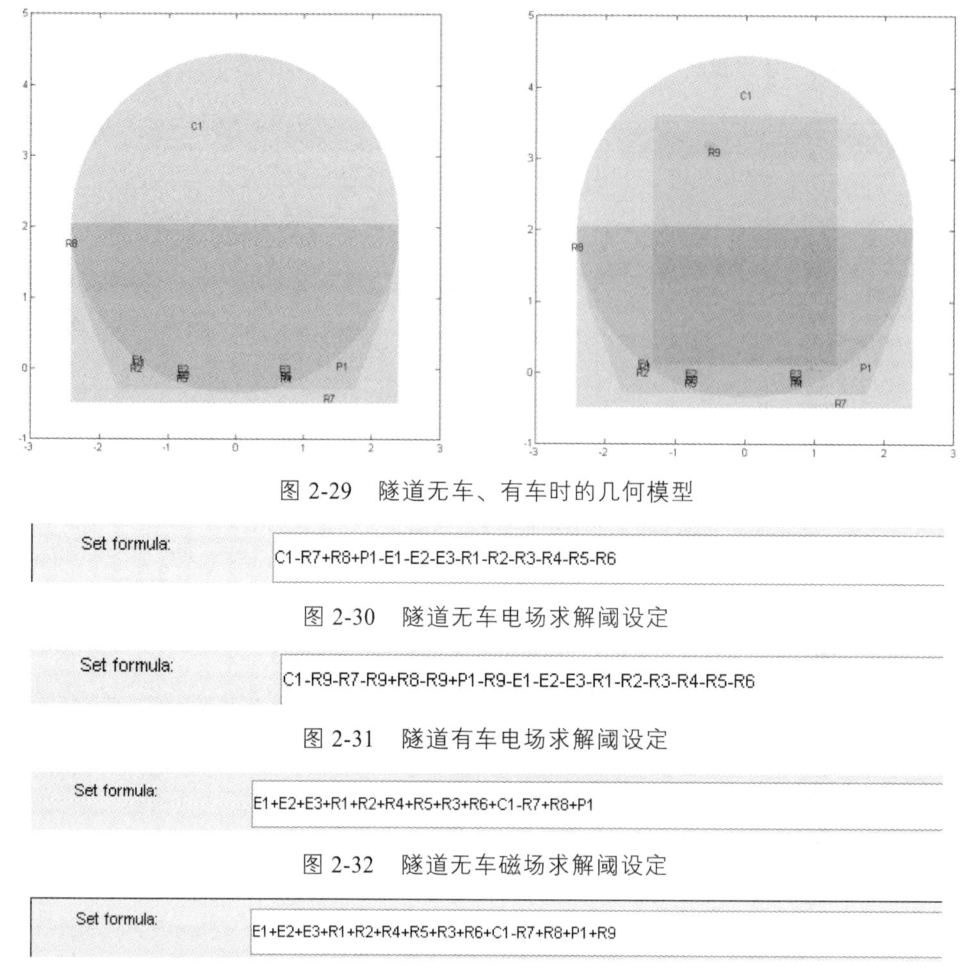

图 2-29　隧道无车、有车时的几何模型

图 2-30　隧道无车电场求解阈设定

图 2-31　隧道有车电场求解阈设定

图 2-32　隧道无车磁场求解阈设定

图 2-33　道有车磁场求解阈设定

3. 定义边界条件

在“Boundary”菜单中选择“Boundary mode”选项，则显示几何模型的边界。选定要裁减的线条后，使用“Boundary”菜单的“Remove Subdomain Border”命令对其进行裁减。隧道电磁场定义边界条件的界面如图 2-34 和图 2-35 所示。

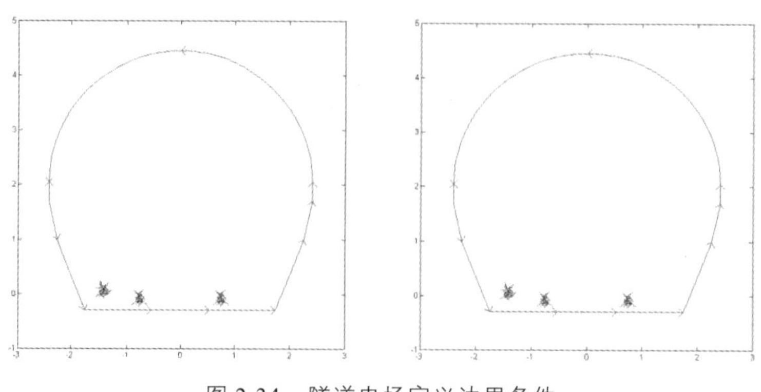

图 2-34　隧道电场定义边界条件

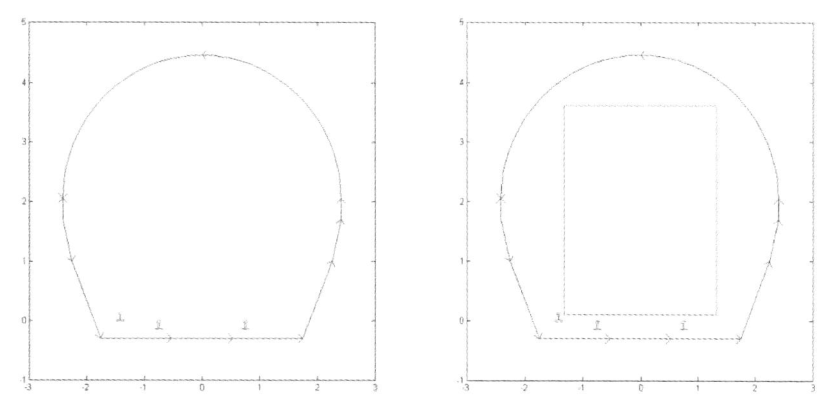

图 2-35　隧道磁场定义边界条件

电场边界条件：外边界为隧道内壁，内边界为列车、接触轨、走行轨表面，内外边界都设置为 Drichlet 边界条件，接触轨电位设为 800 V，走行轨电位设为 30 V，其余边界电位为 0 V。求解电场时接触轨和走行轨边界条件的设定如图 2-36 和图 2-37 所示。

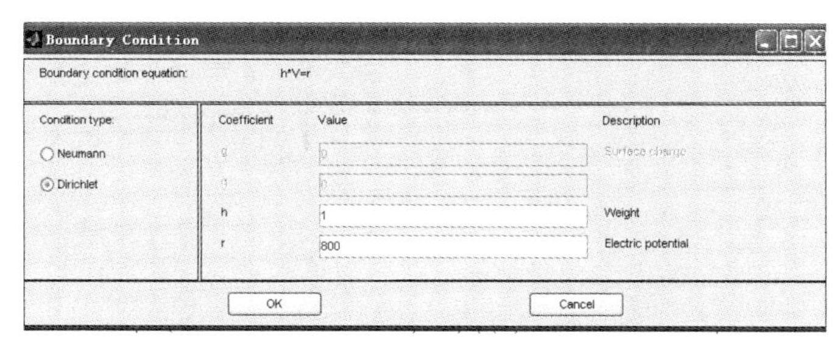

图 2-36　求解电场时接触轨边界条件设定

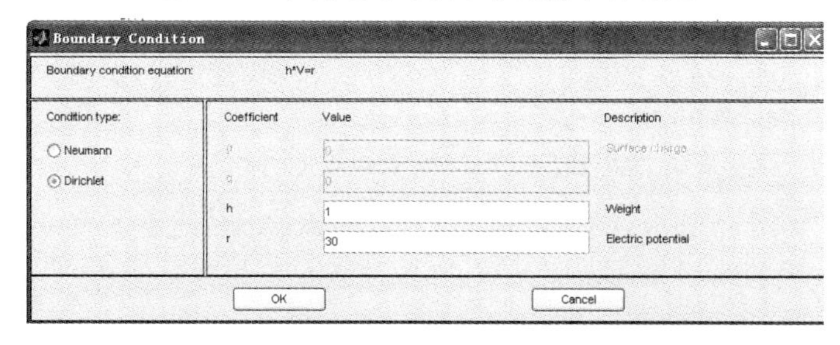

图 2-37　求解电场时走行轨边界条件设定

磁场边界条件：忽略隧道外漏磁场影响，整个模型外边界设置为 Drichlet 边界条件，r=0。求解磁场时的边界条件设定如图 2-38 所示。

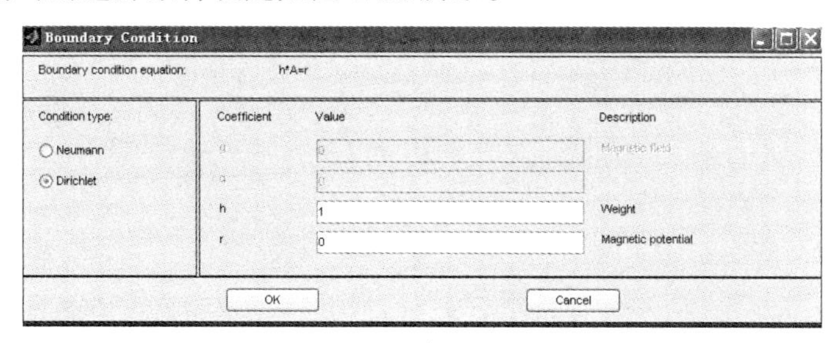

图 2-38　求解磁场时的边界条件的设定

4. 定义 PDE 参数

在“PDE”菜单中选择“PDE mode”选项，图形将显示为 PDE 模式。隧道电磁场 PDE 模式图如图 2-39 和图 2-40 所示。

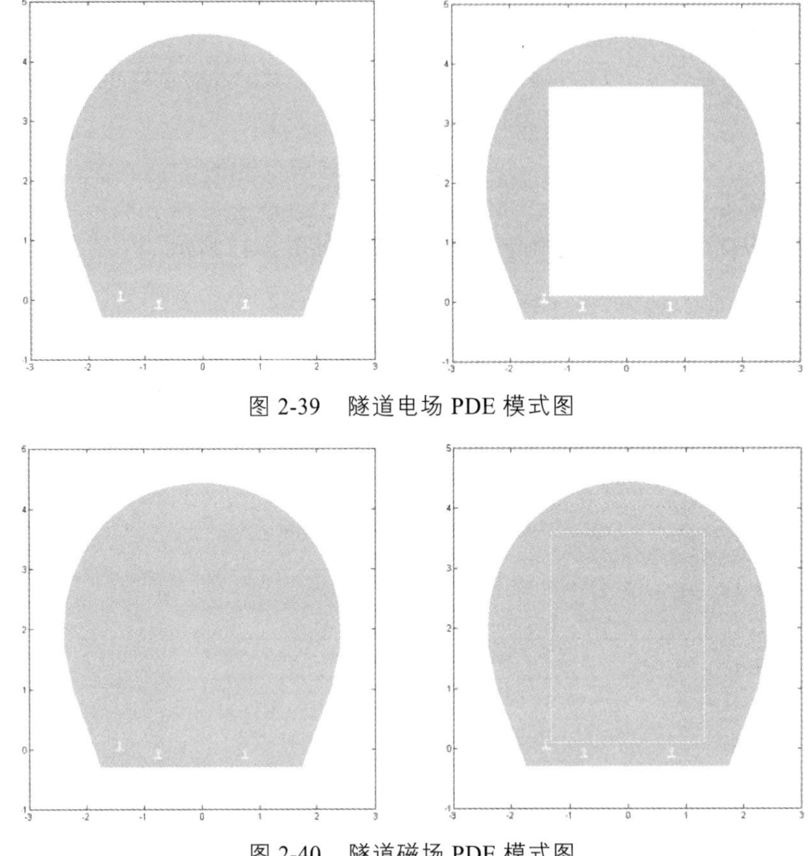

图 2-39　隧道电场 PDE 模式图

图 2-40　隧道磁场 PDE 模式图

使用“show subdomain levels”命令，可以看到各带编号的子区域。双击各个子区域，可弹出求解区域设置的对话框。静电场和静磁场方程均为椭圆形方程，所以在 PDE Specification 对话框中的“Type of PDE”栏中选择“Elliptic”。

分析隧道电场时，静电场是介电常数和空间电荷密度的函数。在求解域中空间内有 ρ =0，而在 ρ =0 的情况下，介电常数取值不影响静电场分布情况，所以介电常数都取值为 1.0。隧道电场 PDE 的参数设定如图 2-41 所示。

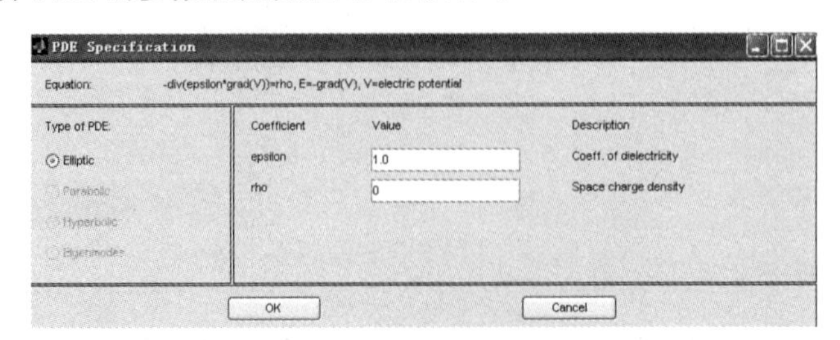

图 2-41　隧道电场 PDE 参数设定

分析隧道磁场时，静磁场是磁导率 μ 和电流密度 J 的函数。其中电流密度为

$$J=\frac{I}{S}(\mathrm{A}/\mathrm{m}^2) \tag{2-1}$$

式中，I 为钢轨电流的大小（A），S 为钢轨横截面积（m^2）。

根据钢轨电流计算钢轨表面的磁场强度：

$$H=\frac{I}{P}(\mathrm{A}/\mathrm{cm}) \tag{2-2}$$

式中，I 为钢轨电流的大小（A），P 为钢轨横截面周长（cm）。

由于相对磁导率能更方便地表征磁介质磁性，因此用 μ_{r} 代替 μ 以简化求解过程。由实验得到的 $\mu_{\mathrm{r}}(H)$ 函数曲线即可确定相对磁导率，如图 2-42 所示。

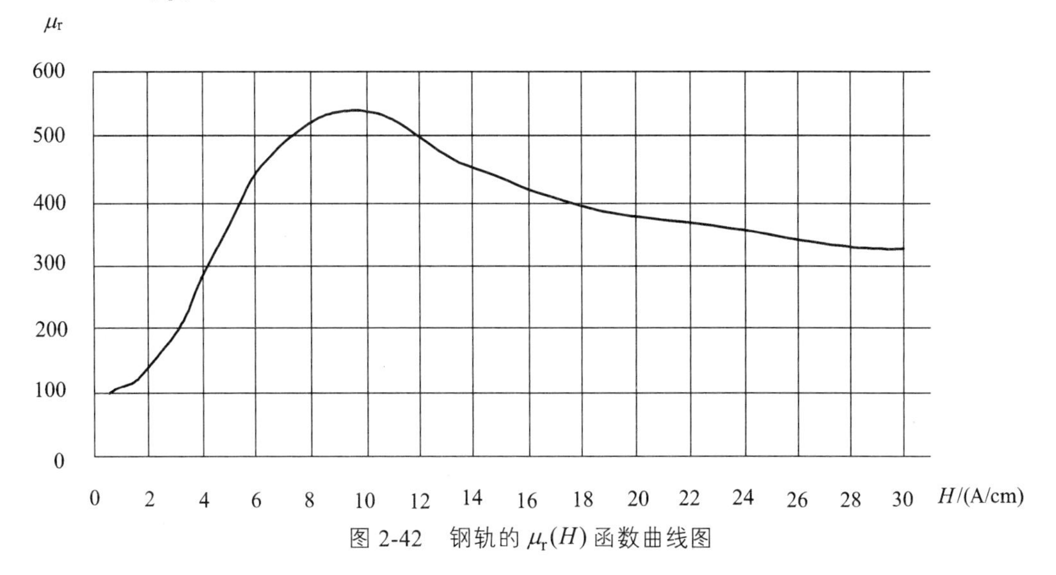

图 2-42　钢轨的 $\mu_{\mathrm{r}}(H)$ 函数曲线图

接触轨采用导电性良好的铝平炉软钢制成，单位质量为 51.3 kg/m，横截面积为 6 540 mm^2，横截面周长为 55 cm。走行轨主要成分为铁，选用类型 P50，单位质量 51.5 kg/m，横截面积为 6 570 mm^2，横截面周长为 62 cm。

磁场接触轨参数：接触轨的电流为 3 000 A，电流密度 $J=\dfrac{3\,000}{0.006\,54}=458\,715\ \mathrm{A}/\mathrm{m}^2$，接触轨电流方向为正；磁场强度 $H=\dfrac{3\,000}{55}=54.5\ \mathrm{A}/\mathrm{cm}$。根据图 2-42 得接触轨的相对磁导率为 240。求解磁场时接触轨 PDE 参数设定如图 2-43 所示。

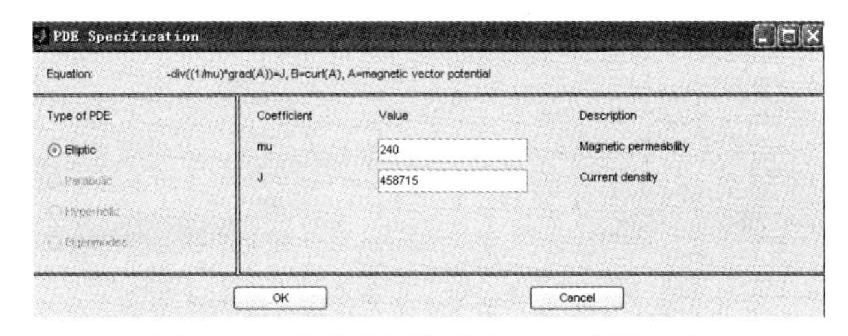

图 2-43　隧道磁场接触轨 PDE 参数设定

磁场走行轨参数：在计算走行轨电流时应考虑杂散电流的影响，取杂散电流为总电流的 10%，所以走行轨电流为 $3\,000\times(1-10\%)/2=1\,350\ \text{A}$，走行轨电流密度 $J=\dfrac{1\,350}{0.006\,57}=205\,479\ \text{A}/\text{m}^2$，由于走行轨电流方向和接触轨电流方向相反，所以走行轨的电流密度取 $-205\,479\ \text{A}/\text{m}^2$。走行轨磁场强度 $H=\dfrac{1\,350}{62}=21.8\ \text{A}/\text{cm}$，根据图 2-42 可得走行轨的相对磁导率为 365。求解磁场时走行轨 PDE 参数设定如图 2-44 所示。

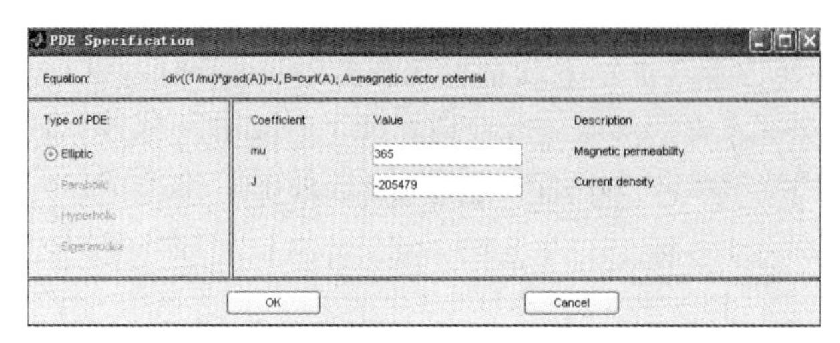

图 2-44　隧道磁场走行轨 PDE 参数设定

其余区域相对磁导率 μ_r 为 1，故参数设定 J 为 0，如图 2-45 所示。

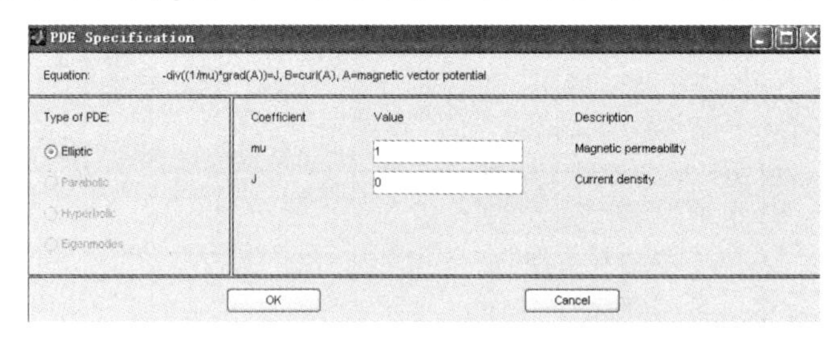

图 2-45　隧道磁场剩余区域 PDE 参数设定

5. 三角形网络部分

在工具栏中单击按钮或在“Mesh”菜单中选择“Initialize mesh”选项，可以进行研究域的三角形网格初始化。在工具栏中单击按钮或在“Mesh”菜单中选择“Refine Mesh”选项，可以对初始网格进行细化。利用细化后的网格进行计算，可以获得具更高精度的解，得到图 2-46 和图 2-47 所示的网格划分。

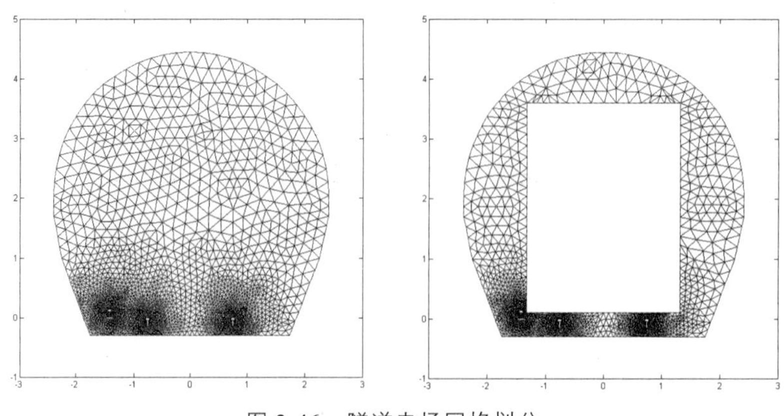

图 2-46　隧道电场网格划分

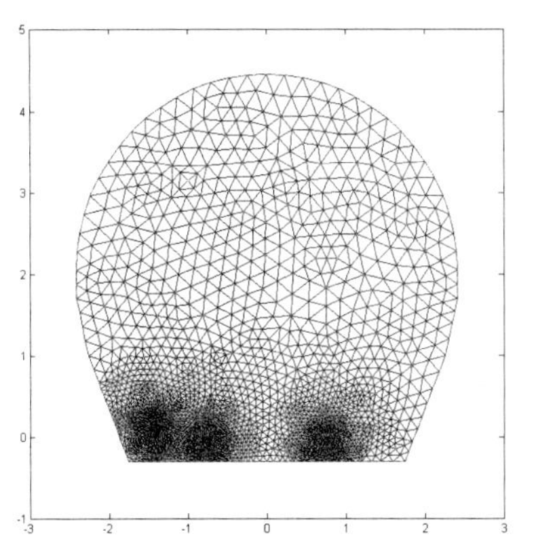
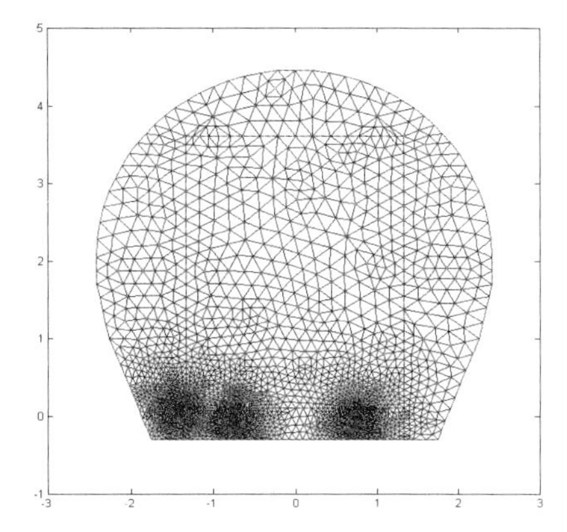

图 2-47　隧道磁场网格划分

在“Mesh”菜单中选择“Parameters”选项，打开 Mesh Parameters 对话框，如图 2-48 所示。在该对话框中进行设置，可以明确与网格剖分有关的参数。

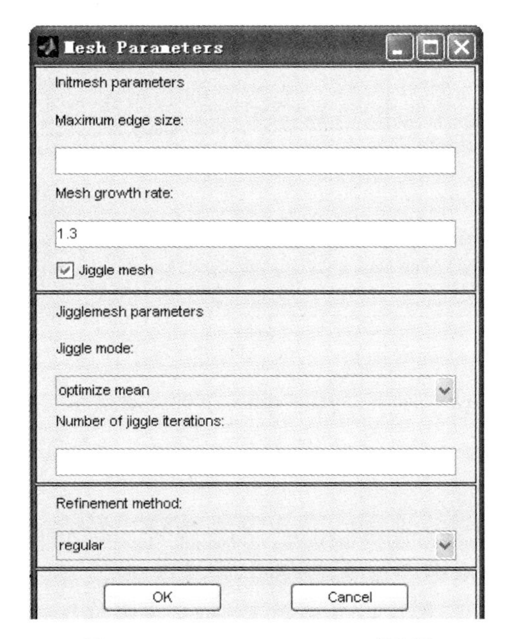

图 2-48　Mesh Parameters 对话框

6. PDE 求解

在工具条中单击等号按钮或在“Solve”菜单中选择“Solve PDE”选项，可以对前面定义的 PDE 问题进行求解。

在“Solve”菜单中单击“Parameters”选项，打开 Solve Parameters 对话框，如图 2-49 所示。在该对话框中进行设置，可以确定求解方法和参数。

7. 解的图形表达及仿真结果分析

单击按钮或在“Plot”菜单中选择“Parameters”命令，弹出绘图设置对话框，如图 2-50 所示，通过设置“Plot”的“Parameters”可以绘出各种要求的分布图。

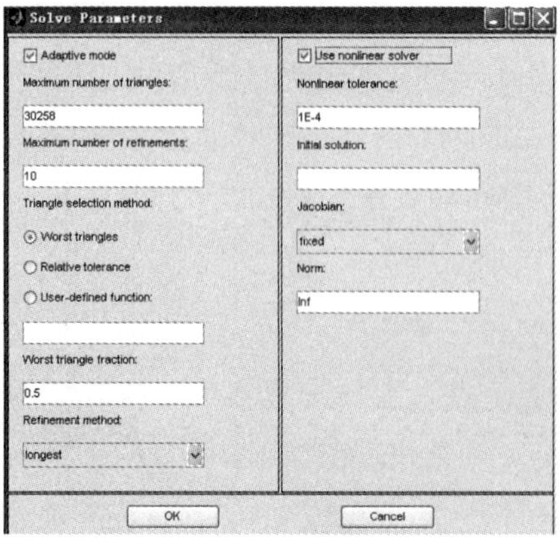

图 2-49　Solve Parameters 对话框

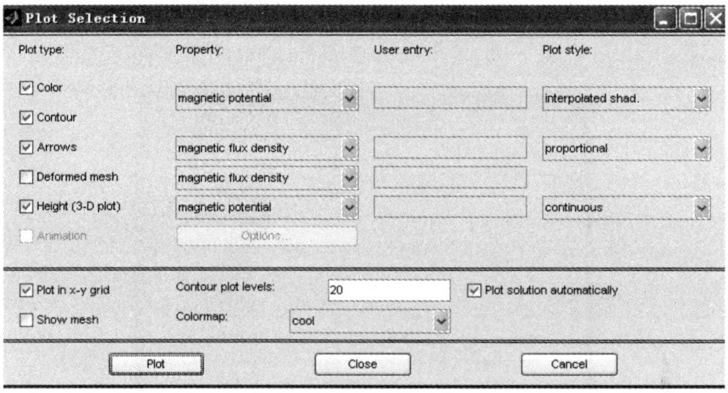

图 2-50　Plot Selection 对话框

执行 Plot 命令后就得到了在第三轨（750 V）供电方式下，隧道有、无列车电位分布三维图、电位分布俯视图、磁矢位分布三维图、磁矢位分布俯视图和磁感应强度分布三维图。

图 2-51、2-52 为隧道无、有列车电位分布三维图，颜色和竖轴都表示电位的大小，颜色越深表示电位越大。由图可知最大电位位于接触轨处，隧道列车的有、无基本不影响接触轨和钢轨的电位大小。图 2-53 为隧道无、有列车电位分布俯视图，在 Plot Selection 对话框中的“Contour plot levels”编辑框中输入 50，显示 50 条等值线。图中可以清楚地看出电位的分布，其中封闭曲线为等位线，垂直于等位线的红色的箭头为电场强度的方向。等位线越密，电场强度越大，可以看出无论有车、无车，在接触轨处的电场强度最大；但是列车对隧道截面电位的分布影响很大，无列车时电位分布在整个隧道截面，有列车时电位主要集中分布在接触轨附近，由于列车表面电位为 0，造成靠近列车表面的等位线出现凹形。

图 2-54 为隧道无、有列车静磁矢位分布三维图，颜色和竖轴都表示磁矢位的大小，磁矢位主要分布在导磁材料（接触轨和走行轨）处，最大磁矢位和磁感应强度在接触轨处，磁矢势的方向由电流方向决定。图 2-55 为隧道无、有列车磁矢位分布俯视图，在 Plot Selection 对话框中的“Contour plot levels”编辑框中输入 400，显示 400 条等值线，图中

可以清楚地看出磁矢位的分布，其中封闭曲线为磁矢位的等值线，等值线越密，磁场强度越大，垂直于等位线的红色的箭头为磁感应强度的方向。隧道有、无列车对磁矢位分布基本无影响。

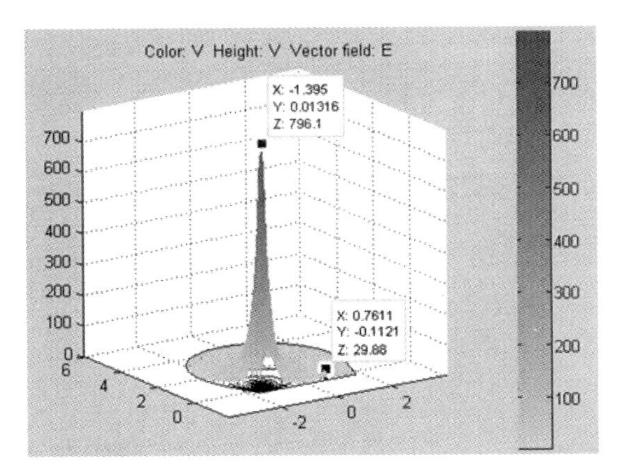

图 2-51　隧道无列车电位分布三维图

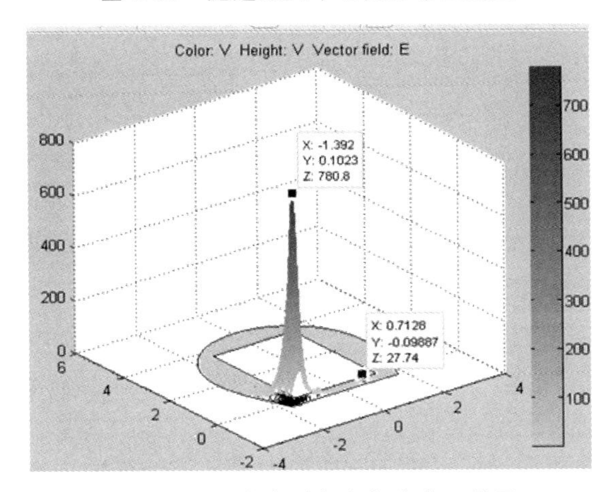

图 2-52　隧道有列车电位分布三维图

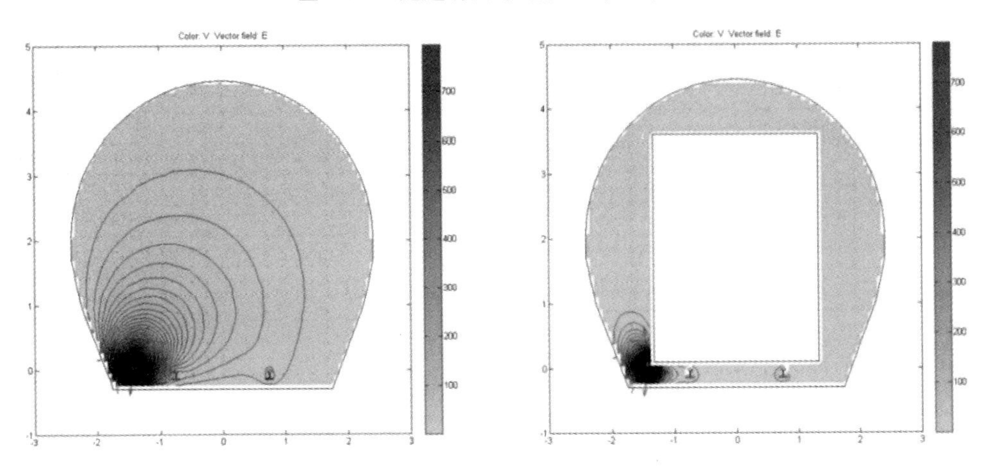

图 2-53　隧道无、有列车电位分布俯视图

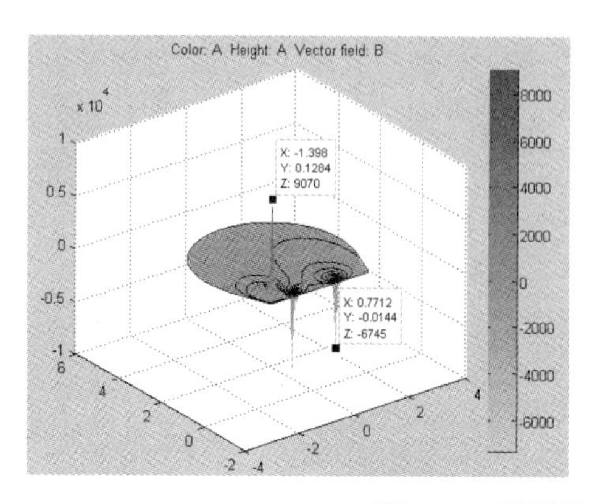

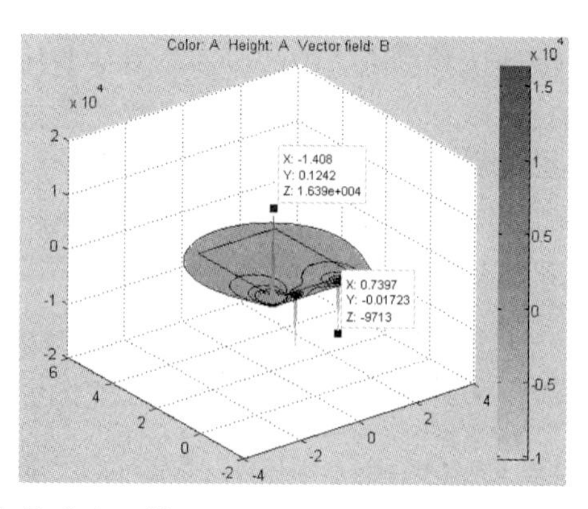

图 2-54　隧道静磁矢位分布三维图

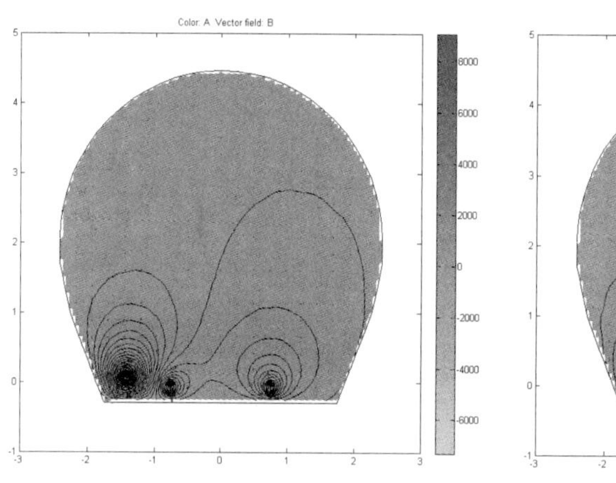

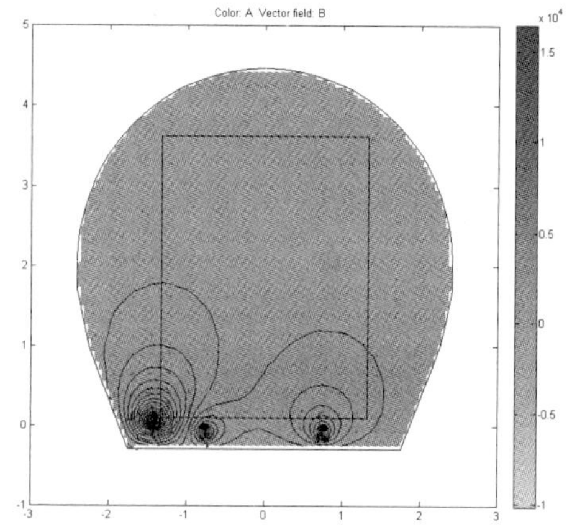

图 2-55　隧道无、有列车静磁矢位分布俯视图

图 2-56 和 2-57 为隧道截面磁感应强度分布三维图，颜色和竖轴都表示磁场强度的大小，磁感应强度主要分布在导磁材料（走行轨）处，虽然接触线、汇流排的电流密度很大，但磁感应强度很小，说明磁感应强度既与相对磁导率有关又与相对磁导率有关。

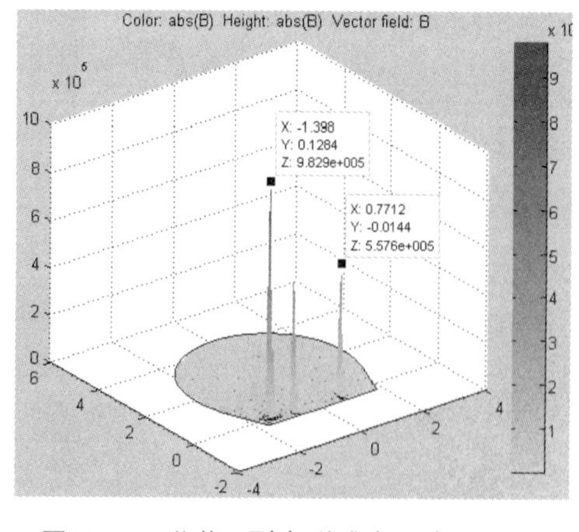

图 2-56　隧道无列车磁感应强度三维图

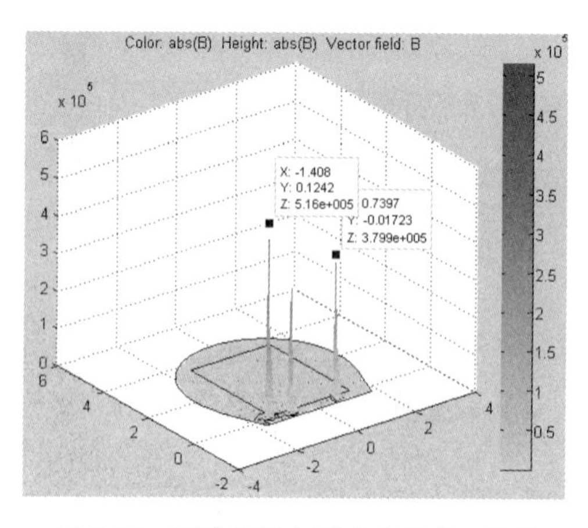

图 2-57　隧道有列车磁感应强度三维图

2.3.2 地铁站台磁场仿真实例

地铁的牵引网是沿线路敷设的专为电动车辆供给电源的装置，它由两部分组成：正极接触网供电，负极走行轨回流。其中，接触网可分为接触轨和架空接触网两种形式。图 2-58 中的地铁采用了 750 V 接触轨供电的方式，该接触轨由高电导率的特殊软钢制成，沿线路平行架设于轨道的外侧，地铁车辆的受流靴与其接触受电。该地铁站台的简化剖面如图 2-58 所示，取与地相连的钢筋混凝土电位为 0 V，接触轨电位为 750 V，接触轨形状近似为长方形，忽略钢轨支撑介质对电场的影响。地铁站台结构如图 2-59 所示。

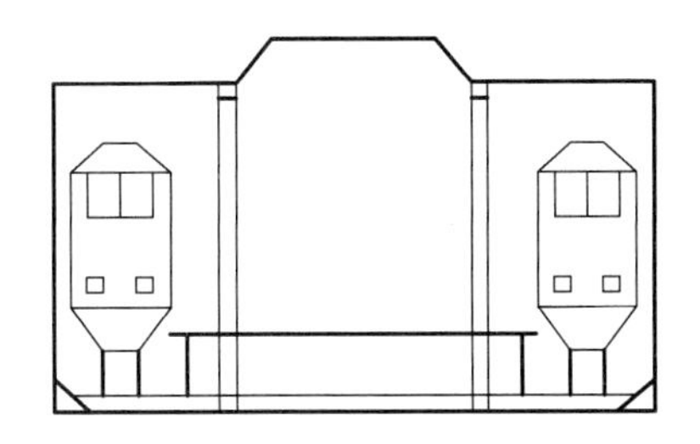

图 2-58 地铁站台简化剖面图

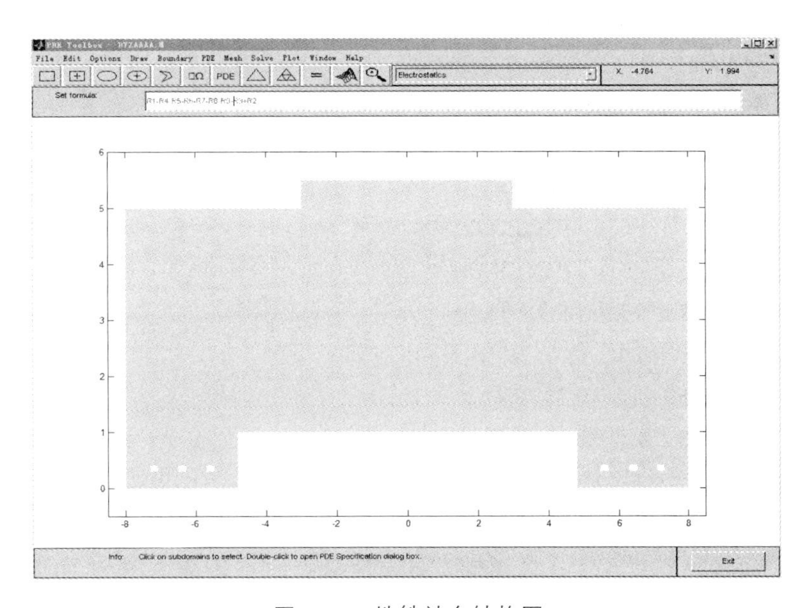

图 2-59 地铁站台结构图

利用 MATLAB 的 PDE 工具箱模拟地铁站台的感应电磁场，得出地铁站台电磁场强度的最大值，其求解步骤如下。

在 MATLAB 命令窗口中输入命令“pdetool”，然后单击回车键，显示 PDE 图形用户界面。

然后在“Options”菜单条中用鼠标指向“Application”选项，会弹出一个子菜单，在其中选择应用模式（见图 2-60）。

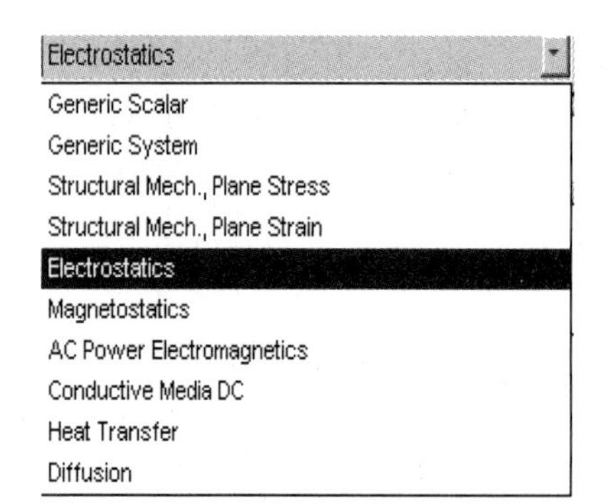

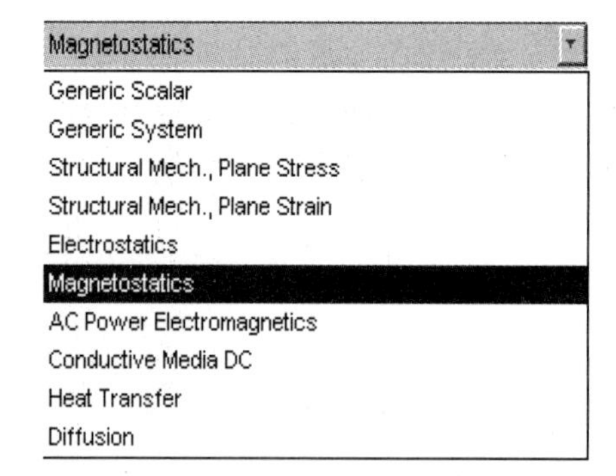

图 2-60　电场和磁场的应用模式的选择

1. 建立几何模型

接触轨采用导电性良好的铝平炉软钢制成，单位质量 G 为 51.3 kg/m，横截面积 S 为 6 540 mm^2，横截面周长 P 为 55 cm。

走行轨主要成分为铁，选用类型为 P50，单位质量 G 为 51.5 kg/m，横截面积 S 为 6 570 mm^2，横截面周长 P 为 62 cm。

在“Options”菜单中选择“Axes Limits”设置横纵坐标，在“Options”菜单中选择“Grid Spacing”设置栅格间距。然后对地铁站台建模，这里对整个地铁站台建模以获得更好的视觉效果，在 Draw 模式可以用图形交互模式或命令方式建模，下面语句说明了建模过程。

```
pderect([-8    8    5    0], 'R1');
pderect([-3    3    5.5    5], 'R2');
pderect([-4.8    4.8    1    0], 'R3');
pderect([-7.3    -7.1    0.4    0.3], 'R4');
pderect([-6.5    -6.3    0.4    0.3], 'R5');
pderect([-5.7    -5.5    0.4    0.3], 'R6');
pderect([7.1    7.3    0.4    0.3], 'R7');
pderect([6.3    6.5    0.4    0.3], 'R8');
pderect([5.5    5.8    0.4    0.3], 'R9');
```

可得到图 2-61。

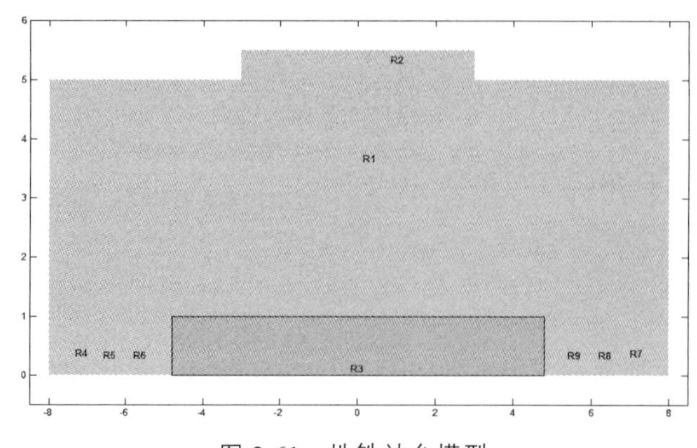

图 2-61　地铁站台模型

分析站台电场时，接触轨和走行轨具有良好导电性通常可视其内部静电平衡，故其内部 $E=0$。因此，分析静电场时的求解域是站台内、钢轨外的空间。所以在“Set Formula”文本框中输入公式，如图 2-62 所示。

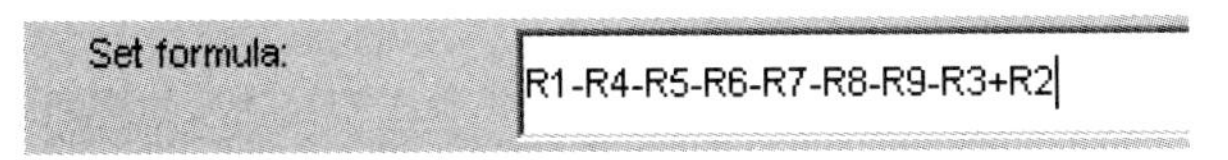

图 2-62　地铁站台电场求解域设定

分析站台磁场时，因钢轨是良好的磁导体，所以磁场分布在整个空间内，整个站台截面都列入求解域。所以在 Set Formula 文本框中的公式如图 2-63 所示。

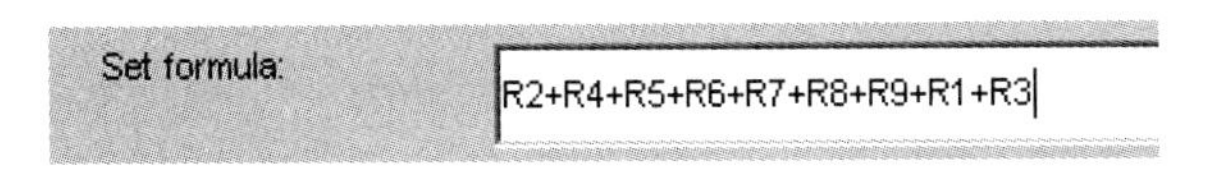

图 2-63　地铁站台磁场求解域设定

2. 定义边界条件

在“Boundary”菜单中选择“Boundary mode”选项，则显示几何模型的边界。选定要裁减的线条后，使用“Boundary”菜单的“Remove Subdomain Border”命令对其进行裁减。如图 2-64 和图 2-65 所示。

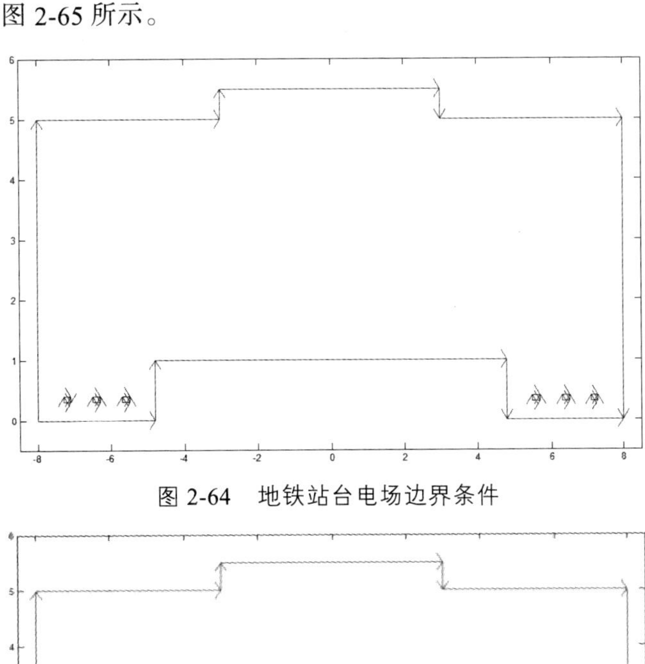

图 2-64　地铁站台电场边界条件

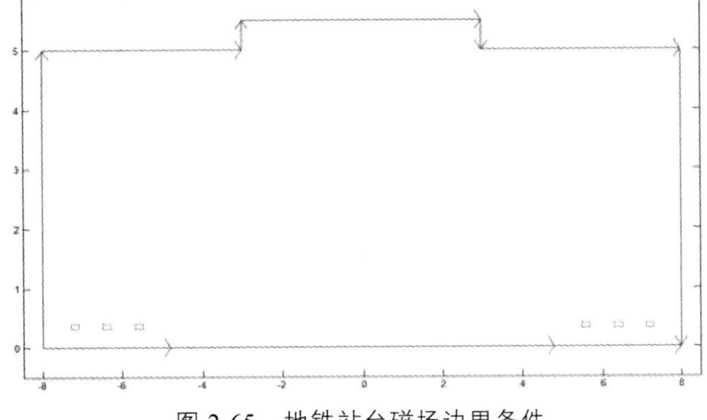

图 2-65　地铁站台磁场边界条件

电场边界条件：内边界是接触轨、走行轨表面，内外边界都设置为 Drichlet 边界条件，接触轨电位为 750，走行轨电位为 0，其余边界电位为 0。设定界面如图 2-66、2-67 所示。

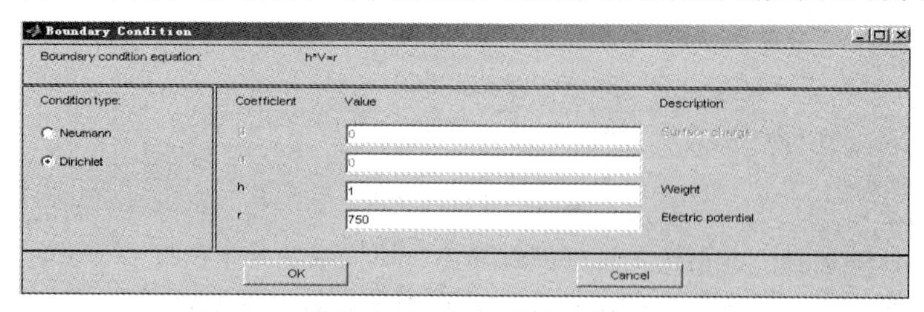

图 2-66　求解电场时接触轨边界条件的设定

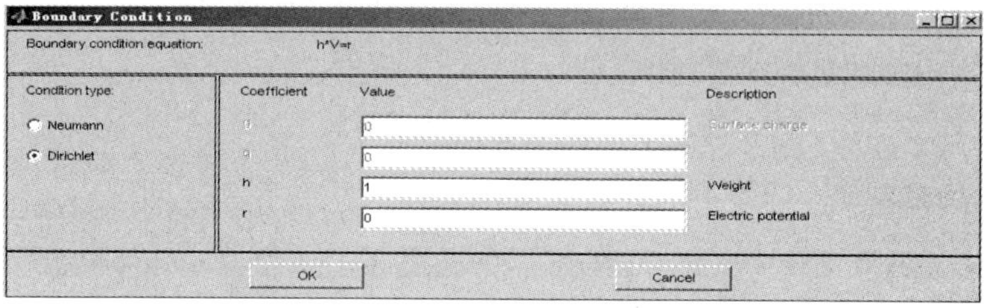

Boundary Condition
Boundary condition equation: h*V=r
Condition type: Neumann, Dirichlet
Coefficient / Value / Description
h: 1, Weight
r: 0, Electric potential
OK　Cancel

图 2-67　求解电场时走行轨边界条件的设定

磁场边界条件：忽略站台外漏磁场影响，整个模型外边界设置为 Drichlet 边界条件，A=0，如图 2-68 所示。

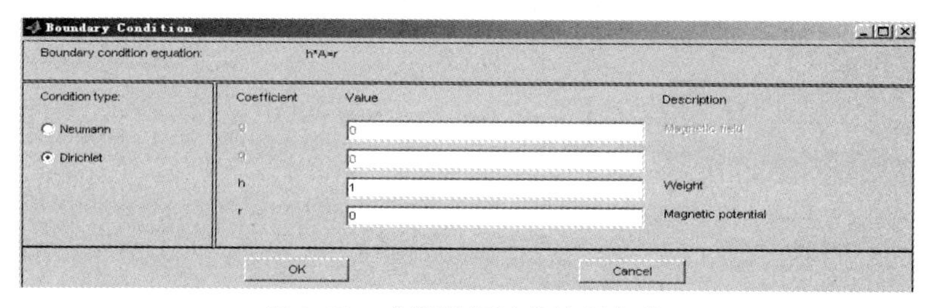

图 2-68　求解磁场时的边界条件

3. 定义 PDE 参数

进入 PDE 模式，显示子区域编号如图 2-69 所示。

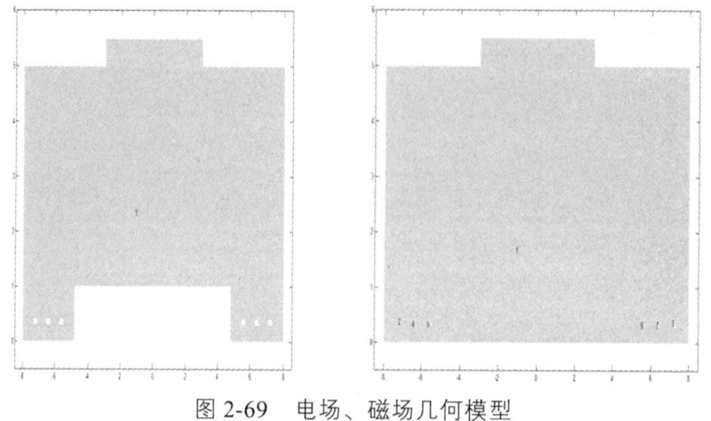

图 2-69　电场、磁场几何模型

分析地铁站台电场时，静电场是介电常数 ε 和空间电荷密度 ρ 的函数。在求解域中空间内有 $\rho=0$，而在 $\rho=0$ 的情况下，介电常数 ε 取值不影响静电场分布情况。PDE 的参数设定如图 2-70、2-71、2-72 所示。

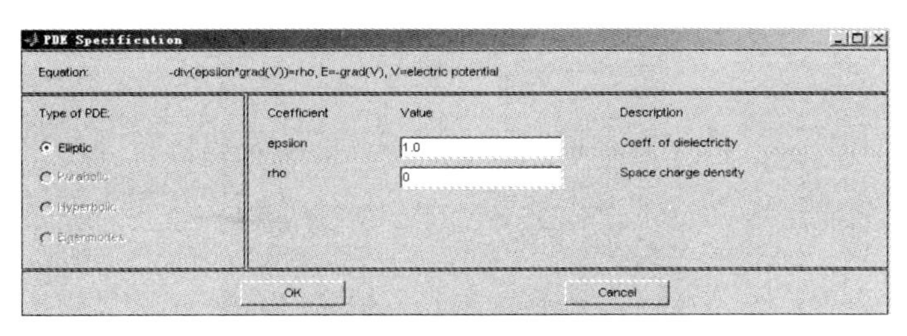

图 2-70　站台电场 PDE 参数设定

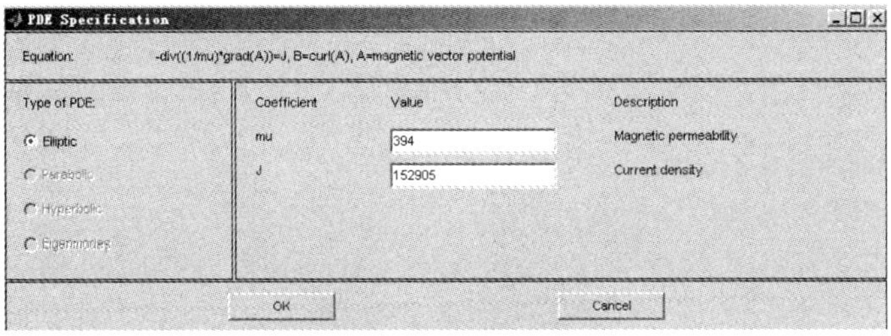

图 2-71　站台磁场接触轨 PDE 参数设定

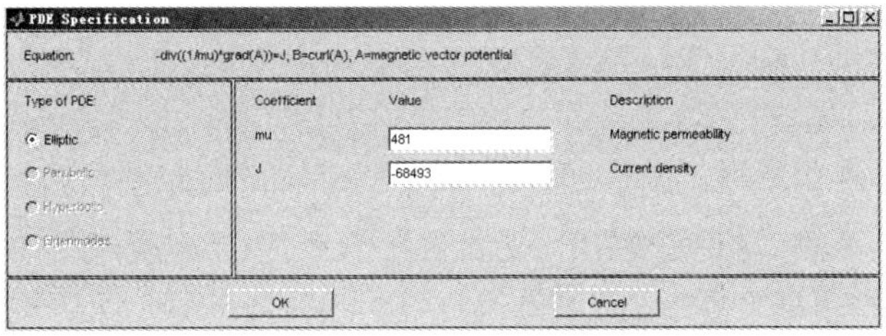

图 2-72　站台磁场走行轨 PDE 参数设定

其余区域参数设定为 $J=0$。如图 2-73 所示。

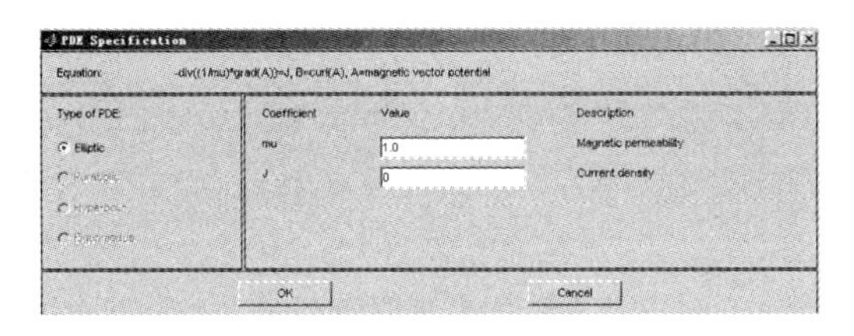

图 2-73　站台磁场剩余区域 PDE 参数设定

4. 三角形网络剖分

进入 Mesh 模式，在这里可以设置网格的划分方式如最大边长度、网格细化比例等。在 parameters 中设置，如图 2-74 所示。

对地铁站台模型采用初始化分方式，将电场几何模型划分为 2 300 个节点和 4 356 个三角形单元，将磁场几何模型划分为 2 412 个节点和 4 660 个三角形单元（见图 2-75）。

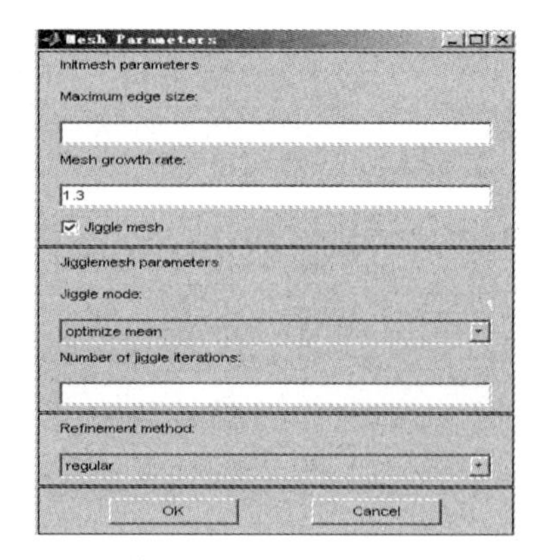

图 2-74　Mesh Parameters 对话框

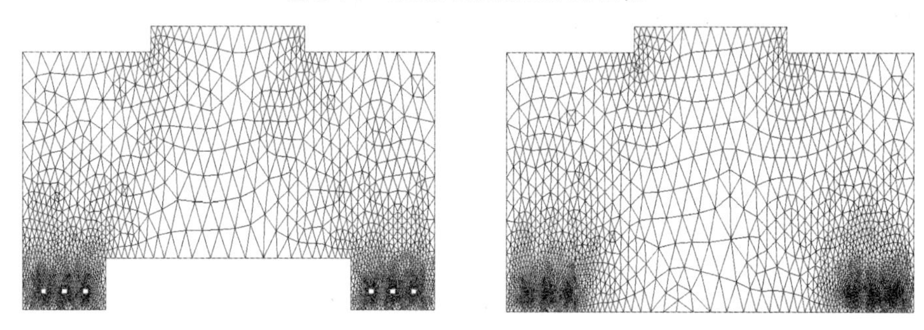

图 2-75　电场和磁场初始化网络

5. PDE 求解

在“Solve”菜单中选择“Solve PDE”选项，可以对前面定义的 PDE 问题进行求解。在“Solve”菜单中选择“Parameters”选项（见图 2-76）。由于材料的非线性特性，所以必须选择“Use nonlinear solver”选项框来启用非线性求解器，非线性误差设为 $1e^{-4}$。

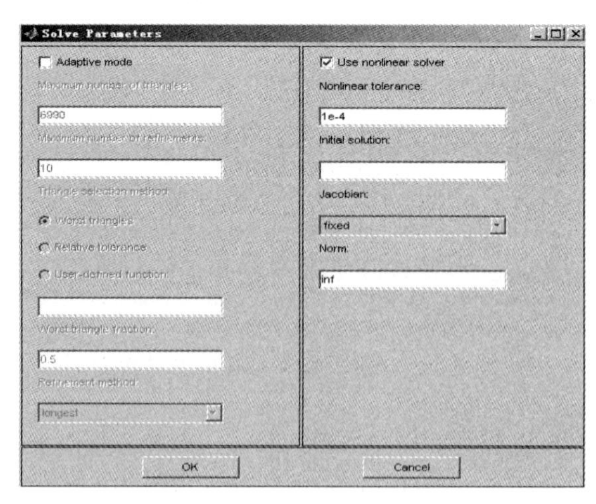

图 2-76　Solve Parameters 对话框

单机按钮或在“Plot”菜单中选择“Parameters”命令，弹出绘图设置对话框（见图 2-77），通过设置“Plot”的“Parameters”可以绘出各种要求的分布图。

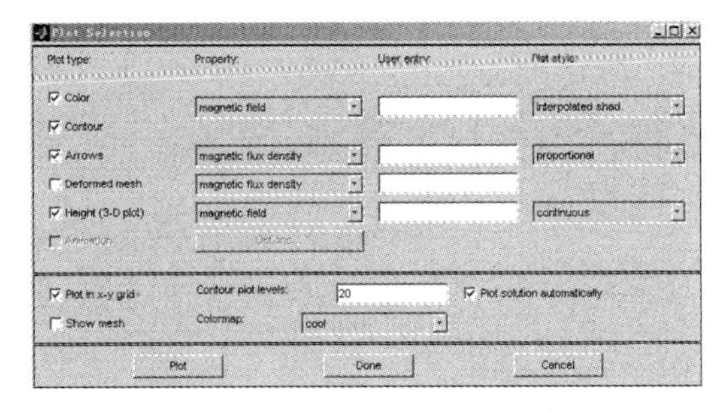

图 2-77　Plot Selection 对话框

6. 解的图形表达及仿真结果分析

执行 Plot 命令后就得到了站台电磁场的仿真图形（见图 2-78、2-79）。

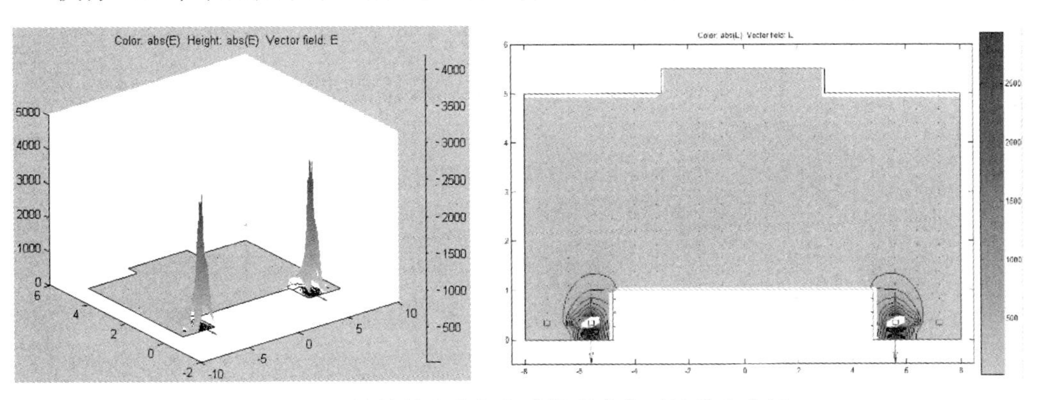

图 2-78　地铁站台电场和磁场强度绝对值分布曲线

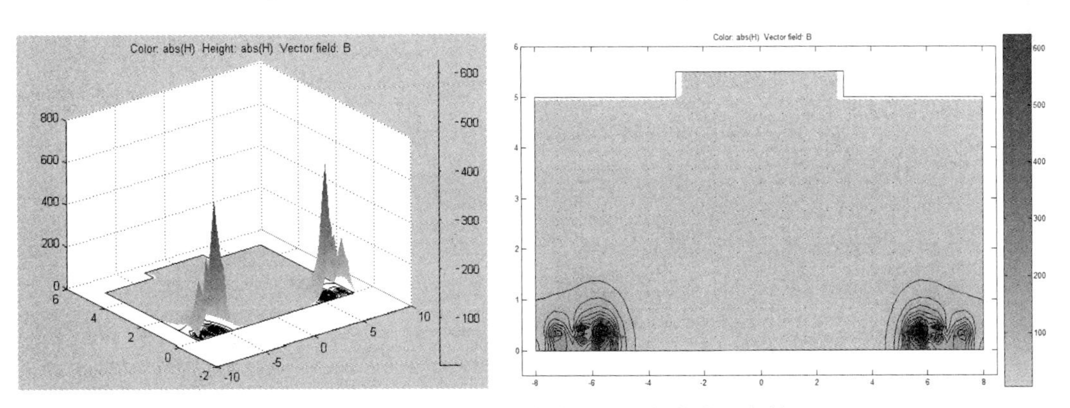

图 2-79　地铁站台磁感应强度绝对值分布曲线分布俯视图

第 3 章　ANSYS 仿真与实例

3.1　ANSYS 概述

ANSYS 软件是融合结构、流体、电场、磁场、声场分析于一体的大型通用有限元分析软件。因此，它可应用于航空航天、汽车工业、生物医学、桥梁、建筑、电子产品、重型机械、微机电系统、运动器械等领域，并获各界好评。ANSYS 软件提供了 100 种以上的单元类型，用来模拟工程中的各种结构和材料。软件有多种不同版本，可以运行在从个人机到大型机的多种计算机设备上，如 PC，SGI，HP，SUN，DEC，IBM，CRAY 等。

ANSYS 软件由世界上最大的有限元分析软件公司之一——美国 ANSYS 开发，它能与多数 CAD 软件接口，实现数据的共享和交换，如 Pro/Engineer，NASTRAN，AutoCAD 等，是现代产品设计中的高级 CAD 工具之一。美国 John Swanson 博士于 1970 年创建 ANSYS 公司后，便开发出了该应用程序，利用计算机模拟工程结构分析。历经 50 多年的不断完善和修改，ANSYS 现成为全球最受欢迎的应用程序之一。

ANSYS 是一个功能强大的设计分析及优化软件包，其特点主要包括：

（1）数据统一。ANSYS 使用统一的数据库来存储模型数据及求解结果， 实现前后处理、分析求解及多场分析的数据统一。

（2）强大的建模能力。ANSYS 具备三维建模能力，仅靠 ANSYS 的 GUI（图形界面）就可建立各种复杂的几何模型。

（3）强大的求解功能。ANSYS 提供了数种求解器，用户可以根据分析要求选择合适的求解器。

（4）强大的非线性分析功能。ANSYS 具有强大的非线性分析功能，可进行几何非线性、材料非线性及状态非线性分析。

（5）智能网格划分。ANSYS 具有智能网格划分功能，根据模型的特点自动生成有限元网格。

（6）良好的优化功能。

（7）良好的用户开发环境。

ANSYS 软件在电磁场分析中主要用于电磁场问题的分析，如电感、电容、磁通量密度、涡流、电场分布、磁力线分布、力、运动效应、电路和能量损失等；还可用于螺线管、调节器、发电机、变换器、磁体、加速器、电解槽及无损检测装置等的设计和分析领域。

ANSYS 软件主要包括三个部分：前处理模块、分析计算模块和后处理模块。

1. 前处理模块

前处理模块提供了一个强大的实体建模及网格划分工具，用户可以方便地构造有限元模型。

ANSYS 的前处理模块主要有两部分内容：实体建模和网格划分。

ANSYS 程序提供了两种实体建模方法：自顶向下与自底向上。自顶向下进行实体建模时，用户定义一个模型的最高级图元，如球、棱柱，称为基元，程序则自动定义相关的面、线及关键点。用户利用这些高级图元直接构造几何模型，如二维的圆和矩形及三维的块、球、锥和柱。无论使用自顶向下还是自底向上方法建模，用户均能使用布尔运算来组合数据集，从而“雕塑出”一个实体模型。ANSYS 程序提供了完整的布尔运算，如相加、相减、相交、分割、黏合和重叠。在创建复杂实体模型时，对线、面、体、基元的布尔操作能减少相当可观的建模工作量。ANSYS 程序还提供了拖拉、延伸、旋转、移动、延伸和复制实体模型图元的功能。附加的功能还包括圆弧构造，切线构造，通过拖拉与旋转生成面和体，线与面的自动相交运算，自动倒角生成，用于网格划分的关键点的建立、移动、复制和删除。自底向上进行实体建模时，用户从最低级的图元向上构造模型，即用户首先定义关键点，然后依次是相关的线、面、体。

ANSYS 程序还提供了使用便捷、高质量地对 CAD 模型进行网格划分的功能。包括四种网格划分方法：延伸划分、映像划分、自由划分和自适应划分。延伸网格划分可将一个二维网格延伸成一个三维网格。映像网格划分允许用户将几何模型分解成简单的几部分，然后选择合适的单元属性和网格控制，生成映像网格。ANSYS 程序的自由网格划分器功能十分强大，可对复杂模型直接划分，避免了用户对各个部分分别划分然后进行组装时，各部分网格不匹配带来的麻烦。自适应网格划分是在生成了具有边界条件的实体模型以后，用户指示程序自动地生成有限元网格，分析、估计网格的离散误差，然后重新定义网格大小，再次分析计算、估计网格的离散误差，直至误差低于用户定义的值或达到用户定义的求解次数。

2. 分析计算模块

分析计算模块包括结构分析（可进行线性分析、非线性分析和高度非线性分析）、流体动力学分析、电磁场分析、声场分析、压电分析及多物理场的耦合分析，可模拟多种物理介质的相互作用，具有灵敏度分析及优化分析能力。

3. 后处理模块

ANSYS 软件的后处理过程包括两个部分：通用后处理模块 POST1 和时间历程后处理模块 POST26。通过友好的用户界面，可以很容易获得求解过程的计算结果并对其进行显示。这些结果可能包括位移、温度、应力、应变、速度及热流等，输出形式可以有图形显示和数据列表两种。

（1）通用后处理模块 POST1。这个模块对前面的分析结果能以图形形式显示和输出。例如，计算结果在模型上的变化情况可用等值线图表示，不同的等值线颜色代表了不同的值。云图则用不同的颜色代表不同的数值区，清晰地反映了计算结果的区域分布情况。

（2）时间历程响应后处理模块 POST26。这个模块用于检查在一个时间段或历程中的结果，如节点位移、应力或支反力。这些结果能通过绘制曲线或列表查看。绘制一个或多个变量随频率或其他量变化的曲线，有助于形象化地表示分析结果。

3.2 ANSYS 16.0 系统安装

（1）选中“ANSYS16.0-64bit”压缩包，鼠标右击选择“解压到 ANSYS16.0-64bit”，如图 3-1 所示。

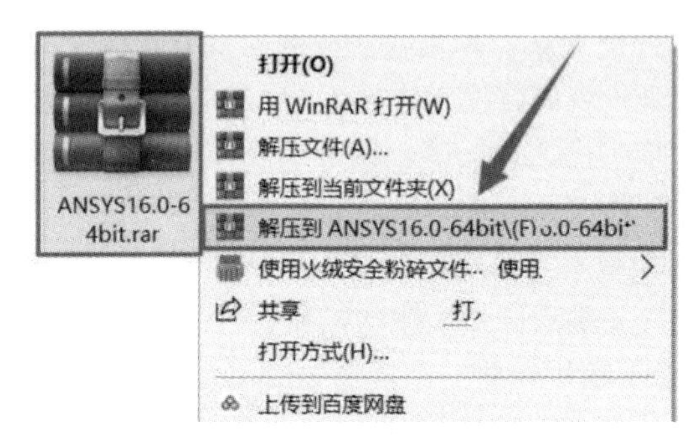

图 3-1　ANSYS 16.0 压缩包

（2）双击打开“ANSYS16.0-64bit”文件夹，如图 3-2 所示。

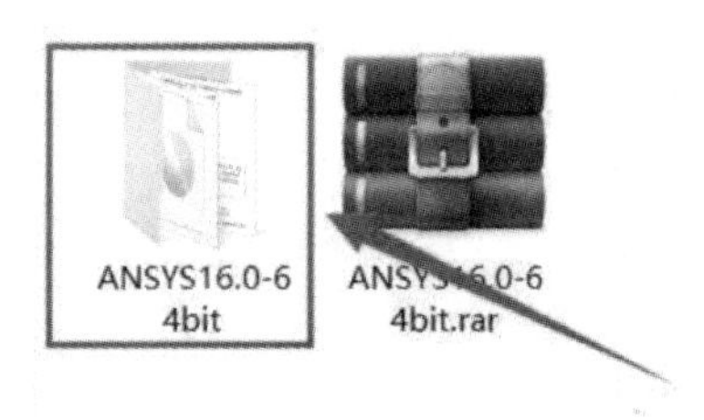

图 3-2　ANSYS 16.0 文件夹

（3）双击打开“ANSYS16.0-64bit A”镜像文件。温馨提示：Win7 系统请看安装包里面的打开教程。Win8 和 Win10 双击打不开的话，就鼠标右击在打开方式中选择“windows 资源管理器”，如图 3-3 所示。

名称	修改日期	类型
crack	2018/11/…	文件夹
win7系统打开安装包教程	…22:01	文件夹
ANSYS.FRAMEWORK.SDK.16.0.WI…	2015/1/26 13:00	光盘映像文件
ANSYS.LICENSE.MANAGER…	2015/1/26 13:05	光盘映像文件
ANSYS.PRODUCTS.16.0…	2015/1/26 13:15	光盘映像文件
ANSYS16.0-64bitS16.16.	2015/1/26 13:16	光盘映像文件
ANSYS16.0-64bit B.iso	2015/1/26 13:16	光盘映像文件
安装步骤.jpg	2018/11/16 11:49	JPG 文件

图 3-3　ANSYS16.0 镜像文件

（4）选中“setup”鼠标右击选择“以管理员身份运行”，如图 3-4 所示。

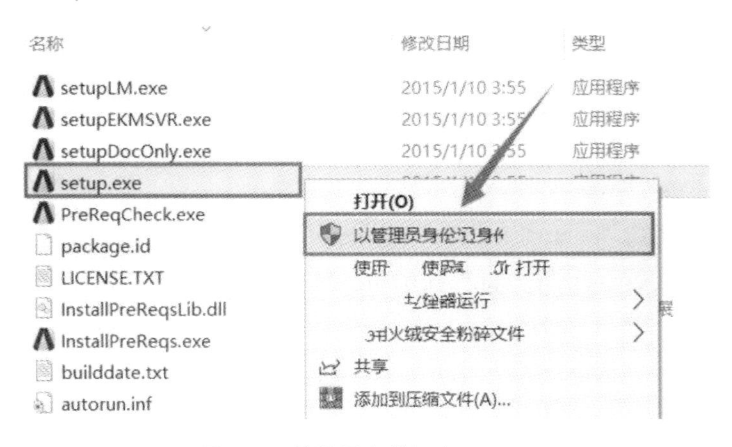

图 3-4　管理员身份运行 setup

（5）语言选择“English”，然后点击“Install ANSYS Products”，出现如图 3-5 所示对话框。

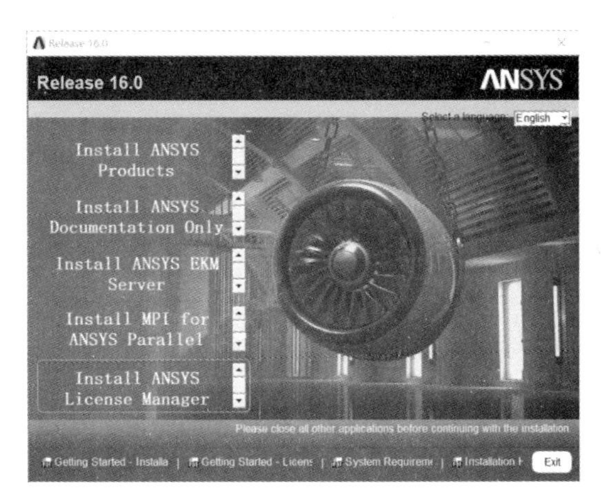

图 3-5　ANSYS 16.0 安装初始界面

（6）选择“I AGREE”然后点击“Next>>”，开始安装。

（7）再选择安装目录，选择 ANSYS 的安装路径。

（8）勾选“Skip this step and configure later”跳过连接的相关设置，进行 Pro/ENGINEER 连接。

（9）软件安装时间大约 15 分钟。

（10）双击打开“ANSYS16.0-64bit B”镜像文件，在此电脑中，查看一下刚才加载的镜像文件分配的驱动器号，这里是“I”盘。温馨提示：这个是看电脑的情况而不是一成不变的，一定要看自己的电脑分配的驱动器号，如图 3-6 所示，接着点击“Browse”，如图 3-7 所示，然后选择刚才加载的虚拟光驱，随后点击“确定”，如图 3-8 所示，最后点击“OK”，如图 3-9 所示。

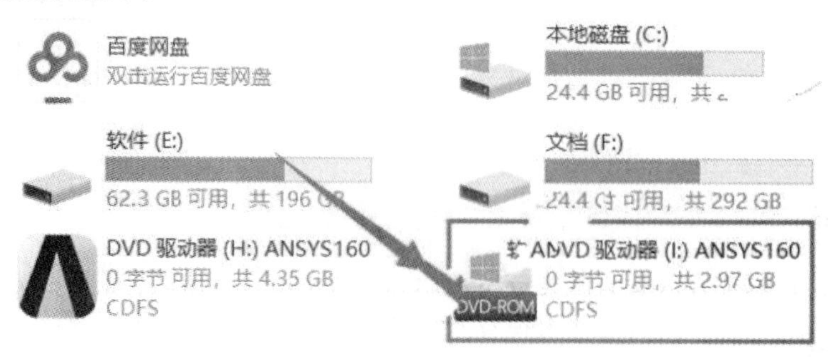

图 3-6　镜像文件分配的驱动器号

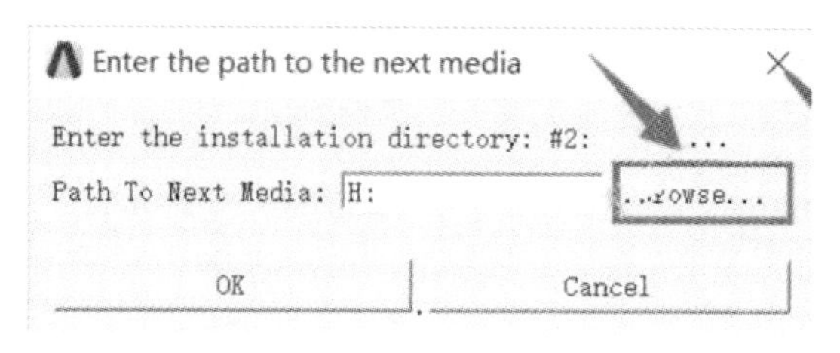

图 3-7　点击 Browse 示意图

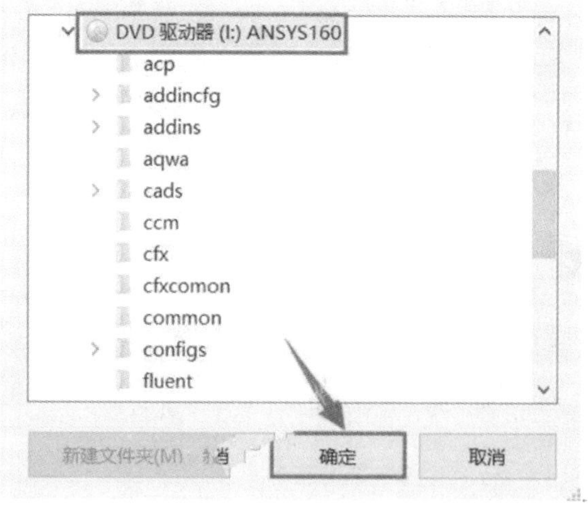

图 3-8　选择虚拟光驱

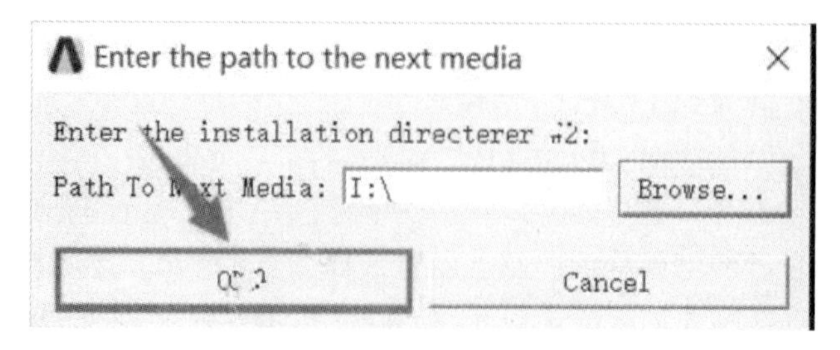

图 3-9　点击 OK 示意图

（11）再次等待安装 10 分钟后，双击打开“Mechanical APDL 16.0”，安装完成。

3.3 ANSYS 的工作

ANSYS 安装完成后，最好按照以下方式启动：开始→所有程序→ANSYS 16.0→ANSYS Product Launcher，显示如图 3-10 所示的启动画面，随后弹出如图 3-11 所示的 Mechanical APDL Product Launcher 16.0 窗口。当然也可以直接采用开始→所有程序→ANSYS 16.0→ANSYS 方式启动，但是使用前种方法可以对 ANSYS 进行初始的设置。ANSYS 工作目录下存放着有限元分析使用和生成的文件，所以，最好此目录所在磁盘有较大空间。ANSYS 默认打开或者保存文件的路径也是工作目录。

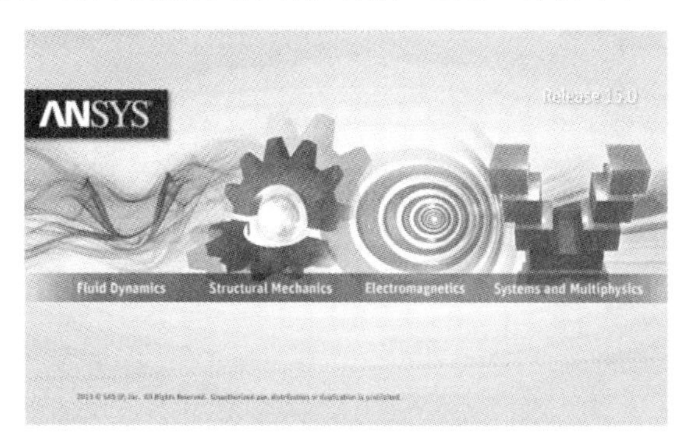

图 3-10　启动画面

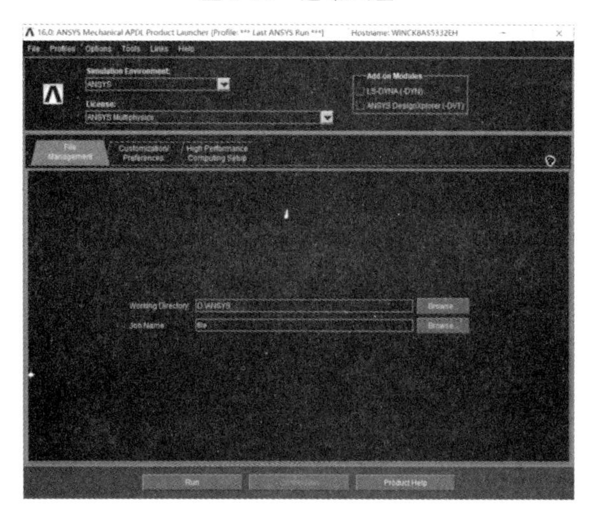

图 3-11　ANSYS Product Launcher 窗口

1. ANSYS 输出窗口

刚打开 ANSYS 时，会出现两个窗口，其中一个是 DOS 窗口，这个窗口就是 ANSYS 的输出窗口，如图 3-12 所示。该窗口记录一些 ANSYS 的配置信息和运行时的命令等内容，在主窗口进行的 GUI 操作会自动转化到此窗口。

2. ANSYS 主窗口

ANSYS 主窗口即刚打开 ANSYS 时的另一个窗口。大部分的操作都可以在此窗口中完成。主窗口如图 3-13 所示。ANSYS 的主窗口由主菜单、状态栏、命令输入窗口、图形显示窗口、工具栏、状态栏、图形显示控制区组成。

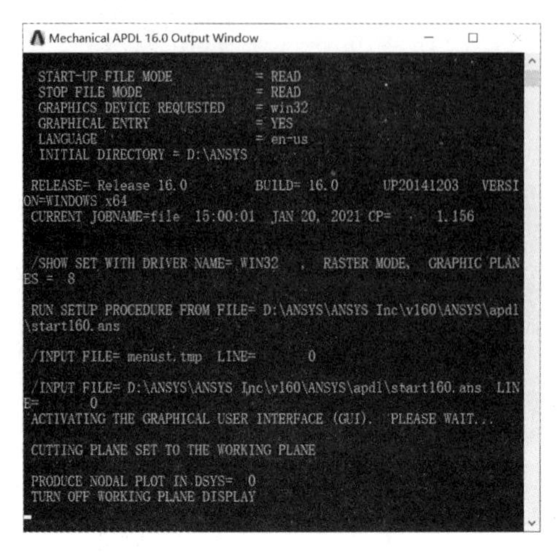

图 3-12　ANSYS 输出

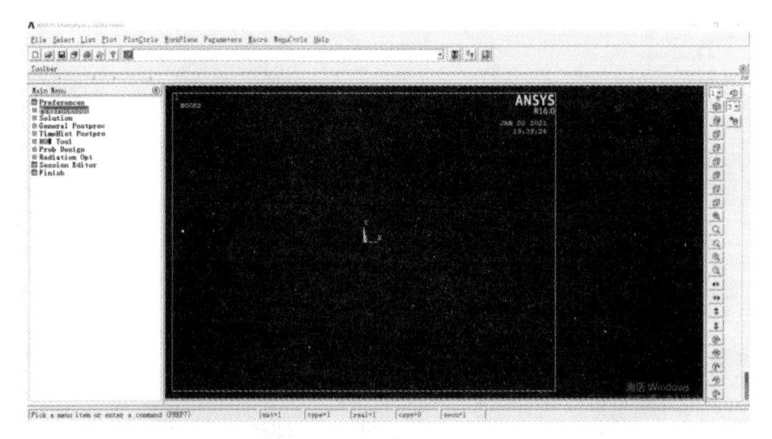

图 3-13　ANSYS 主窗口

3. ANSYS 主菜单

ANSYS 主菜单位于 ANSYS 主窗口的左下角（见图 3-14），包含了 ANSYS 主要功能，是用户开始分析的入手位置。用户可以在这里建立有限元模型并仿真。主菜单以树形结构呈现，这种结构使用户随着分析的进行可以自然地对子菜单进行操作。

图 3-14　ANSYS 主菜单

4. ANSYS 状态栏

状态栏位于主窗口的下部（见图 3-15），状态栏显示当前使用的层次、材料、单元、实常数和坐标系统。

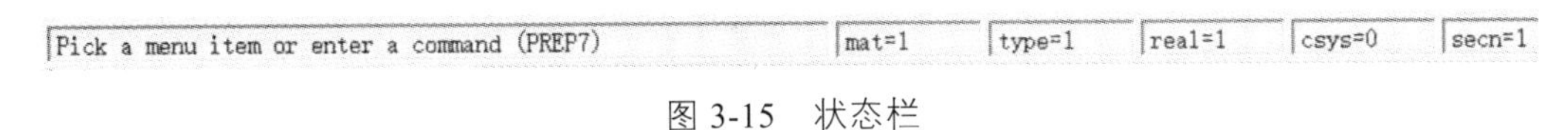

图 3-15　状态栏

5. ANSYS 命令输入窗口

命令输入窗口位于主窗口上部（见图 3-16），其中可以输入 ANSYS 的命令，对于大多数模型，命令流输入模式比 GUI 更加方便快捷。在命令输入过程中会有命令提示帮助用户完成输入，而且，单击命令输入窗口左侧的键盘按钮，可以显示弹出的命令输入窗口，这里，用户不仅可以得到命令提示，还可以看到输入历史（见图 3-17）。

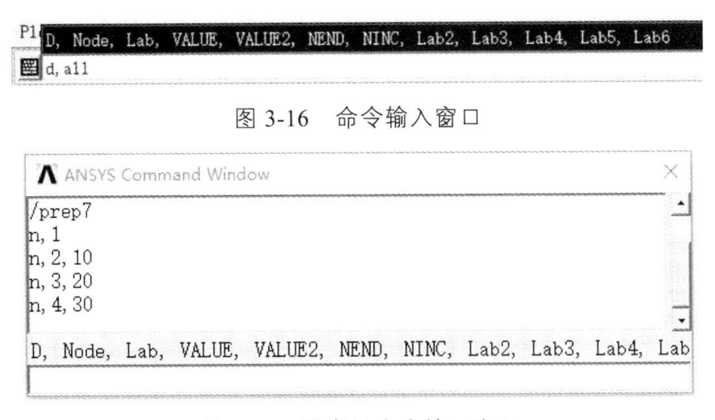

图 3-16　命令输入窗口

图 3-17　弹出的命令输入窗口

6. ANSYS 图形显示窗口

图形显示窗口就是主窗口中间最大的区域（见图 3-18）。图形窗口有检查各种不同图形的用处，包含模块的建立、结果的显示等。

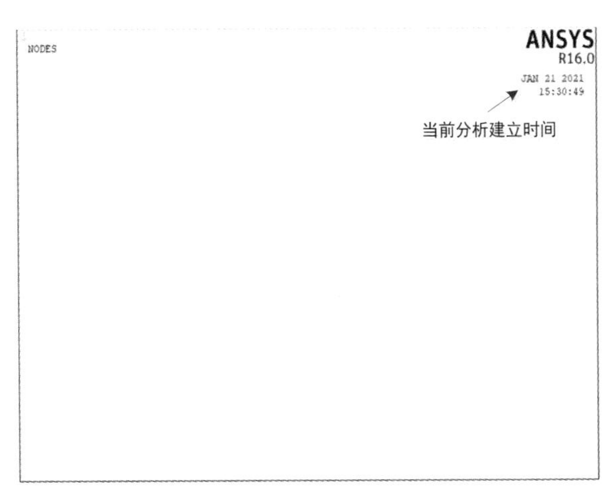

图 3-18　图形显示窗口

7. ANSYS 工具栏

工具栏包括了用户常用的几个按钮，如保存、恢复数据、退出等命令（见图 3-19）。单击右上角箭头图标可以隐藏工具栏（见图 3-20）。

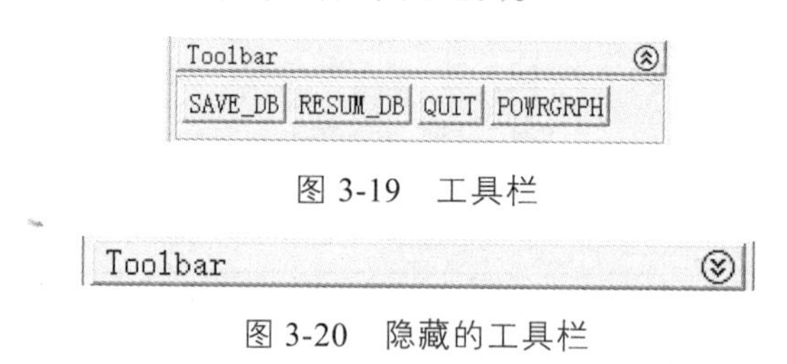

图 3-19　工具栏

图 3-20　隐藏的工具栏

3.4　实例——正方形电流环分析

一个正方形电流环电流 I 置于空气中。求 P 点的磁通密度，P 点距离电流环的距离 b 如图 3-21 所示。

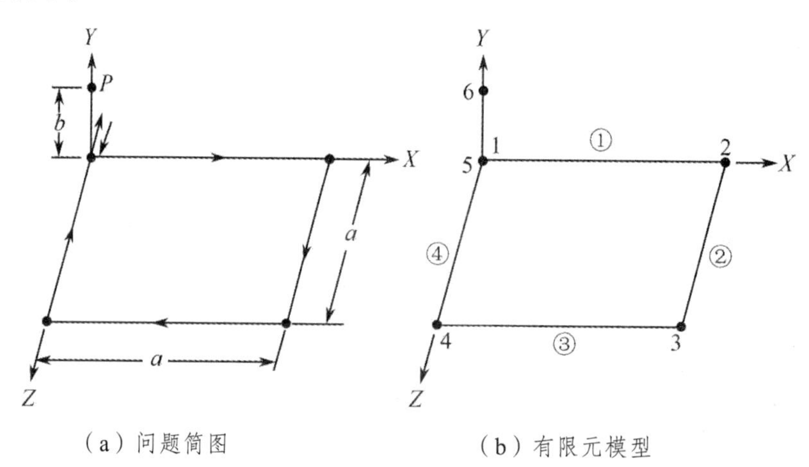

（a）问题简图　　（b）有限元模型

图 3-21　正方形电流环中的磁场分析

此问题中的参数参见表 3-1。

表 3-1　问题参数

材料性质	几何性质	载荷
$\mu_0=4\pi\times10^{-7}$ H/m	a=1.5 m	I=7.5 A
$\rho=4.0\times10^{-8}\Omega\cdot$m	b=0.35 m	

使用 LINK68 单元创建环形导线中的电流场，此单元建立的电流场被用来计算 P 点处的磁场。

节点 5 和节点 1 重合以建立一个闭合导线环。设定节点 5 的电压为 0，同时在节点 1 施加电流 I（图 3-25）。

首先，求解计算导线环中的电流分布；然后，使用 BIOT 命令计算由电流场产生的磁场。

因为在求解过程中不需要导线的横截面积，所以可以输入任意设定，这里设置为 1.0。由于线单元的比奥-萨法儿（Biot-Savart）磁场积分非常精确，所以，正方形环的每一个边用一个单元就可以了。磁通密度通过磁场强度来计算，即 $B=\mu_0 H$。

此问题的理论值与 ANSYS 计算值比较参见表 3-2。

表 3-2 ANSYS 计算值与理论值比较

磁通密度	目标值	ANSYS 计算值	比率
B_X（$\times 10^6$ Tesla）	2.010	2.010	1.000
B_Y（$\times 10^6$ Tesla）	−0.662	−0.662	1.000
B_Z（$\times 10^6$ Tesla）	2.010	2.010	1.000

3.4.1 GUI 操作

1. 设定工作环境

（1）设定图形界面的使用偏好。选择路径“Main Menu”→“Preferences”，弹出 Preferences for GUI Filtering 对话框，选择“Electric”（见图 3-22），这样可以过滤不需要的图形工作菜单，简化后续操作。

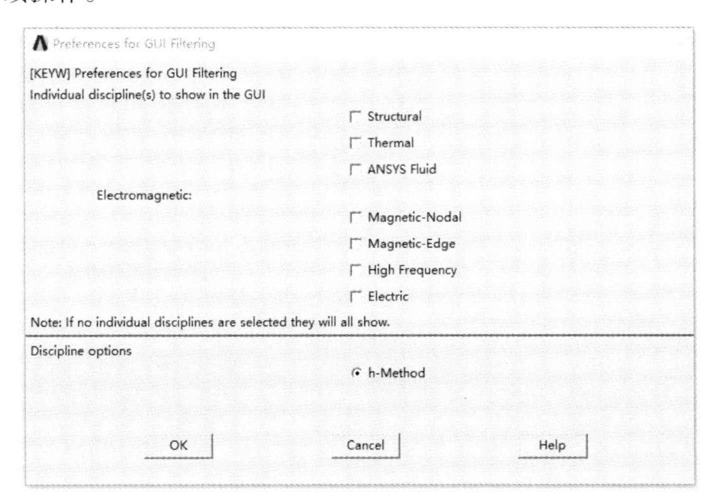

图 3-22 设定使用偏好

（2）设定标题。选择路径“Utility Menu”→“File”→“Change Title”，弹出的对话框中输入“MAGNETIC FIELD FROM A SQUARE CURRENT LOOP”（见图 3-23），单击“OK”按钮。

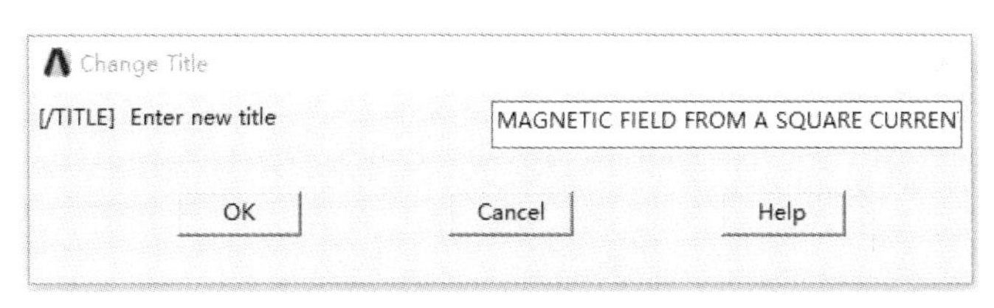

图 3-23 设定标题

2. 定义模型参数

（1）定义单元类型。单元（Element）是 ANSYS 进行有限元计算使用的模型类型，可以根据维度分为点、线、面等各种维度的单元，也可以根据分析类型分为适用于结构场、热场、电场或磁场等的单元。设定好单元后，要选定单元引用号（Element Type reference numbe），后续分析中将使用此编号来选定单元。选择路径“Main Menu”→“Preprocessor”→“ElementType”→“Add/Edit/Delete”，弹出 Element Types 单元类型对话框，对话框开始显示“NONE DEFINED”（见图 3-24），单击“Add…”按钮，弹出 Library of Element Types 单元类型库对话框（见图 3-25），在此对话框左边栏中选择“Elec Conduction”，右边滚动栏中选择“3D Line 68”，对话框下面的“Element Type reference number”保持默认值 1 不变。单击“OK”按钮，定义了一个 LINK68 单元，且其单元引用号为 1（见图 3-26）。最后单击“Close”按钮，关闭单元类型对话框。

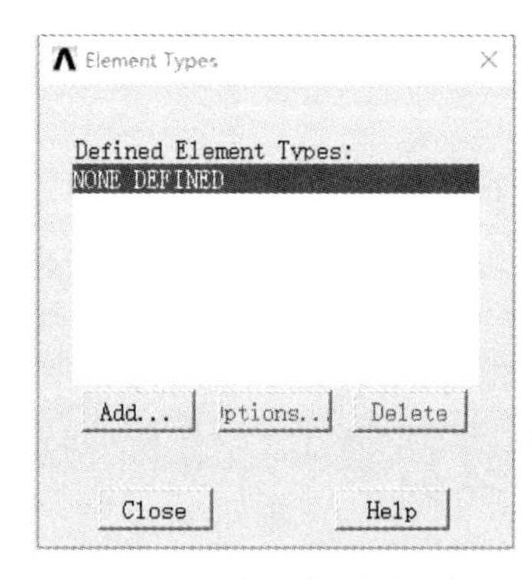

图 3-24 单元类型对话框

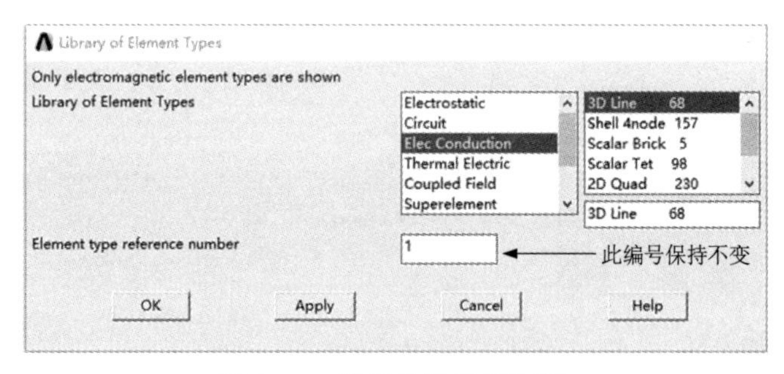

图 3-25 单元类型库对话框

图 3-26 定义的“LINK68”单元

（2）定义材料属性。定义方形线圈的电阻，为简化分析，假设电阻为线性，与温度无关。材料编号（Material Model Number）为“1”。选择路径“Main Menu”→“Preprocessor”→“MaterialProps”→“Material Models”，弹出 Define Material Model Behavior 定义材料模型性质对话框（见图 3-27）。右边栏中双击“Electromagnetics”→“Resistivity”→“Constant”，弹出 Resistivity for Material Number 1 对话框定义材料的电阻（见图 3-28）。在“RSVX”输入框中输入“4.0E-8”，单击“OK”按钮。单击“Material”→“Exit”退出（见图 3-29）。

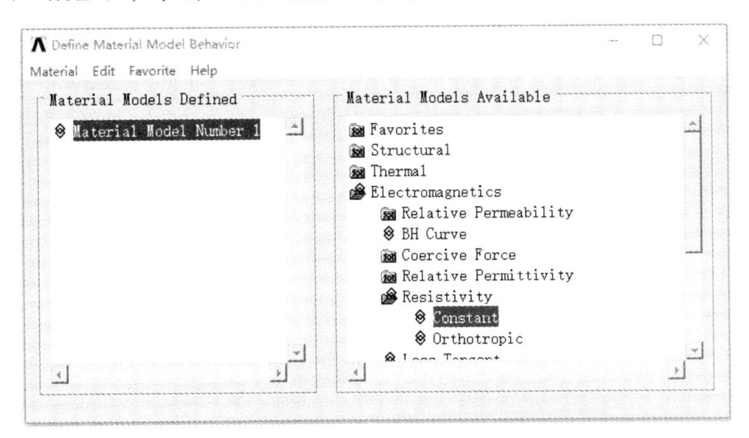

图 3-27　定义材料模型性质对话框

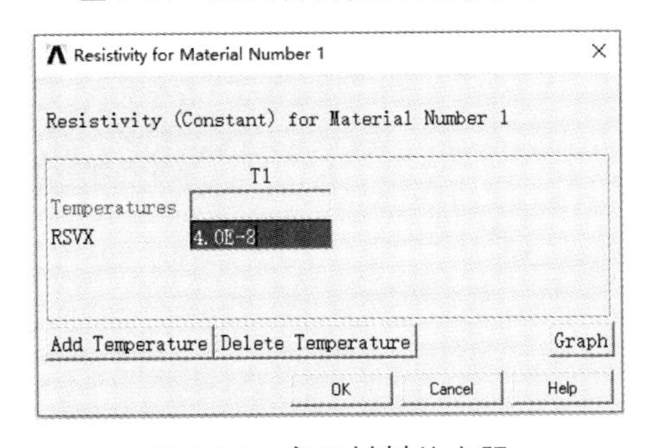

图 3-28　定义材料的电阻

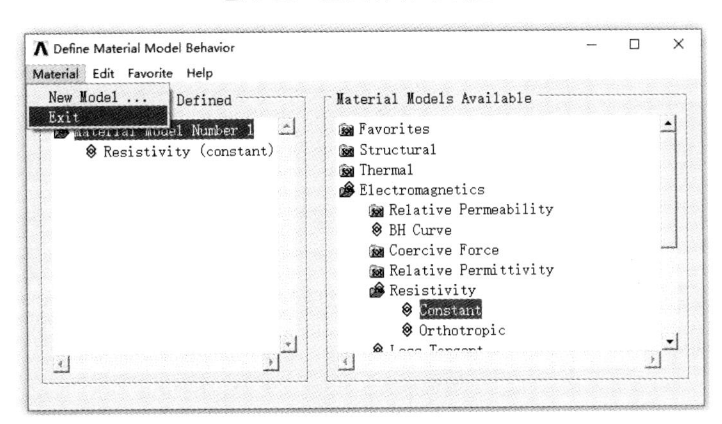

图 3-29　完成定义材料模型性质

（3）定义导线横截面积是常数。因为在求解过程中不需要导线的横截面积，所以可以输入任意设定，这里设为“1.0”。实常数编号设定为“1”。选择路径“Main Menu”→“Preprocessor”→“RealConstants”→“Add/Edit/Delete”，出现“Real Constants”实常数对话框（见图 3-30），对话框开始显示“NONE DEFINED”，单击“Add...”按钮，出现“Element Types for Real Constants”实常数单元对话框（见图 3-31），在对话框中显示“Type 1 LINK68”，选择此单元，单击“OK”按钮，出现“Real Constants Set Number 1，for LINK68”实常数编号 1，LINK68 对话框（见图 3-32）。在“Cross-sectional area”横截面输入栏中输入“1”，单击“OK”按钮，回到“Real Constants”实常数对话框，列出常数组 1（见图 3-33）。

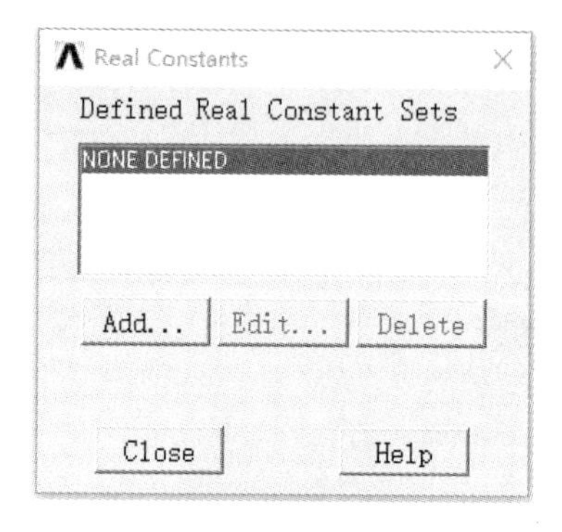

图 3-30　实常数对话框

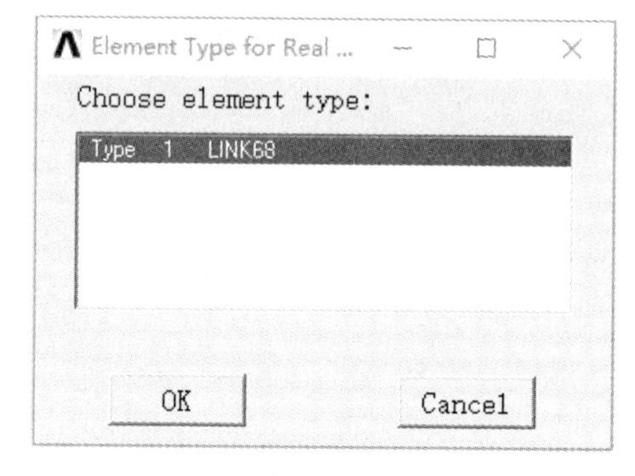

图 3-31　实常数单元对话框

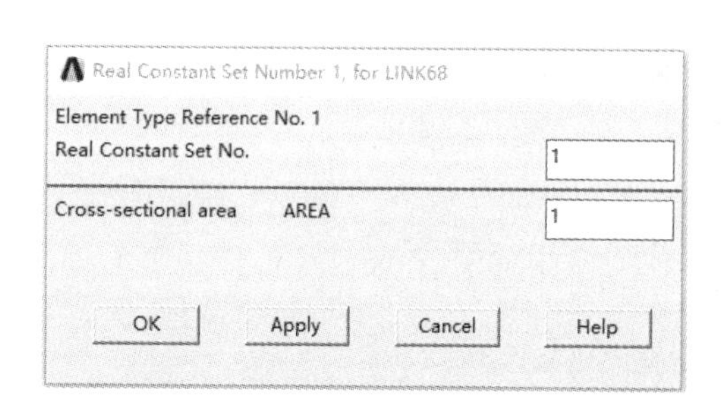

图 3-32　实常数编号 1，LINK68 对话框

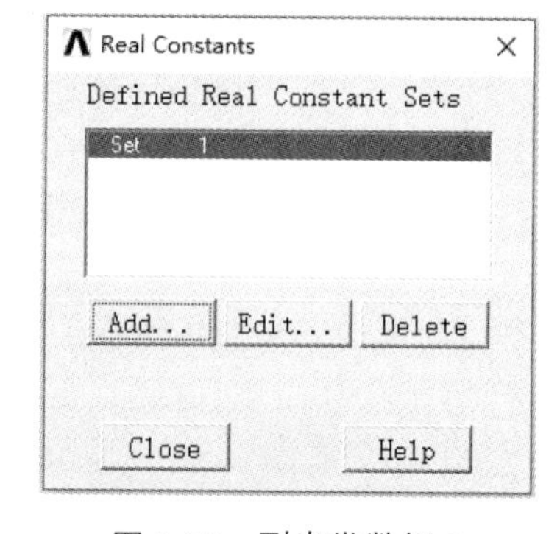

图 3-33　列出常数组 1

单击“Close”退出窗口。

3. 建立模型

问题模型简单，所以采用自下而上的节点建模方法即可，直接使用节点建模，不需要再划分网格。

注意：之后采用自上而下的实体建模方法建模是需要划分网格的。

（1）创建节点单元。

创建节点方法“Main Menu”→“Preprocessor”→“Modeling”→“Create”→“Nodes”→“In Active CS”，弹出“Create Nodes in Active Coordinate System”当前坐标系下建立节点对话框（见图 3-34），在“Node Number”栏中输入“1”。“Location in active CS”保持空白，则系统默认其中填写坐标值为（0，0，0）。因为不需要选装，所以“Rotation angles （degree）”不填。完成后，因为要继续创建其他节点，所以单击“Apply”按钮确定，这样此对话框仍然处于打开状态，如果单击“OK”按钮，此对话框将会关闭。节点 2 ~ 6 的创建方法如图 3-35 ~ 图 3-39 所示。创建完节点 6 后，单击“OK”按钮保存设置并关闭此对话框。

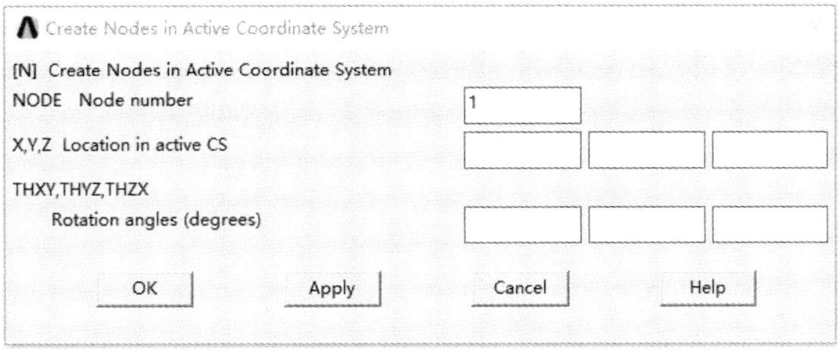

Create Nodes in Active Coordinate System
[N] Create Nodes in Active Coordinate System
NODE Node number 1
X,Y,Z Location in active CS
THXY,THYZ,THZX
Rotation angles (degrees)
OK Apply Cancel Help

图 3-34 建立节点 1

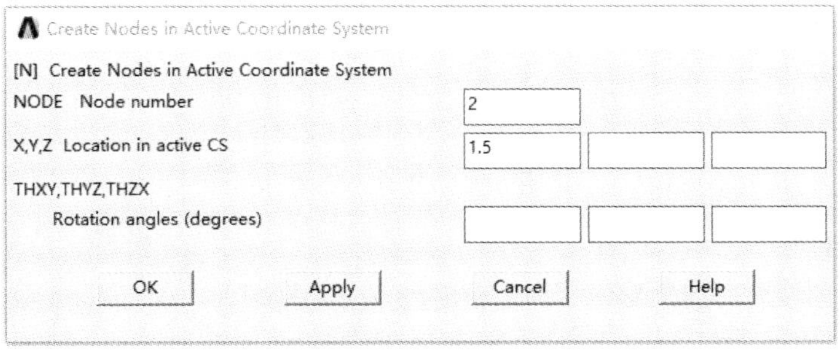

Create Nodes in Active Coordinate System
[N] Create Nodes in Active Coordinate System
NODE Node number 2
X,Y,Z Location in active CS 1.5
THXY,THYZ,THZX
Rotation angles (degrees)
OK Apply Cancel Help

图 3-35 建立节点 2

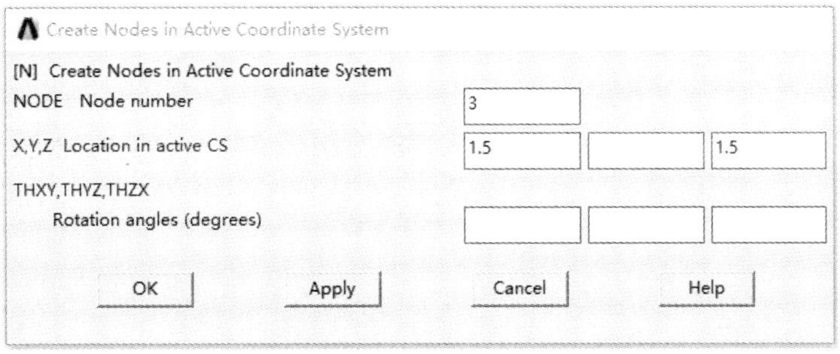

Create Nodes in Active Coordinate System
[N] Create Nodes in Active Coordinate System
NODE Node number 3
X,Y,Z Location in active CS 1.5 1.5
THXY,THYZ,THZX
Rotation angles (degrees)
OK Apply Cancel Help

图 3-36 建立节点 3

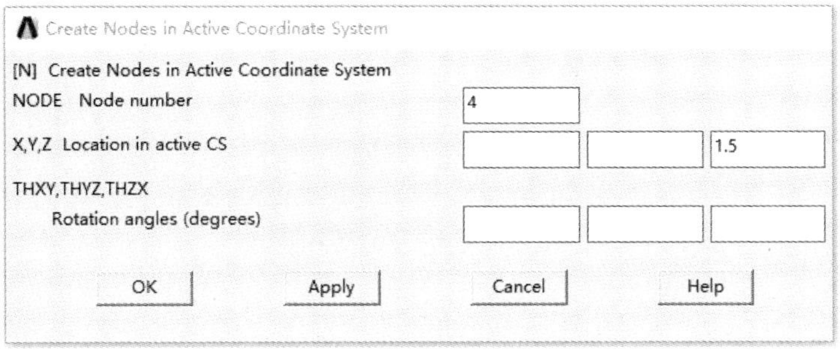

Create Nodes in Active Coordinate System
[N] Create Nodes in Active Coordinate System
NODE Node number 4
X,Y,Z Location in active CS 1.5
THXY,THYZ,THZX
Rotation angles (degrees)
OK Apply Cancel Help

图 3-37 建立节点 4

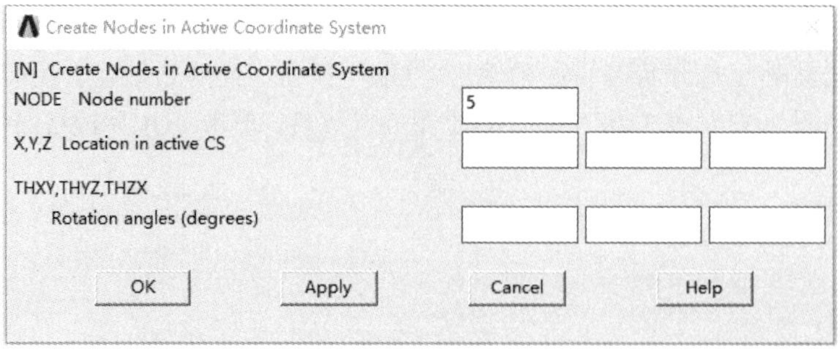

图 3-38 建立节点 5

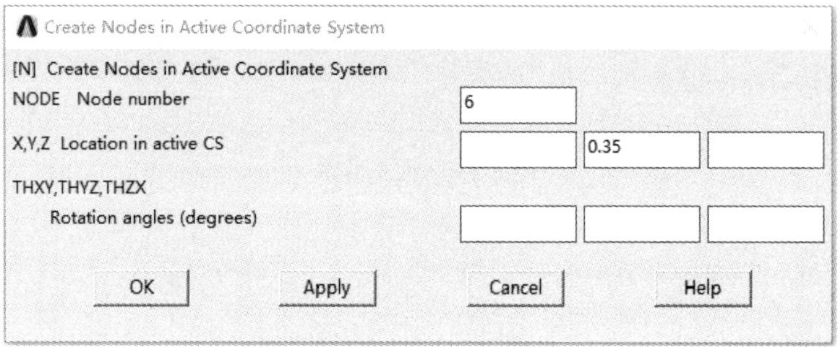

图 3-39 建立节点 6

（2）改变视角。

因为现在的视角方向限制，不利于模型的观看（见图 3-40），所以读者可以改变视角方向。选择路径“Utility Menu”→“PlotCtrls”→“Pan Zoom Rotate”，弹出移动、缩放和旋转设置框（见图 3-41），单击视角方向“iso”或者“Obliq”分别在（1，1，1）和（1，2，3）方向上观察模型。结果分别如图 3-42 和图 3-43 所示。也可以使用 ANSYS 右侧的图形控制按钮来设定视角（见图 3-44）。

图 3-40 没有改变视角时的模型

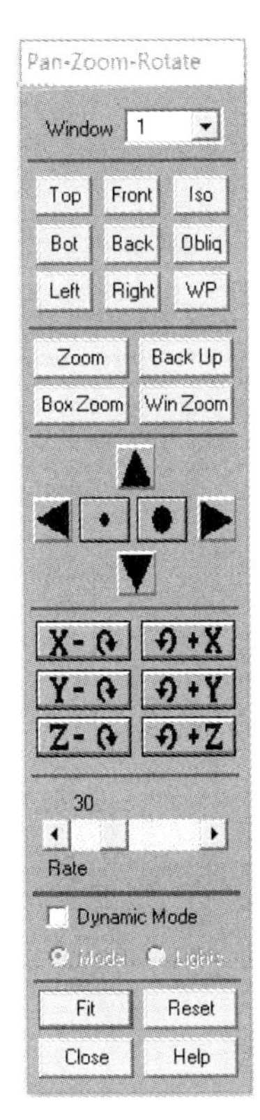

图 3-41　移动、缩放和旋转设置框

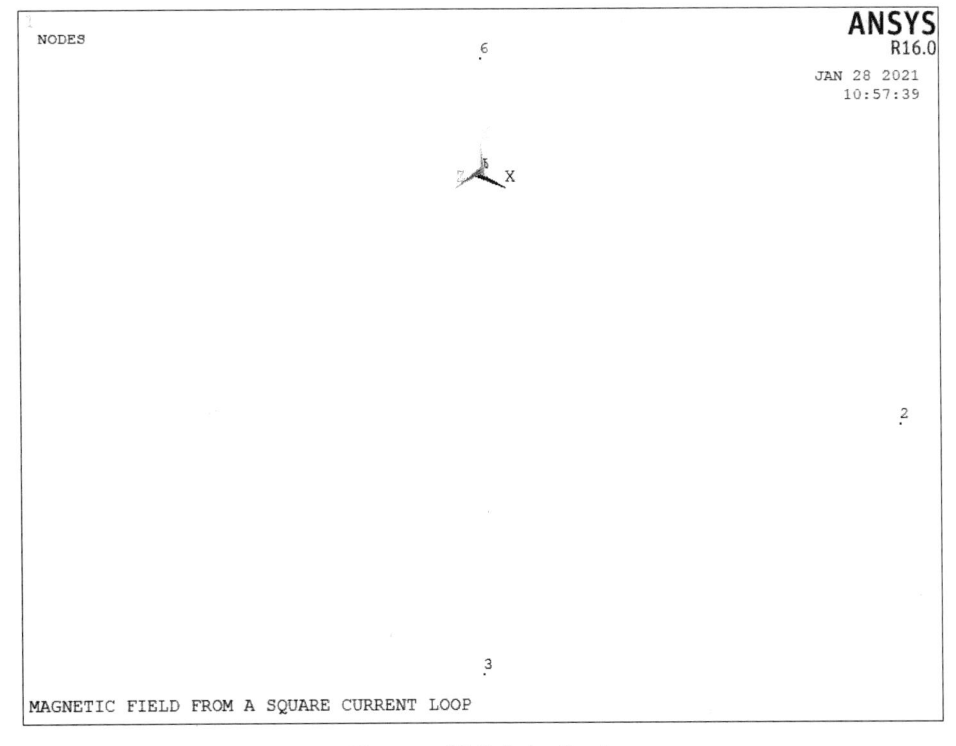

图 3-42　视角方向“iso”

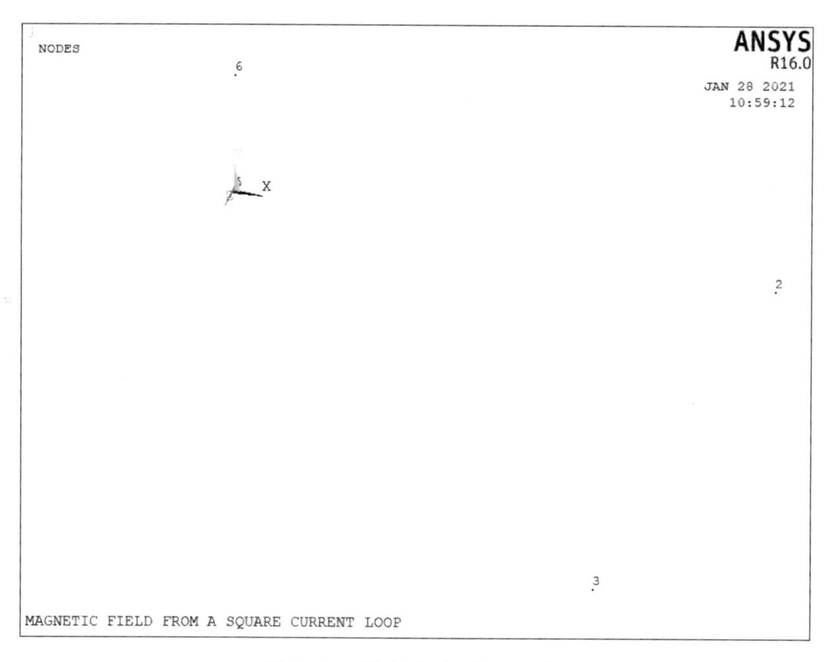

图 3-43　视角方向“Obliq”

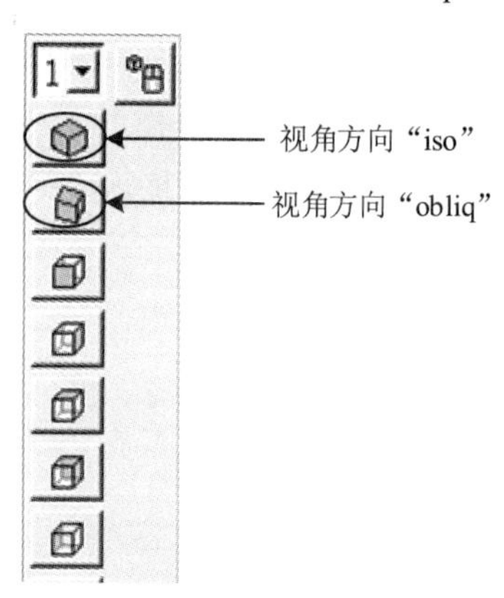

图 3-44　图形控制按钮来设定视角

（3）创建导线单元。

导线单元连接节点。导线单元采用上面已建立的材料、单元来建立。选择路径“Main Menu”→“Preprocessor”→“Modeling”→“Create”→“Elements”→“AutoNumbered”→“Thru Nodes”，弹出节点拾取框（见图 3-45），确保拾取状态是“Pick”，然后在图形界面上选取节点 1 和节点 2，或者选择“List of Items”，直接在其中的输入框中输入“1，2”，单击“Apply”按钮完成，然后用同样方法建立连接其他节点的导线。

当建立完第一条导线后，也可以采用复制单元的方法来建立其他导线。选择路径“Main Menu”→“Preprocessor”→“Modeling”→“Copy”→“Elements”→“Auto Numbered”，弹出单元拾取框，在图形界面上拾取单元 1，单击“OK”按钮，或者在输入框中输入“1”（见图 3-46）。弹出“Copy Elements（Automatically-Numbered）”复制单元对话框（见图 3-47），在“Total number of copies”输入栏中输入“4”，单击“OK”按钮，得到如图 3-48 所示模型。

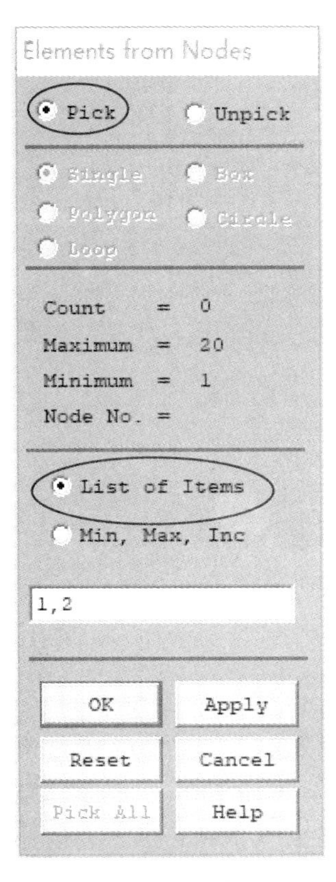

图 3-45　节点拾取框

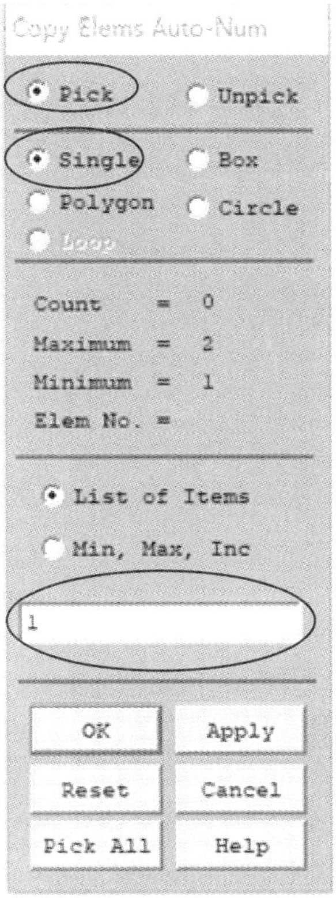

图 3-46　单元拾取框

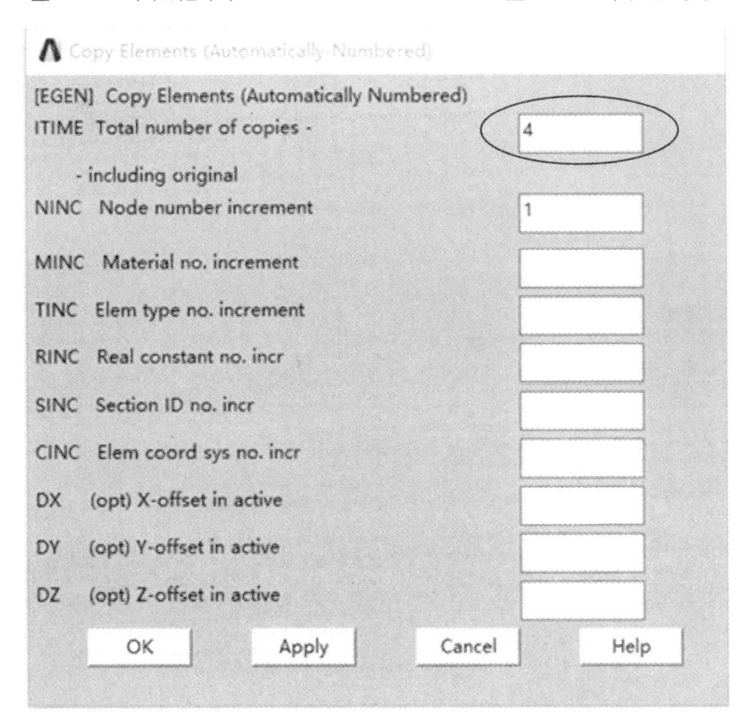

图 3-47　复制单元对话框

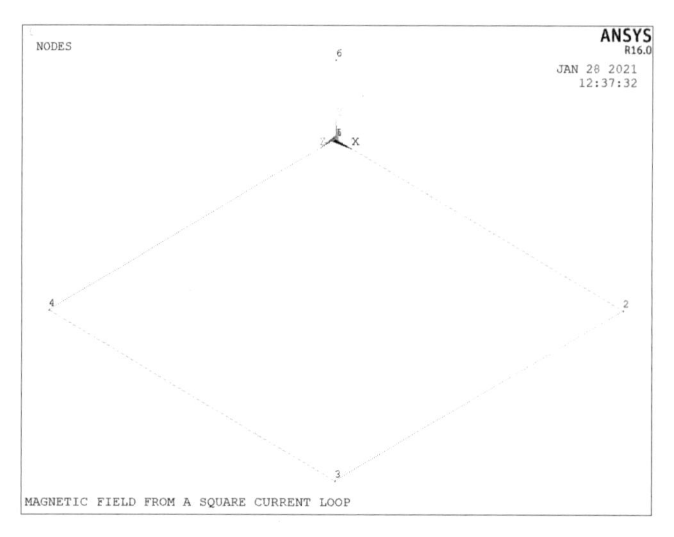

图 3-48　导线单元模型

4. 施加载荷

（1）施加电压。选择路径“Main Menu”→“Solution”→“DefineLoads”→“Apply”→“Electric”→“Boundary”→“Voltage”→“On Nodes”，弹出节点拾取框，在图形界面上拾取节点 5，或者可以直接在拾取框中输入“5”（见图 3-49），单击“OK”按钮，弹出“Apply Voltage On nodes”施加节点电压对话框（见图 3-50）在“Load VOLT value”输入栏中输入“0”，单击“OK”按钮，由此可以给节点 5 施加 0 V 电压。

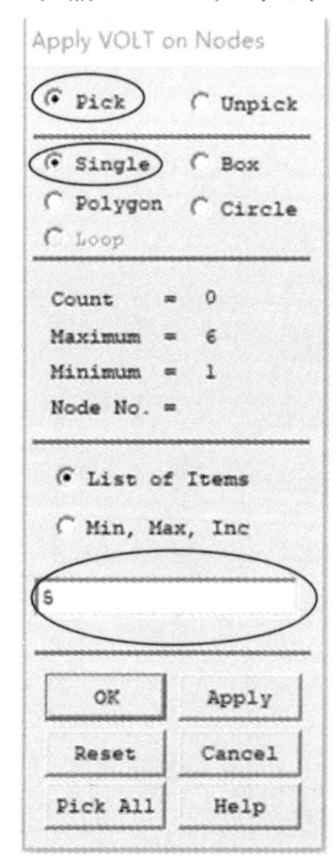

图 3-49　节点拾取框

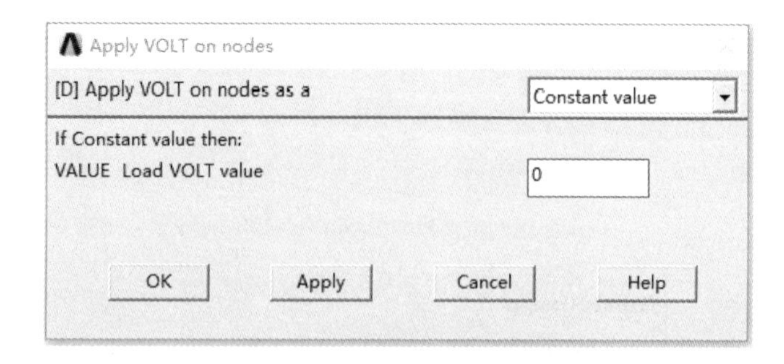

图 3-50　施加节点电压

（2）施加电流。

选择路径“Main Menu”→“Solution”→“Define Loads”→“Apply”→“Electric”

→ “Excitation” → “Current” → “On Nodes”，弹出节点拾取框，在图形界面上拾取节点 1，或者直接在拾取框的输入栏中输入“1”。单击“OK”按钮，弹出“Apply AMPS On nodes”给节点施加电流对话框，在“Load AMPS value”输入栏中输入“7.5”，单击“OK”按钮，由此可以给节点 1 施加 7.5 A 的电流载荷（见图 3-51）。

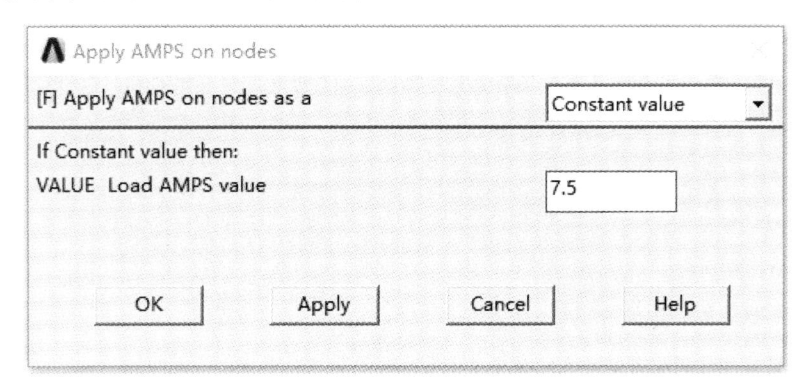

图 3-51　施加节点电流

（3）数据库和结果文件输出控制。

选择路径“Main Menu”→“Solution”→“Load Step Opts”→“OutputCtrls”→“DB/Results File”，弹出“Controls for Database and Results File Writing”数据库和结果文件输出控制对话框（见图 3-52）。在“Item to be controlled”后的下拉菜单中选择“Element solution”，检出并确认在“File write frequency”下面的单选框中选择了“Last substep”，单击“OK”按钮，把最后一步的单元求解结果写到数据库中。

Controls for Database and Results File Writing
[OUTRES] Controls for Database and Results File Writing
Item Item to be controlled　Element solution
FREQ File write frequency
Reset
None
At time points
Last substep
Every substep
Every Nth substp
Value of N
(Use negative N for equally spaced data)
Cname Component name -　All entities
- for which above setting is to be applied
OK　Apply　Cancel　Help

图 3-52　数据库和结果文件输出控制对话框

5. 求解

首先求解计算导线环中的电流分布，然后使用 BIOT 命令计算由电流场产生的磁场。

（1）计算导线环中的电流分布。

选择路径“Main Menu”→“Solution”→“Solve”→“Current LS”，弹出一个状态显示窗口（见图 3-53）和“Solve Current Load Step”求解当前载荷步对话框（见图 3-54）。确认后，单击求解对话框“OK”按钮开始求解，直到提示“Solution is done”求解结束。

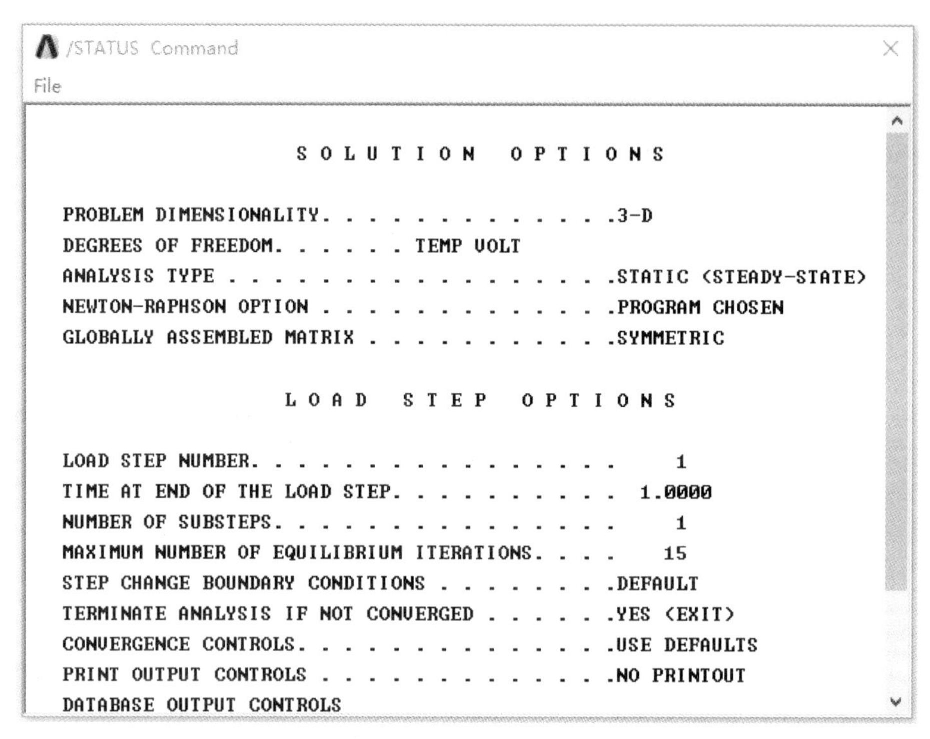

图 3-53　状态显示窗口

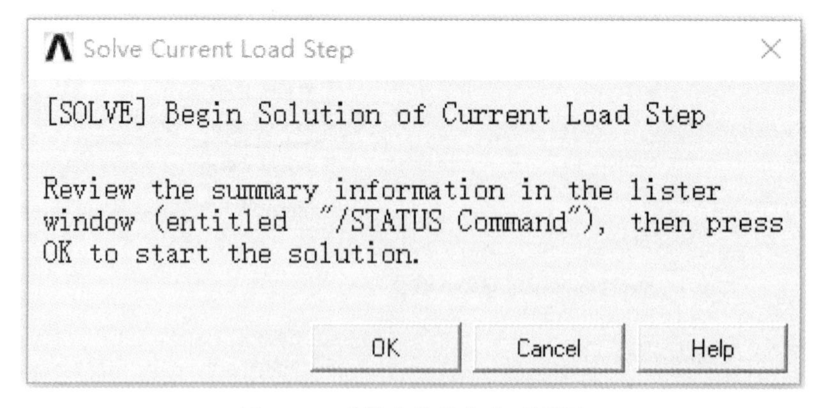

图 3-54　求解当前载荷步对话框

（2）计算由电流场产生的磁场。

在命令输入窗口输入“biot，new”，按回车后确认求解比奥-萨法尔磁场积分。

6. 查看计算结果

（1）查看节点 6 磁场强度。

因为磁场强度是矢量，所以 ANSYS 分别用 X，Y，Z 三个方向的值来表达该矢量。选择路径“Utility Menu”→“Parameters”→“Get Scalar Data”，弹出“Get Scalar Data”获取标量数据对话框（见图 3-55），在左边选取栏中选择“Results data”，在右边选择“Nodal results”，单击“OK”按钮，弹出“Get Nodal Results Data”获得节点结果数据对话框（见图 3-56）。在“Name of parameter to be defined”所定义参数名称栏中输入“hx”，在“Node number N”中输入“6”，即获得节点 6 的数据。在“Results data to be retrieved”后面的栏中，左侧栏选择“Flux&gradient”，右侧栏选择“Mag source HSX”，单击“Apply”按钮，即将节点 6 由电流环产生的磁场的 X 方向的磁场强度 HSX 赋给了定义的参数“hx”。同样方法获得节点 6 由电流环产生的磁场的 Y 和 Z 方向的磁场强度 HSY 和 HSZ，并将它们分别赋给定义的参数“hy”和“hz”。

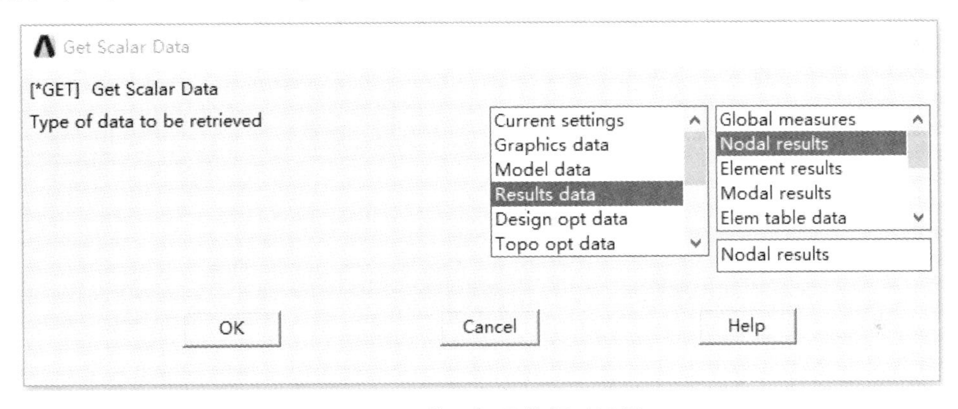

图 3-55 获取标量数据对话框

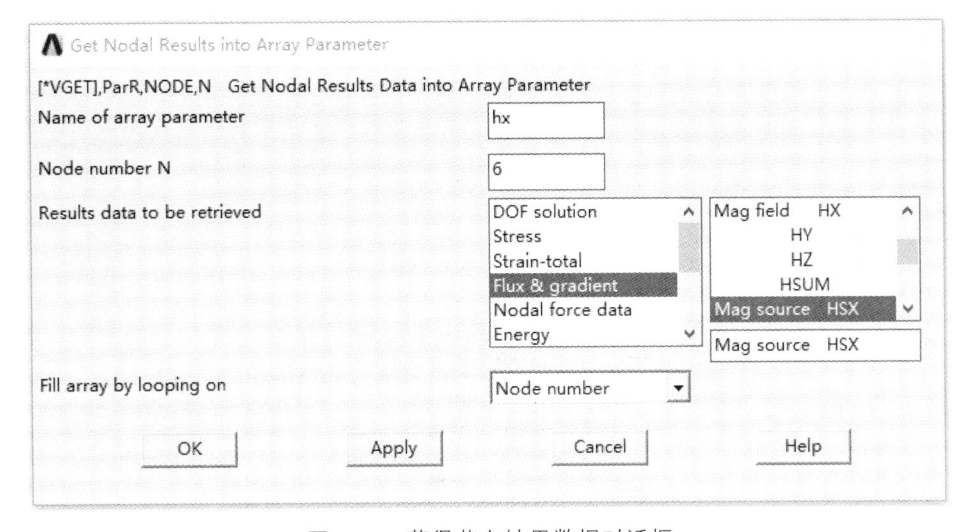

图 3-56 获得节点结果数据对话框

（2）定义真空磁导率和磁通密度。

因为，ANSYS 中没有现成的命令可以直接得到由电磁感应产生的磁场的磁通密度，所以用户需要先定义真空中的磁导率，然后由计算得到磁通密度。选择路径“Utility Menu”→“Parameters”→“Scalar parameters”，弹出“Scalar Parameters”标量参数对话框，在“Selection”输入栏输入 MUZRO=1.25664E-6（真空磁导率），单击“Accept”按钮，然后在“Selection”输入栏依次输入：

BX=MUZRO*HX

BY=MUZRO*HY

BZ=MUZRO*HZ

单击“Accept”按钮确认，单击“Close”按钮关闭，其输入参数如图 3-57 所示。

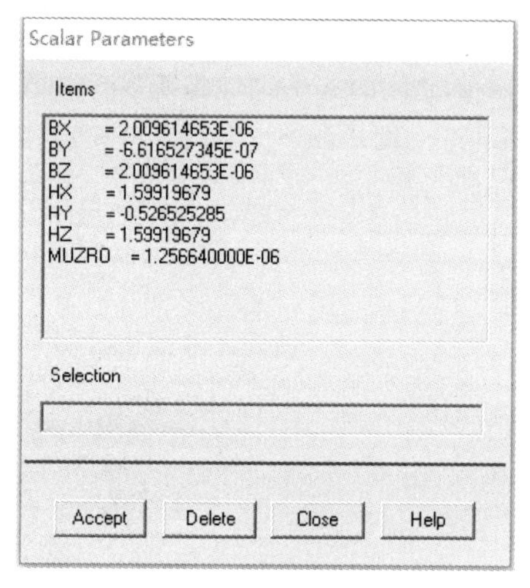

图 3-57　标量参数对话框

（3）查看所有参数选择路径“Utility Menu”→“List”→“Status”→“Parameters”→“All Parameters”，如图 3-58 所示。

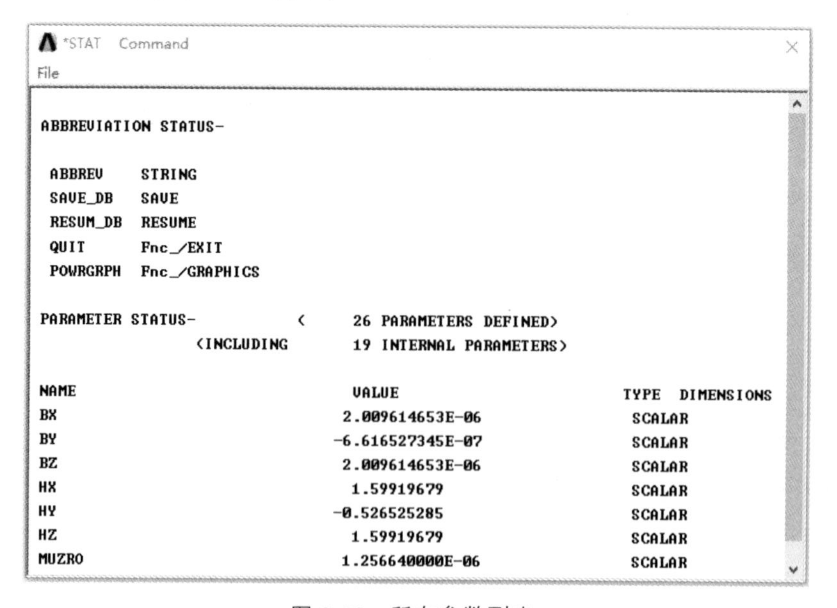

图 3-58　所有参数列表

（4）对比理论值与 ANSYS 的计算值。

定义数组选择路径“Utility Menu”→“Parameters”→“Arrayparameters”→“Defiine/Edit”，弹出“Array Parameters”数组参数对话框（见图 3-59），单击“Add...”按钮弹出“Add New Array Parameter”增加新数组参数对话框，在“Parameter name”输入栏输入“LABEL”，“Parameter type”后面单选框选择“Character Array”，“No. of rows，cols，planes”后面三个输入栏中分别输入“3，2，0”，单击“Apply”按钮。这样就定义了一个名为 LABEL 的三行两列的字符数组（见图 3-60）。

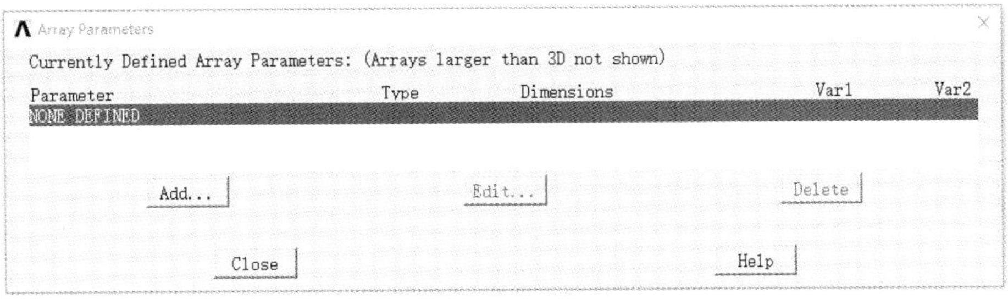

图 3-59　数组参数对话框

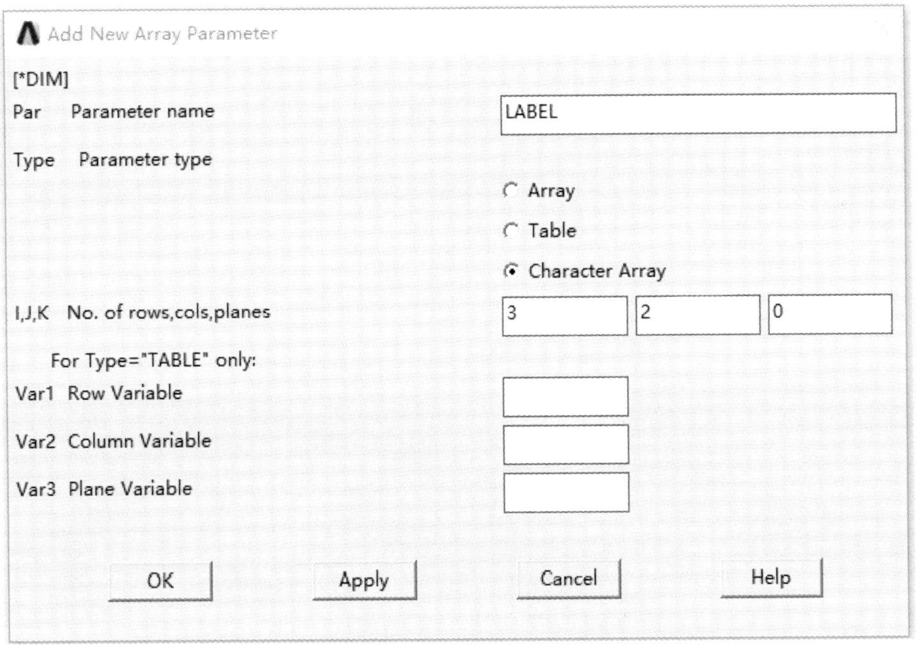

图 3-60　定义 LABEL 数组

用同样方法定义一个三行三列数组“VALUE”（见图 3-61）。完成后，“Array Parameters”对话框显示如图 3-62 所示。

然后给数组赋值，即把理论值、计算值和比率赋值给一般数组，把文字标识赋值给字符数组。这部分操作很多不能通过 GUI 完成，所以，只能使用命令流形式，而且还有部分命令甚至不能通过命令窗口输入，所以，用户最好通过 session editor 输入。

Add New Array Parameter

[*DIM]

Par Parameter name VALUE

Type Parameter type

- Array (selected)
- Table
- Character Array

I,J,K No. of rows,cols,planes 3 3 0

For Type="TABLE" only:

Var1 Row Variable

Var2 Column Variable

Var3 Plane Variable

OK Apply Cancel Help

图 3-61　定义 VALUE 数组

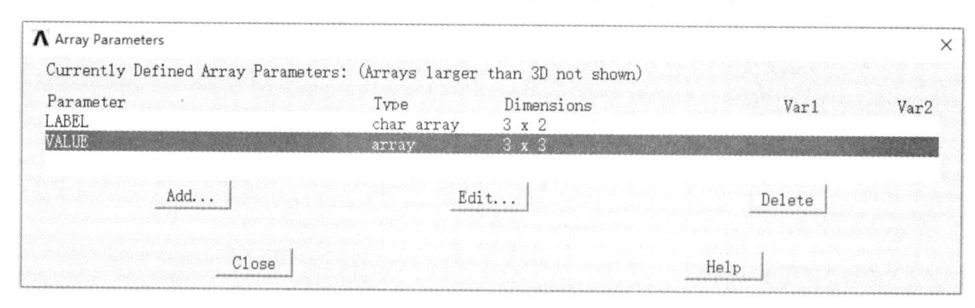

图 3-62　数组参数对话框

```
LABEL(1,1) = 'BX ','BY ','BZ '                                   ！ 名称
LABEL(1,2) = 'TESLA','TESLA','TESLA'                             ！ 单位特
斯拉
*VFILL,VALUE(1,1),DATA,2.010E-6,-.662E-6,2.01E-6                 ！ 第一列
数据    *VFILL,VALUE(1,2),DATA,BX,BY,BZ                 ！ 第二列数据
*VFILL,VALUE(1,3),DATA,ABS(BX/(2.01E-6)),ABS(BY/.662E-6),ABS(BZ/(2.01E-6)) ！ 第三
列数据    /COM
/OUT,EX1,vrt                                ！ 输出以下到内容 EX1.vrt
/COM,------------------ EX1 RESULTS COMPARISON ---------------
/COM,
/COM,                        |  TARGET  |  ANSYS  |  RATIO
/COM,
*VWRITE,LABEL(1,1),LABEL(1,2),VALUE(1,1),VALUE(1,2),VALUE(1,3)
```

```
(1X,A8,A8,'   ',F12.9,'   ',F12.9,'   ',1F5.3)
/COM,---------------------------------------------------------
/OUT                                        ! 输出内容结束      FINISH
```

EX1.vrt 内容如下：

```
        ------------------ EX1.vrt RESULTS COMPARISON ----------------------
                           |  TARGET   |  ANSYS   |  RATIO
             BX      TESLA      0.000002010     0.000002010   1.000
             BY      TESLA     -0.000000662    -0.000000662   0.999
             BZ      TESLA      0.000002010     0.000002010   1.000
        -------------------------------------------------------------------
```

3.4.2 命令流操作

```
/PREP7
/TITLE, MAGNETIC FIELD FROM A SQUARE CURRENT LOOP
ET,1,LINK68                                                        !
LINK68 单元      R,1,1                                  ! 任意面积
MP,RSVX,1,4.0E-8                                        ! 电阻率
N,1                                       ! 定义电流环上的节点      N,2,1.5
N,3,1.5,,1.5      N,4,,,1.5
N,5                                                     ! 节点 1 和 5 重合
N,6,,.35                                  ! 为单看结果定义的节点
E,1,2                                                   ! 创建单元
EGEN,4,1,-1
D,5,VOLT,0                                              ! 接地
F,1,AMPS,7.5                                            ! 施加电流激励源
FINISH
/SOLU
OUTPR,ESOL,LAST                                         ! 输出控制
SOLVE                                                   ! 求解电流场
BIOT,NEW                                  ! 使用比奥-萨法儿积分计算 HS
*GET,HX,NODE,6,HS,X                                     ! 获取 HS(X)
*GET,HY,NODE,6,HS,Y                                     ! 获取  HS(Y)
*GET,HZ,NODE,6,HS,Z                                     ! 获取 HS(Z)
MUZRO=12.5664E-7                          ! 定义真空磁导率
BX=MUZRO*HX                               ! 计算磁通密度
BY=MUZRO*HY      BZ=MUZRO*HZ
```

```
*status,parm                                        ! 显示参数状态
*DIM,LABEL,CHAR,3,2
*DIM,VALUE,3,3
LABEL(1,1) = 'BX ','BY ','BZ '                      !名称
LABEL(1,2) = 'TESLA','TESLA','TESLA'                ! 单位特斯拉
*VFILL,VALUE(1,1),DATA,2.010E-6,-.662E-6,2.01E-6    ! 第一列数据
*VFILL,VALUE(1,2),DATA,BX,BY,BZ                     ! 第二列数据
*VFILL,VALUE(1,3),DATA,ABS(BX/(2.01E-6)),ABS(BY/.662E-6),ABS(BZ/(2.01E-6)) ! 第三列数据   /COM
/OUT,EX1,vrt                                        ! 输出以下到内容EX1.vrt
/COM,------------------- EX1 RESULTS COMPARISON ---------------
/COM,
/COM,                    |   TARGET   |   ANSYS   |   RATIO
/COM,
*VWRITE,LABEL(1,1),LABEL(1,2),VALUE(1,1),VALUE(1,2),VALUE(1,3) (1X,A8,A8,'   ',F12.9,'  ',F12.9,'  ',1F5.3)
/COM,-----------------------------------------------------------
/OUT                                                ! 输出内容结束
FINISH
```

第 4 章　ANSOFT 仿真与实例

4.1　概　述

ANSOFT 作为世界著名的商用低频电磁场有限元软件之一，在各个工程电磁领域都得到了广泛的应用。它基于麦克斯韦微分方程，采用有限元离散形式，将工程中的电磁场计算转变为庞大的矩阵求解。在保证其计算的准确性和快捷性的前提下，新版软件在操作界面上做了极大的调整，更加符合 Windows 系统操作习惯。除了界面上的创新，新版 ANSOFT 还具有分布式计算和并行计算的优点，以从容面对日益增大的仿真模型，此外还添加了瞬态电磁计算等新功能。ANSOFT 不仅可以对单个电磁机构进行数值计算，还可以对整个系统进行联合仿真。作为我国引入较早的一款电磁场有限元软件，其使用领域遍及电器、机械、石油化工、汽车、冶金、水利水电、航空航天、船舶、电子、核工业、兵器等众多行业，为各领域的科学研究和工程应用做出了巨大的贡献。

ANSOFT 软件在电磁场仿真方面便捷，较为准确，具有诸多优势。软件中有 ANSOFT Maxwell 2D 和 ANSOFT Maxwell 3D 模块，2D 是 3D 模块的特例。

ANSOFT Maxwell 2D 工业应用中的电磁元件，如传感器、调节器、电动机、变压器，以及其他工业控制系统比以往任何时候都使用得更加广泛。在工程人员所关心的实用性及数字化功能方面，Maxwell 的产品遥遥领先其他的一流公司。Maxwell 2D 包括交流/直流磁场、静电场、瞬态电磁场、温度场分析，参数化分析，以及优化功能。此外，Maxwell 2D 还可产生高精度的等效电路模型以供 ANSOFT 的 SIMPLORER 模块和其他电路分析工具调用。

Maxwell 3D，其向导式的用户界面、精度驱动的自适应剖分技术和强大的后处理器使得 Maxwell 3D 成为业界最佳的高性能三维电磁设计软件：可以分析涡流、位移电流、集肤效应和邻近效应具有不可忽视作用的系统，得到电机、母线、变压器、线圈等电磁部件的整体特性；功率损耗、线圈损耗、某一频率下的阻抗（R 和 L）、力、转矩、电感、储能等参数可以自动计算；同时也可以给出整个相位的磁力线、B 和 H 分布图、能量密度、温度分布等图形结果。

ANSOFT 是世界上常用的商用电磁场有限元软件之一，2008 年被 ANSYS 公司收购，后来被整合到 ANSYS 的一个模块中，用户只需要下载 ANSYS 软件就可以利用 ANSOFT 软件进行仿真。ANSOFT 提供各种磁场模块，可以满足我们对磁场仿真的要求。

前处理模块、分析计算模块以及后处理模块构成了 ANSOFT 软件的核心处理器，另外还有二次开发工具。以下分别介绍三种主要模块的特点：

（1）前处理模块。

当用户需要进行有限元分析时，ANSOFT 的前处理模块用来为用户准备定义单元类型、材料属性、划分网格等前期工作。在此基础上就可以建立有限元分析计算模型，此外还设置了专门的大型数据接口，供有限元软件读取模型数据，边界特性及条件，初步完成有限元的模型建立。

（2）分析计算模块。

该模块可以对线性结构、非线性甚至高度非线性结构计算，当多种物理介质相互耦合作用时，利用分析计算模块还可以分析它们之间的灵敏度并对其进行优化。

（3）后处理模块。

后处理模块可以通过彩色等值线、矢量、粒子流迹、立体切片、透明及半透明等图形方式将计算结果呈现出来，除此之外，图表、曲线等也可以作为显示形式显示计算结果。

除了上述的三种主要模块以外，ANSOFT 还提供了多种实用的二次开发工具，例如 Marco、APDL（ANSYS Parametric Design Language）、UIDL（User Interface DesignLanguage）及 UPFs（User Programmable Features）等，在完善的数据分析处理上更方便用户的使用。

ANSOFT 软件仿真有以下几个基本步骤：

（1）创建项目及定义分析类型；

（2）建立几何模型；

（3）定义及分配材料；

（4）定义及加载激励源和边界条件；

（5）求解参数设定；

（6）后处理。

ANSOFT 软件分为六种求解器满足不同工况下的电磁场问题：静磁场（magnetostatic）、瞬态磁场（magnetic transient）、涡流场（eddy current）、静电场（electrostatic）、直流传导电场（DC conduction）和交变电场（electric transient）。可以用于分析电机、传感器变压器、磁力机械、激励器等电磁装置的静态、瞬态、稳态特性。软件采用自上而下执行的设置界面，拥有易操作的建模功能、强大的的自适应网格划分技术、前后处理能力以及用户可自定义的材料库，在电磁场易用性方面处于领先地位，提供了高效率的矩阵求解器和多线程中央处理器处理能力，为使用者提供了最高效最准确的电磁场有限元计算工具。

综合以上特点，ANSOFT 软件已经成为近几年国内外研究学者分析建模时不可或缺的实用工具。

4.2 ANSOFT Maxwell 2D 的界面环境

图 4-1 所示的是 Maxwell 2D 的操作界面，在菜单工具栏下，主要有 6 个工作区域。

左侧为工程管理栏，可以管理一个工程文件中的不同部分或管理几个工程文件。其下方为工程状态栏，在对某一物体或属性操作时，可在此看到操作的信息。最下方左侧的是工程信息栏，该栏显示工程文件在操作时的一些详细信息，例如警告提示、错误提示、求解完成等信息。在右侧的工程进度栏内主要显示的是求解进度、参数化计算进度等，该进度信息通常会用红色进度条表示完成的百分比。屏幕中间是工程树栏，在此可以看到模型中的各个部件及材料属性、坐标系统等关键信息，也方便用户对其分别进行管理。操作界面最右侧较大区域为工程绘图区，用户可以在此绘制计算的模型，这里也可以显示计算后的场图结果和数据曲线等信息。

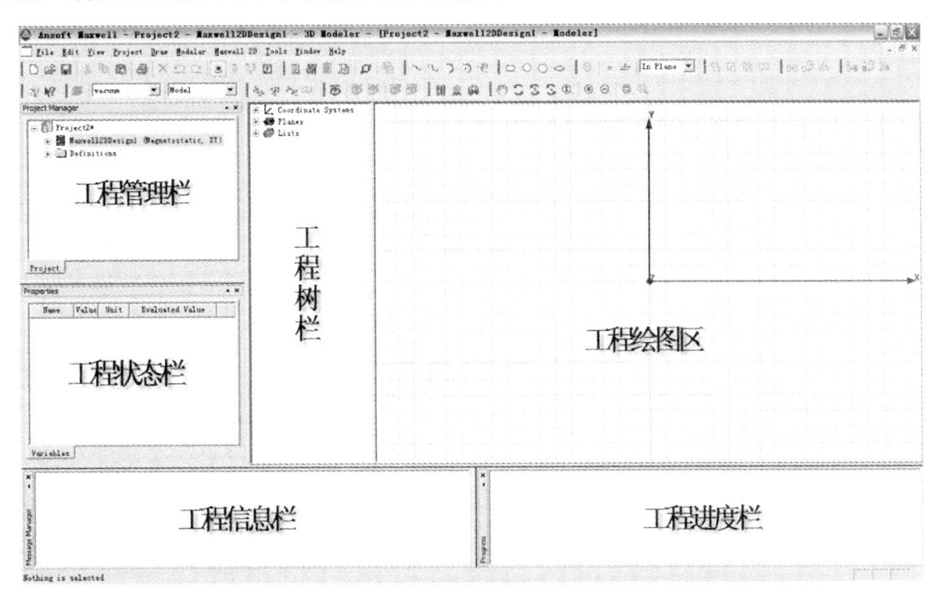

图 4-1　Maxwell V12 2D 操作界面

在界面的主菜单下，有两至三排的快捷按钮，如图 4-2 所示。

（a）计算类型快捷按钮

（b）常用快捷按钮

（c）视图操作快捷按钮

（d）模型绘制快捷按钮

（e）模型材料快捷按钮

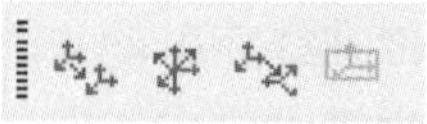

（f）相对坐标系快捷按钮

（g）模型检测和注释快捷按钮

图 4-2　Maxwell V12 2D 主要操作按钮

在图 4-2（a）中的三个图标，从左至右分别为新建 Maxwell 2D 工程、新建 RMxprt 工程和新建 Maxwell 3D 工程。

图 4-2（b）中的则是常用快捷按钮，有新建、打开、保存和打印等常用功能按钮。

图 4-2（c）中则是常用视图操作按钮，有视图移动、旋转、缩放和全局视图等按钮。

图 4-2（d）中所示的是常用绘图按钮，分为常用绘制线段、曲线、圆、圆弧和函数曲线按钮，以及常用绘制面的按钮，分为矩形面、圆面、正多边形面和椭圆面几个快捷按钮。

图 4-2（e）是材料快捷按钮，在绘制模型前，可以点击下拉菜单事先选择好所绘模型的材料，软件默认的是真空材料。

图 4-2（f）是相对坐标系快捷按钮，对特殊几何模型绘制时需要采用局部坐标系，通过使用快捷按钮可以将坐标系移动和旋转，从而生成新的局部坐标系。

图 4-2（g）是模型检测，求解和书写注释等按钮。在求解模型前，建议用户要先检测一下模型，看是否有错误和警告，以便在求解前排除问题。

ANSOFT Maxwell V12 具备一套完善的帮助功能，鼠标左键点击主界面的“Help”菜单或直接在键盘上按下 F1 键，软件会自动弹出如图 4-3 所示的实时帮助文档，该文档不仅包括了 2D 内容，还有 RMxprt 和 Maxwell 3D 两部分的帮助文档。同时该帮助文档还支持关键词查询和索引等检索方式。

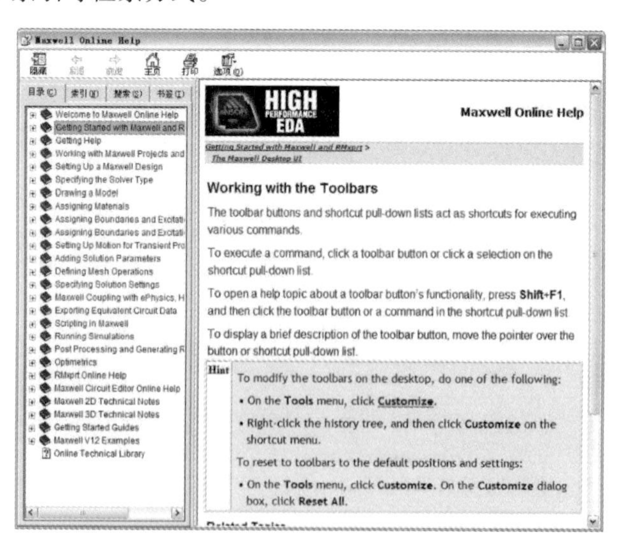

图 4-3　Maxwell V12 帮助菜单

4.3 ANSOFT Maxwell 2D 的模型绘制

绘制模型时，可以采用快捷按钮绘图，也可以采用下拉菜单绘制，如图 4-4 所示。

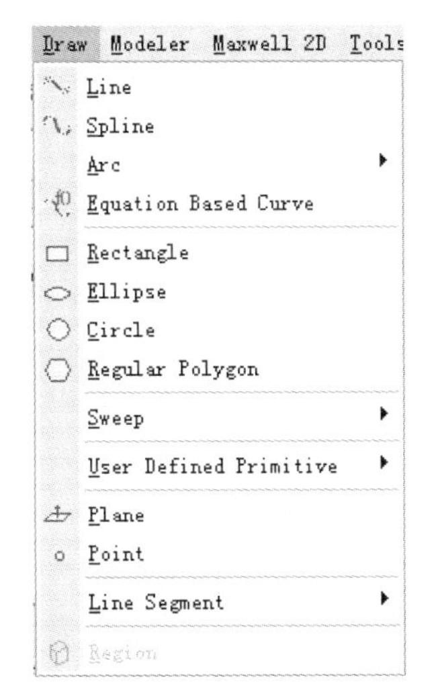

图 4-4 Maxwell V12 绘图菜单

在图 4-4 所示的绘图菜单栏中，自上而下分别为绘制线段、绘制曲线、绘制圆弧和绘制函数曲线；绘制矩形面、绘制椭圆面、绘制圆面和绘制正多边形面域；沿路径扫描，插入已有模型；绘制面、绘制点；插入多段线等操作选项。最后灰色的按钮是创建域，多用来绘制求解域等。

图 4-5 所示的是在屏幕右下角的模型绘制坐标系，无论绘制线段还是圆弧，都可以在此对话框中输入所给定的坐标，因为软件采用的是 2D 和 3D 在同一个绘图区，所以在绘制 2D 模型时 Z 方向上的量可以恒定为 0，仅输入 X 和 Y 方向上的坐标数据即可。在三个方向上数据栏后有两个下拉菜单：第一个为绘制模型时的坐标，默认是采用 Absolut 绝对坐标，也可以通过下拉菜单将其更换为相对坐标，则后一个操作会认为前一个绘图操作的结束点为新相对坐标点起点。后一个下拉菜单是坐标系统的选择，共有三种常用坐标系统，分别是 Cartesiar 直角坐标系，Cylindrical 柱坐标系和 Spherical 球坐标系。软件默认直角坐标系。

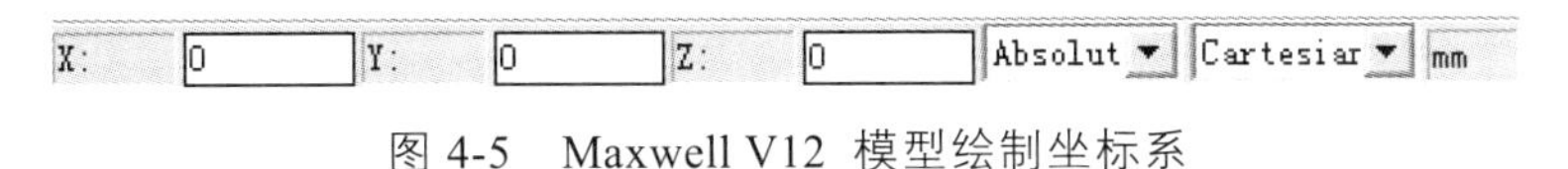

图 4-5 Maxwell V12 模型绘制坐标系

4.3.1 曲线模型的绘制

在绘制曲线模型时，系统默认的是将封闭后的曲线自动生成面，如果用户不想让其自动生成面，可以在绘制曲线模型前，点击菜单栏中的“Tools/Options/Modeler Options”项更改绘图设置，如图 4-6 所示。单击“Modeler Options”后，会自动弹出如图 4-7 所示的界面。

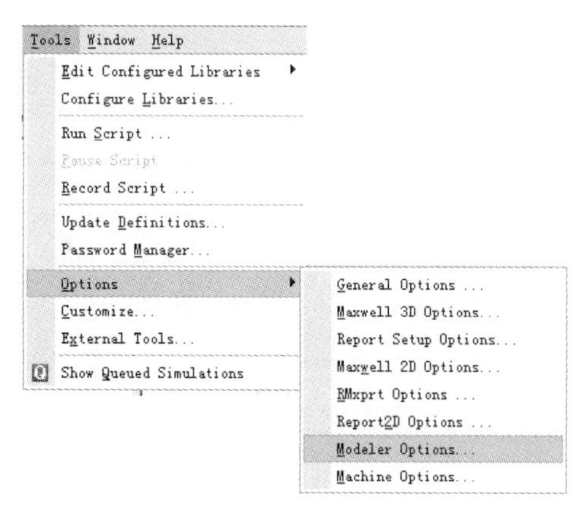

图 4-6　模型绘制选项

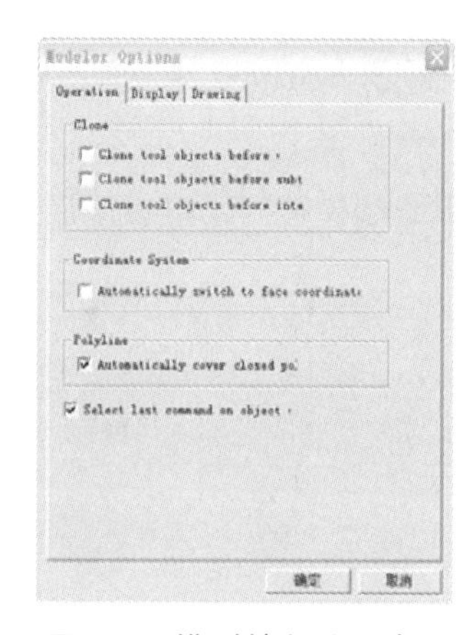

图 4-7　模型绘制选项卡

在“Operation”，“Display”，“Drawing”三个选项中，选择第一个“Operation”选项，并将“Polyline”项下默认的“Autimatically cover closed polyline”项前的对号去掉，去掉对号后，单击确定按钮退出，系统将不再对封闭的曲线强制生成面了。

例 4-1：在 2D 中的 *XOY* 平面内绘制正四边形，边长等于 10 mm，起点坐标为原点（0，0，0），正四边形位于第一象限内。首先点击快捷按钮，新建一个 Maxwell 2D 工程文件，再点击绘制线段快捷按钮，或在菜单栏中选择“Draw/Line”。在屏幕右下角的坐标栏内输入起点坐标 *X*=0，*Y*=0，*Z*=0 并点击键盘上的 Enter 键确认；再输入下一个顶点坐标 *X*=10，*Y*=0，*Z*=0，单击回车确认；继续输入第三个顶点坐标顶点 *X*=10，*Y*=10，*Z*=0，并回车确认；再次输入第四个顶点坐标 *X*=0，*Y*=10，*Z*=0，同时回车确认该点坐标。至此已经绘制完毕正四边形的三条边，最后再次输入坐标 *X*=0，*Y*=0，*Z*=0，点击回车确认后即可封闭曲线。整个流程如图 4-8 所示。

（a）正四边形起点输入坐标

（b）正四边形第二顶点输入坐标

（c）正四边形第三顶点输入坐标

（d）正四边形第四顶点输入坐标

（e）正四边形封闭时输入坐标

图 4-8　正四边形绘制流程中各点坐标值

从图 4-9 中可以看出，在采用自动生成面功能后，直接绘制正四边形的四条线段就可以自动形成正四边形面域。

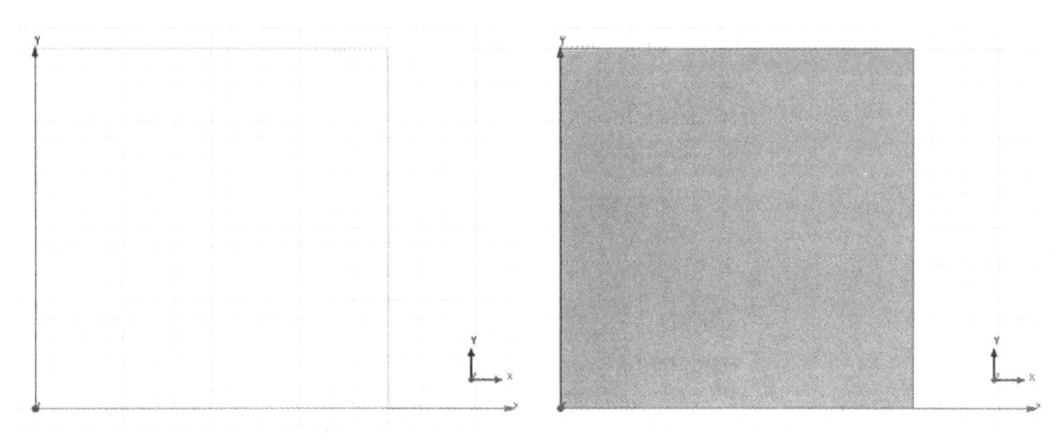

（a）不选择自动生成面时的效果　　（b）选择自动生成面时的效果

图 4-9　正四边形绘制完毕后的图形

例 4-2：在 2D 中的 *XOY* 平面内绘制三叶玫瑰线，不使封闭曲线生成面域。

首先，在快捷按钮中点击按钮，或者在菜单栏中单击 Draw/Equation Based Curve 选项，系统会自动弹出参数曲线绘制窗口，如图 4-10 所示。

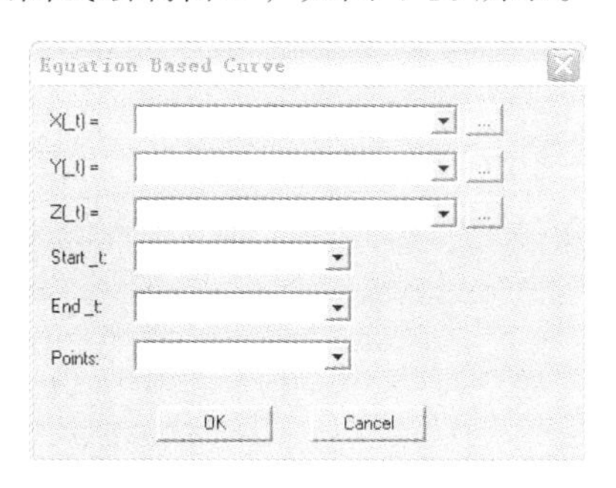

图 4-10　参数曲线绘制窗口

从图 4-10 可以看出，软件默认的参数变量为“_t”，在 *X*、*Y*、*Z* 三个方向上都可以设置为_t 的函数，而在 Start_t 和 End_t 中设置参数_t 的起始和终止范围，通过 Points 项可以设置由多少个点组成该参数曲线，若设置为 0 则表示由软件默认的点数组成，此时的曲线较为光滑，若该项设置过少则曲线将由多段直线组成。

在图 4-11 中“*X*(*t*)=”项后一栏为 *X* 方向参数方程输入栏，可以在此直接输入关于_t 的参数方程。“Insert Function”项是输入系统自带的内置函数，点击右侧的下拉箭头就可以看到非常丰富的内置函数，包括三角函数、反三角函数、取绝对值、求余、指数和对数等，基本满足常用计算需求。在下拉菜单里选择相应的函数，然后再点击“Insert Function”按钮就可以直接将内置函数填入参数方程栏内，当然，如果用户对软件非常熟悉的话，也可以自行在参数方程栏中写入所需函数。“Insert Operator”项是插入数学运算和逻辑操作，在该下拉菜单中包括常用的与、或、非、点乘、叉乘等操作，同样先点击右侧的箭头，再从中选择相应的数学操作，然后单击“Insert Operator”按钮即可。“Insert Quantity”项是插入参数项，系统默认的参数名称为_t。

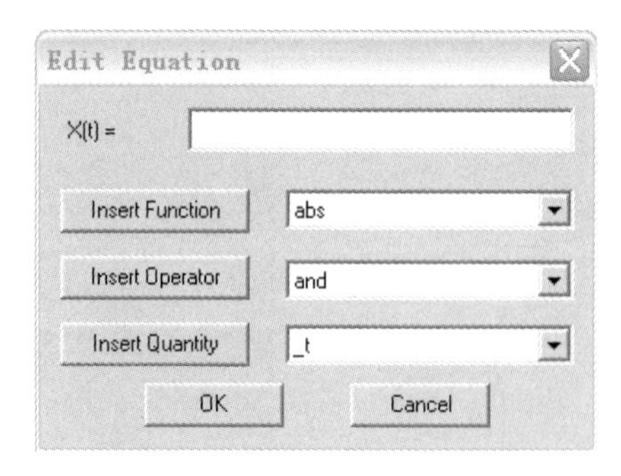

图 4-11　参数曲线绘制窗口

在此分别在 *X* 向参数方程表达式中写入“10*sin(3*_t)*cos(_t)”，并点击“OK”按钮退出设定界面。

与之相似的是 Y(_t)项，点击图 4-10 中 Y(_t)栏后的 ... 按钮，在弹出的 *Y* 方向参数方程对话框中输入“10*sin(3*_t)*sin(_t)”并点击“OK”退出设定窗口。

由于需要在 *XOY* 平面内绘制三叶玫瑰线，所以在 *Z* 方向上可以设定为 Y(_t)=0。同时，参数_t 的初始值设定为 0，而终止值设定为 3.141 592 65，即实现在 0 度至 π 弧度内绘制曲线。为了使曲线看起来更加光滑逼真，在 Points 项中填写为 0，由软件自动设置采样点个数。所有参数输入完毕后如图 4-12 所示。

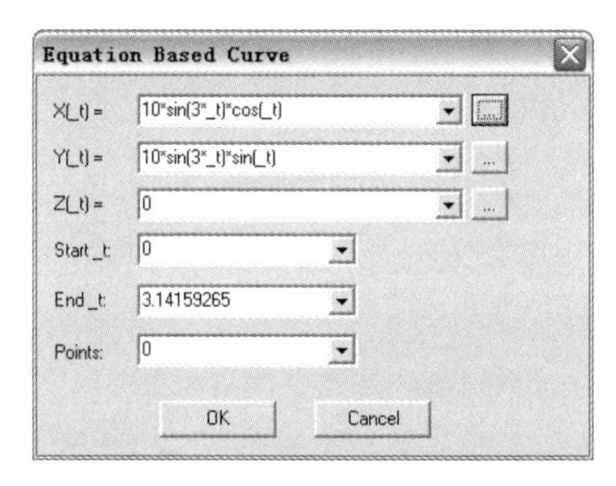

图 4-12　参数曲线设定的数据

整个参数设置完毕后，点击“OK”按钮退出即可。所绘制的三叶玫瑰线如图 4-13 所示。

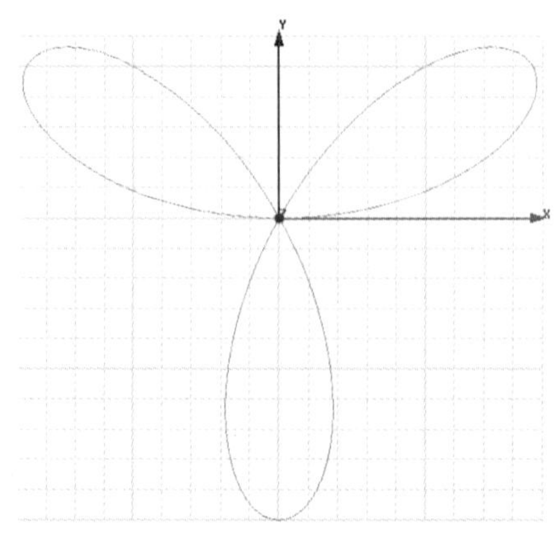

图 4-13　封闭的三叶玫瑰线

在绘制完毕三叶玫瑰线后，可以先在绘图区用鼠标左键选中已绘制好的三叶玫瑰线，再点击菜单栏上的“Modeler/Surface/Cover Lines”，该选项的作用是将闭合的曲线生成面，操作完毕后可以看到如图 4-14 所示的结果，封闭的三叶玫瑰线已经形成了面。

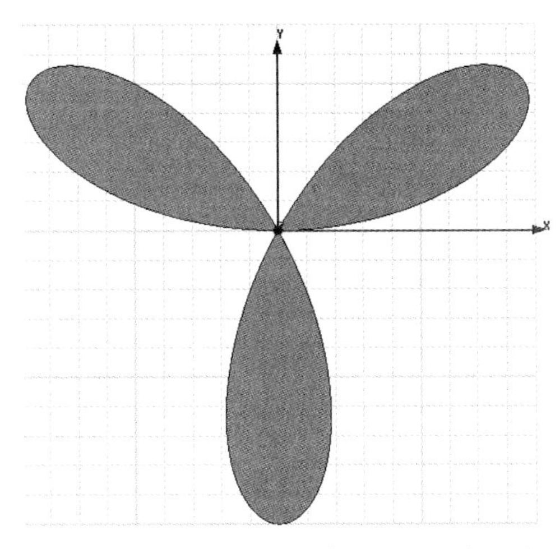

图 4-14　由封闭曲线形成的三叶玫瑰面域

4.3.2　曲面模型的绘制

首先通过绘制封闭曲线模型，再通过菜单中的“Surface/Cover Lines”操作，可以将其转化为曲面，除此之外还可以通过直接绘制曲面的方式得到所要的二维曲面模型。

例 4-3：在 2D 中的 *XOY* 平面内绘制正四边形，边长等于 10 mm，起点坐标为原点（0，0，0），正四边形位于第一象限内。

在快捷按钮中找到绘制矩形面的按钮，单击该按钮，或者在菜单栏中点击“Draw/Rectangle”选项也可以直接绘制矩形面。

在屏幕右下角的坐标栏中输入矩形的起始定点坐标（0，0，0），点击键盘上回车键确定该输入坐标，在确定了起始点后，软件的坐标输入栏会自动改变为“dX”，“dY”，“dZ”选项，这与例 4-1 中的绘制封闭矩形曲线有所不同，在此需要输入的是在 *X*，*Y* 方向上的边长，所以在“dX”和“dY”项中输入 10，表示在 *X* 和 *Y* 方向上的矩形边长为 10mm，输入完毕后按回车确定，输入过程如图 4-15 所示。

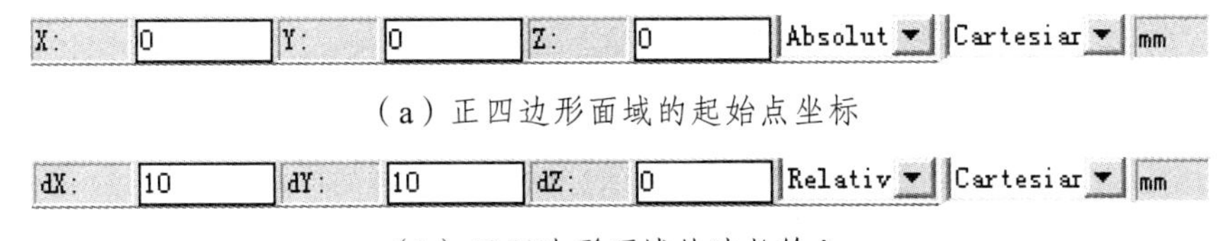

（a）正四边形面域的起始点坐标

（b）正四边形面域的边长输入

图 4-15　正四边形面绘制流程中各点坐标值

通过顶点坐标输入和边长输入，所形成的正四边形面域如图 4-16 所示。

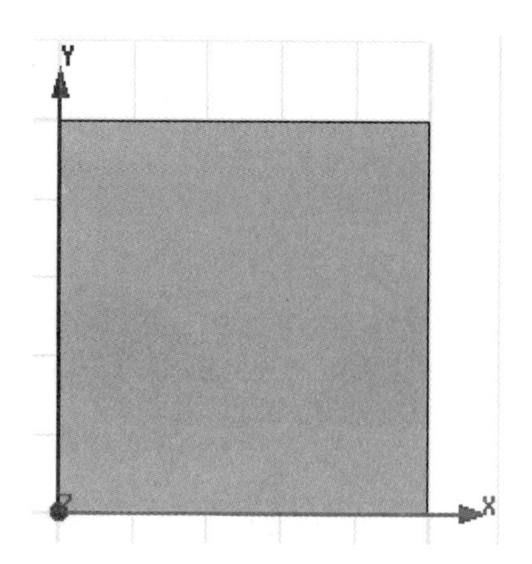

图 4-16　正四边形面绘制后的效果图

例 4-4：在 2D 中的 *XOY* 平面内绘制椭圆，要求长轴距离等于 10 mm，短轴距离等于 5 mm，圆心点坐标为原点（0，0，0）。

点击快捷按钮上的⬭按钮，或点击菜单上的“Draw/Ellipse”绘制所需要的椭圆面，点击完该选项后，需要在屏幕右下角的坐标输入栏中先给出椭圆的圆心坐标（0，0，0），并按回车键确定，然后再给定长轴距离 10 mm，并按回车确定，最后输入短轴长度 5 mm，并回车确定。

坐标输入的过程如图 4-17 所示，绘制完的椭圆曲面如图 4-18 所示。

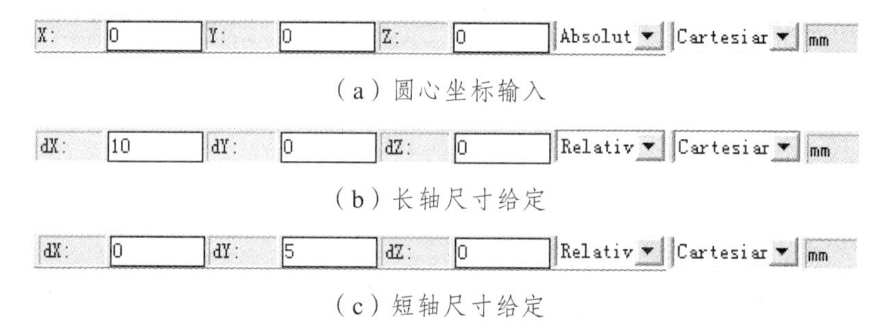

（a）圆心坐标输入

（b）长轴尺寸给定

（c）短轴尺寸给定

图 4-17　椭圆面绘制后的效果图

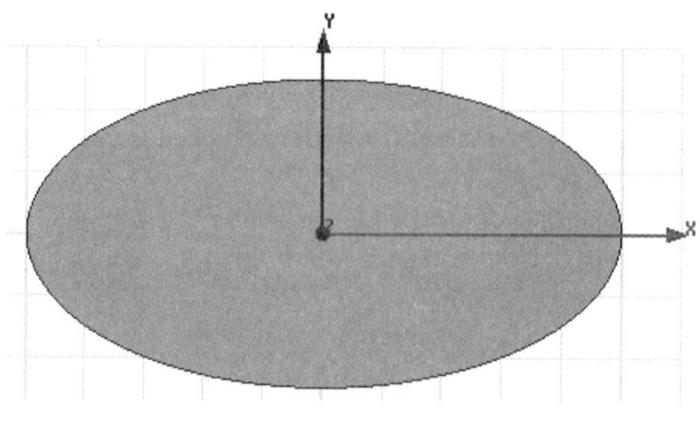

图 4-18　椭圆面绘制后的效果图

首先在绘图区内用鼠标右键选中椭圆形面域，在按住 Ctrl 键的同时选中正四边形面域。点击快捷按钮中的▢按钮，或者单击菜单栏中的“Modeler/Boolean/Subtract”项，会弹出如图 4-19 所示的对话框。

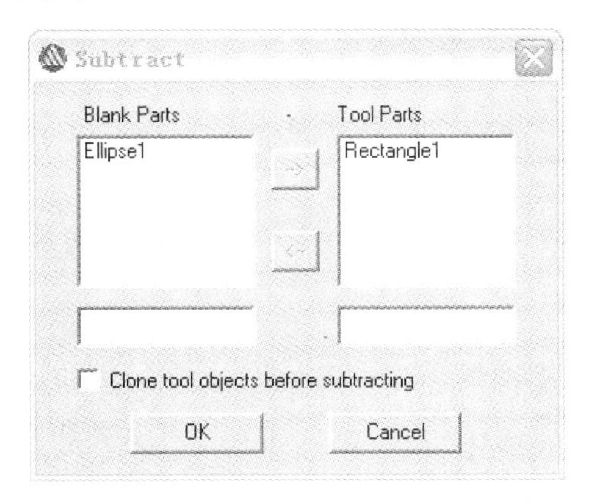

图 4-19　布尔操作减运算对话框

从图 4-19 中可以看出，被减数为椭圆面，而减数为正四边形面。最下方的“Clone tool objects before substracting”选项默认是去掉的，如果该选项没有被选择，表示仅从椭圆面中减掉一个正四边形面，则剩余了 3/4 的椭圆面积；如果该选项被选择上，表示在从椭圆面减掉正四边形面的同时，还保留了作为减数的正四边形面，此时图形上就会有 3/4 的椭圆面积和一个完整的正四边形面。由于在选择操作中的选择顺序是先选择椭圆面再选择正四边形面，软件会按照先选的作为被减数，后选的作为减数的规则排列前后顺序。布尔运算后的结果如图 4-20 所示，在此未勾选“Clone tool objects before substracting”项。

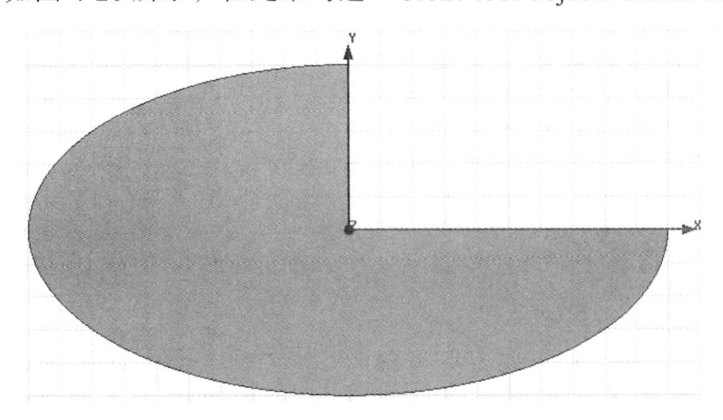

图 4-20　布尔操作减运算后的结果曲面

4.4　Maxwell 2D 的材料管理

新版 ANSOFT 中材料库的管理更加方便和直观，材料库主要由两类组成：一是系统自带材料库的 2D 和 3D 有限元计算常用材料库，除此外还有 RMxprt 电机设计模块用的电机材料库；二是用户材料库，可以将常用的且系统材料库中没有的材料单独输出成用户材料库，库名称可自行命名，在使用前须将用户材料库装载进软件中。

新建一个 Maxwell 2D 工程文件后，再点击菜单栏中的“Tools/Configure Libraries”选项，会弹出如图 4-21 所示的材料库设置选项。

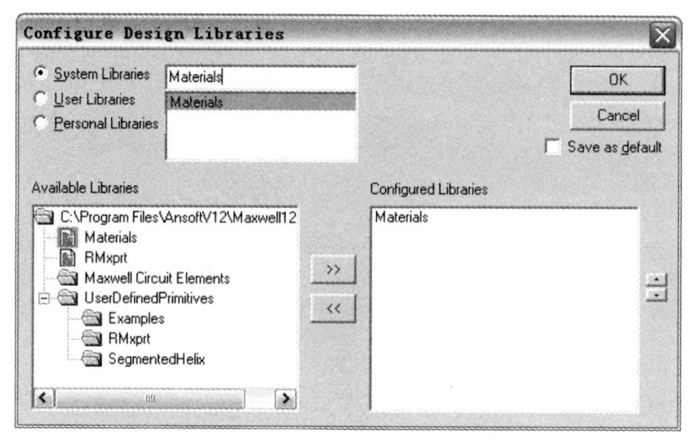

图 4-21　材料库设置选项

在图 4-21 中可以看出，系统主要包括三个材料库：第一个是 System Libraries 材料库，即系统材料库；第二个是 User Libraries 材料库，即用户材料库；最后一个是 Personal Libraries 材料库，即个人材料库。在此，建议读者不要擅自更改系统材料库，如果需要生成新的模型，不妨放置在个人材料库中以方便日后的加载。

在电气工程中，硅钢片材料是一种经常使用的原材料，它一般被用在变压器、电抗器、电磁铁、电机、磁力机械等电气领域，由于其材料属性比较典型，所以在此将其举例列出。硅钢片材料的磁化曲线是非线性的，电导率在 2e+6 S/m 左右，硅钢片间一般涂有绝缘漆阻碍片间涡流的流动，以此减少硅钢片的铁心损耗。同时硅钢片的磁化曲线还有各向同性和各向异性之分。

在此以冷轧各向异性硅钢片为例，需要说明的是在求解二维静磁场和瞬态场时才可以使用各向异性的非线性导磁材料，而在涡流场中仅可以使用各向异性的线性导磁材料。所以在新定义硅钢片材料之前首先要建立一个二维的静磁场工程，在此工程文件中练习添加各向异性的非线性硅钢片材料属性。

假设所要添加的硅钢片沿轧制方向上的常规 *B-H* 曲线数据为表 4-1 中所罗列数据，而垂直轧制方向上的常规 *B-H* 曲线数据为表 4-2 中所列数据。

表 4-1　沿轧制方向上的 *B-H* 曲线

B/T	0	0.4	0.45	0.5	0.55	0.6	0.65	0.7	0.75	0.8	0.85	0.9	0.95
H/（A/m）	0	58	60	62	64	68	72	75	78	84	92	100	107
B/T	1.0	1.05	1.1	1.15	1.2	1.25	1.3	1.35	1.4	1.45	1.5	1.55	1.6
H/（A/m）	116	127	143	167	197	239	303	422	597	955	1 592	2 389	3 462
B/T	1.65	1.7	1.75	1.8	1.85	1.9	1.95	2.0	2.05	2.1			
H/（A/m）	5 096	6 529	8 262	10 988	14 730	18 313	23 090	30 892	47 771	74 045			

表 4-2　垂直轧制方向上的 *B-H* 曲线

B/T	0	0.4	0.45	0.5	0.55	0.6	0.65	0.7	0.75	0.8	0.85	0.9	0.95
H/（A/m）	0	90	120	140	150	170	180	195	210	240	260	275	295
B/T	1.0	1.05	1.1	1.15	1.2	1.25	1.3	1.35	1.4	1.45	1.5	1.55	
H/（A/m）	317	342	386	431	475	498	532	576	898	1 055	2 892	4 489	
B/T	1.65	1.7	1.75	1.8	1.85	1.9	1.95	2.0	2.05	2.1			
H/（A/m）	8 042	10 523	13 890	17 542	19 724	23 910	29 124	47 651	69 812	109 872			

通过横向对比上述两个方向上的磁性参数，可以看出垂直于轧制方向上材料的导磁性能稍差。假定轧制方向为 *X* 轴，垂直于轧制方向为 *Y* 轴方向。

点击菜单栏中的“Tools/Edit Configured Libraries/Materials”项，系统会自动弹出如图 4-22 所示的材料编辑界面，在对话框中就可以添加新材料或编辑已有材料库中的材料。

因为未加入用户自定义的材料库，所以在图 4-22 材料编辑界面中仅显示出了系统材料库材料。对于新生成的材料，建议将其添加到用户个人材料库中，这样可以将其随工程文件一起复制至其他计算机中，在其他计算机上解算时就不会出现自定义材料丢失的现象，也省去了在分工协作时需要重复定义材料的时间。

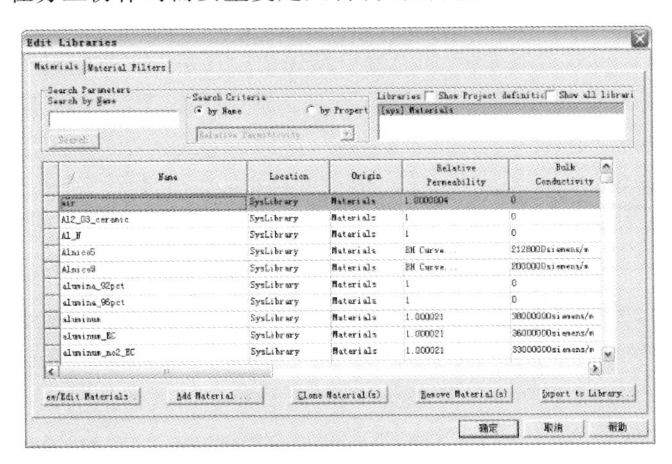

图 4-22　材料编辑界面

在图 4-22 所示材料编辑界面的下方有五个按钮：第一个“View/Edit Materials”按钮是查看或编辑已有材料按钮，点击该按钮可以查看已存在的材料属性并且可以对其进行编辑操作；第二个“Add Material”按钮是添加新材料按钮，点击该按钮可以向材料库中添加新材料；第三个“Clone Material（s）”按钮是复制材料库中已有材料按钮，可将已存在的材料作为蓝本，通过复制生成新材料，并对新材料的局部属性进行修改，这种操作节省了定义相似材料时所花费的时间；第四个“Remove Material（s）”按钮是将选中的材料从材料库中删除；最后一个“Expert to Library”按钮是将选中的材料导入到用户个人材料库中，方便用户管理其常用的材料库，推荐使用该操作。

为了生成各项异性的硅钢片，可以点击第二个“Add Material”按钮，此时软件会弹出新材料定义窗口，如图 4-23 所示。

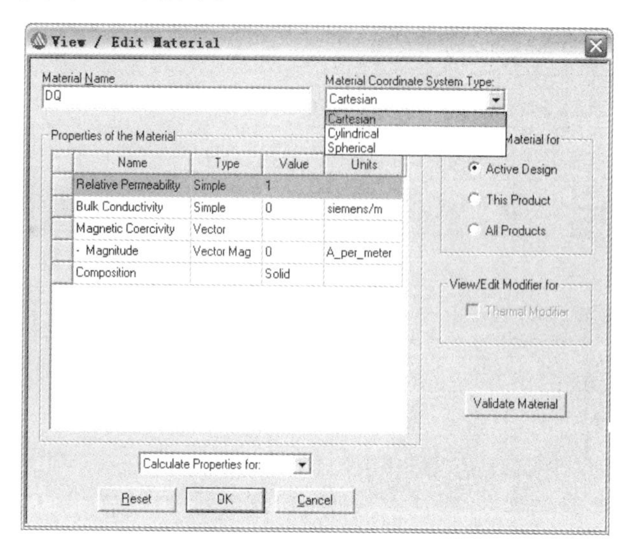

图 4-23　新材料定义窗口

在图 4-23 所示的新材料定义窗口中，最上端的是新材料名称，在此取名为 DQ，旁边右侧的是材料属性坐标系，与绘制图形时的坐标系相类似，软件也分作 Cartesian 直角坐标系、Cylindical 圆柱坐标系和 Spherical 球坐标系。由于所需要定义的各向异性材料是 *X* 和 *Y* 方向上，所以可以选取 Cartesian 直角坐标系。在窗口中部的材料属性对话栏中，第一栏“Relative Permeability”是相对磁导率项，默认的是“Simple”即各向同性且导磁性能为线性，其默认数值为 1。点击“Simple”字符，会弹出下拉菜单，其中共有三项：第一项为 Simple 即各向同性其线性。第二项为 Anisotropic 即各向异性，当选择完该项后，会在“Relative Permeability”项下出现“T（1，1）”“T（2，2）”“T（3，3）”。这三个参数描述的是材料的三个轴向，因为在材料的坐标系中已经选择了直角坐标系，故这三个参数描述的是 *X*、*Y* 和 *Z* 方向的导磁性能。第三个选项是 Nonlinear 非线性选项，选择该选项后即可设置材料导磁性能的非线性，即常用的 *B-H* 曲线。

继相对磁导率栏后是“Bulk Conductivity”电导率栏，默认的电导率单位是 S/m，对于新加入的材料该项数值为 2 000 000。“Magnetic Coercivity”项和“Magnitude”项是矫顽力，是用来描述永磁材料的，在此不对其编辑。“Composition”项是设置材料构成，默认的是“Solid”即是由实心材料组成。鼠标左键单击“Solid”字符可以看到在弹出的下拉菜单中还有一个选项是“Lamination”项，该选项所表示的是叠片形式，例如变压器铁心，正是由一片片的硅钢片叠压而成，因为需要添加的新材料是各向异性的硅钢片，所以在材料构成上需要选择“Lamination”项。在选择了叠片形式项后，会在“Composition”项下新出现两个设置项，第一个是“Stacking Factor”叠压系数项，可将其设置为 0.97，第二个是“Stacking Direction”叠压方向，在此认为 *Z* 轴为叠压方向，所以将其选择为“V（3）”。整个设置完毕后如图 4-24 所示。

在图 4-24 中基本设定了新材料静磁场计算所需的属性，可以看出在 T（1，1）即 *X* 轴方向为非线性导磁，在 T（2，2）即 *Y* 轴方向也为非线性导磁，而在 T（3，3）即 *Z*

轴方向为线性导磁，且相对磁导率设定为 1。

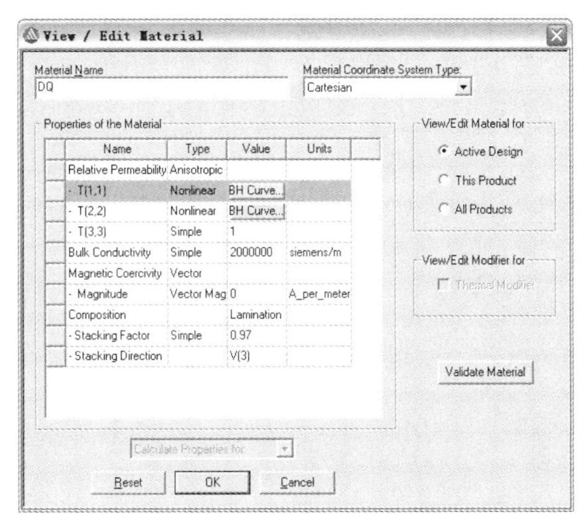

图 4-24　新材料属性定义

X 方向的导磁性能还需按照表 4-1 材料属性逐点定义，而 *Y* 方向的导磁性能按照表 4-2 属性定义。鼠标左键点击 T（1，1）项后的BH Curve...按钮，则可以定义 *X* 轴方向的导磁性能，软件会弹出如图 4-25 所示的非线性材料磁性能对话框。

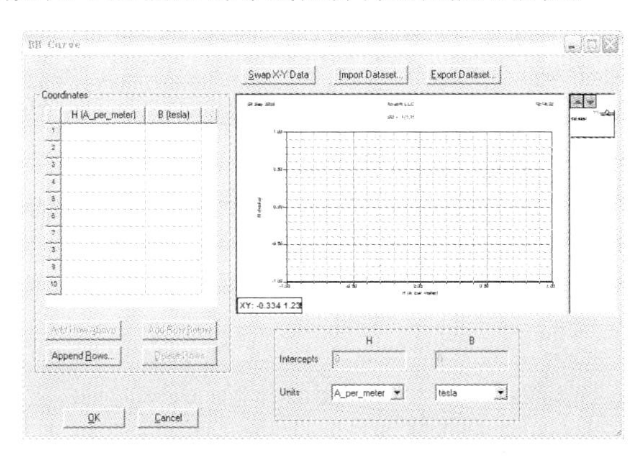

图 4-25　非线性材料属性定义

在图 4-25 中左侧区域可以逐点输入材料 *X* 轴方向的 *H* 值和 *B* 值，其默认单位为 A/m 和 T，通过修改窗口右下侧的 *H* 和 *B* 单位属性可以更改这两个数值的默认单位。此外，在界面左上方的是Import Dataset...按钮，该快捷按钮的作用是将已经按制定格式写入的数据批量导入到 *B-H* 曲线定义栏中；其右侧的是Export Dataset...按钮，该按钮可以将已经输入 *B-H* 曲线定义栏中的数据导出到指定目录内，以备日后再次定义该材料时使用。

现按照表 4-1 中的数据，逐点输入至 *B-H* 曲线数据栏中。在 *B-H* 曲线输入栏中，默认只有 10 个采样点。表 4-1 中的数据要多于该数值，所以在输入完成 10 个采样点数据后还需要点击Append Rows...按钮，在输入完毕的数据后可以继续添加采样点，直至采样点个数等于表 4-1 中数据点个数为止。在整个 *B-H* 曲线数据都输入完后，会自动在图 4-25 所示界面的右侧形成两条 *B-H* 曲线：其中一条为通过逐点连接所输入的 *B-H* 曲线采样点数据

形成的原始 *B-H* 曲线；另外一条是根据原始曲线拟合得到的光滑的 *B-H* 曲线。由于两条曲线几乎重合，所以在图中仅可以通过局部放大才能分辨出来。整个过程操作完毕后，如图 4-26 所示。在定义完 *B-H* 曲线属性后，点击界面左下角的“OK”按钮退出。

与定义 *X* 轴的 *B-H* 曲线属性一样，可以逐点按照表 4-2 中数据定义 *Y* 轴的 *B-H* 曲线属性，定义完后其结果如图 4-27 所示。

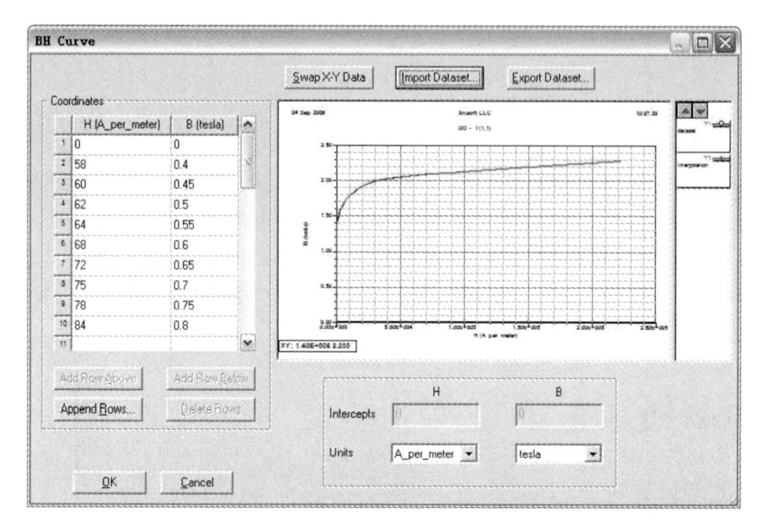

图 4-26　*X* 轴非线性材料属性定义

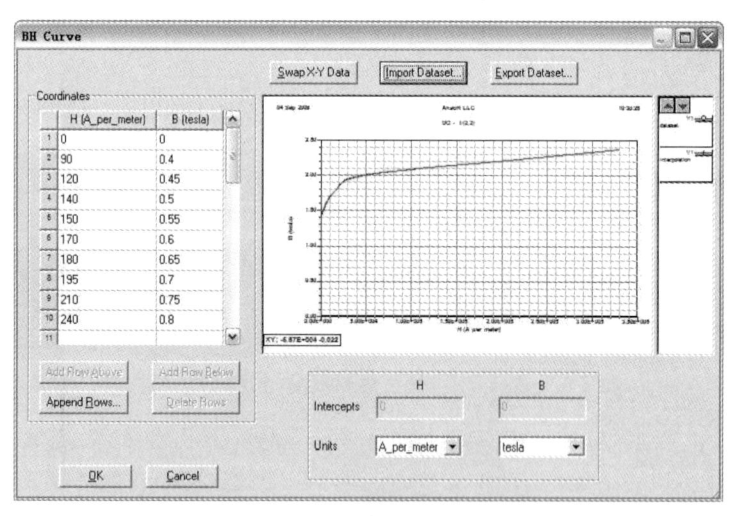

图 4-27　*Y* 轴非线性材料属性定义

至此，各向异性的新材料静磁场计算所需属性已经定义完毕，可以在求解静磁场时直接调用该材料，需要说明的是由于各个不同的场计算对于材料需要不同的属性，所以再更换场求解器后仍需要检查材料属性是否满足新的场计算器对其属性的要求。若想定义全部材料属性满足 Maxwell V12 软件各个求解器的需求，可以在图 4-24 所示的界面中点击右侧的“View/Edit Material for”选项，将默认的“Active Design”选项即仅定义已选求解器所需的材料属性，改为“This Product”，即该软件默认所需的材料属性选项。而其下方的“All Products”为ANSOFT的整个低频软件所需的材料属性，包括机械材料属性、热材料属性等。这三个选项如图4-28所示。

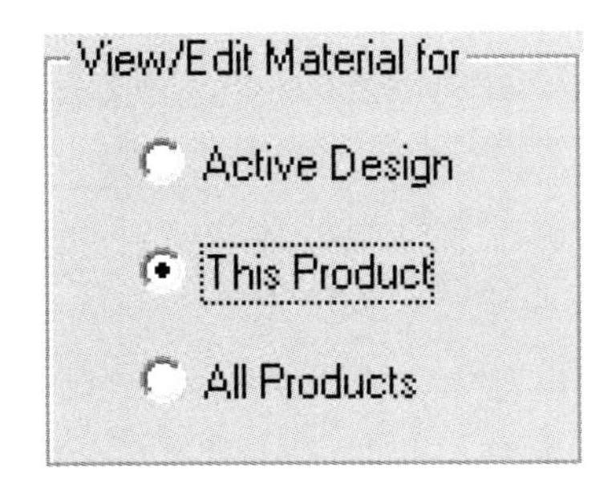

图4-28 不同使用范围的材料属性定义

4.5 Maxwell 2D的边界条件和激励源

4.5.1 Maxwell 2D的边界条件

在有限元数值计算中，最终求解的是矩阵方程，而边界条件则是该方程组的定解条件，即满足该方程的解有无数组，而满足方程又满足其边界条件的数值解有且仅有一组。边界条件的设定保证了方程组能被顺利解出，同时，边界条件顾名思义也就是模型各个边界上的已知量，可以是场量或其他可用来定解的物理量。

按照计算模型所需的求解器不同，主要可以分为6大类：（1）静磁场；（2）涡流场；（3）瞬态磁场；（4）静电场；（5）交变电场；（6）直流传导电场。

通过点击快捷菜单上的按钮，可以快速建立一个Maxwell 2D工程文件，自动弹出如图4-29所示的求解器选择窗口以供用户根据所计算的工况选择正确的有限元求解器。

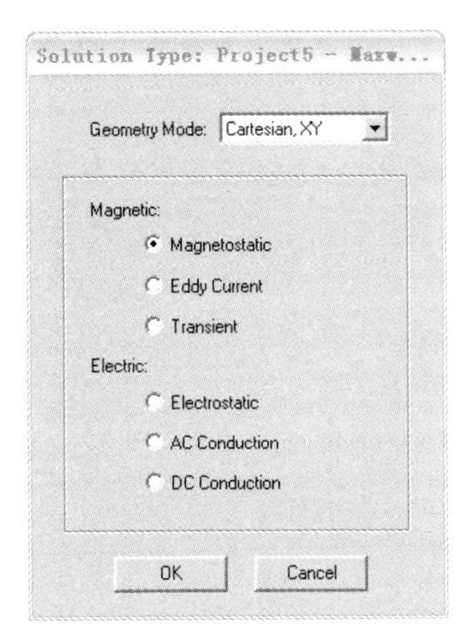

图4-29 Maxwell 2D工程求解器选择窗口

例如在静磁场中，单击菜单栏中的“Maxwell2D/Boundaries/Asign”，在Asign下会提示如图 4-30 所示的可供选择的边界条件。

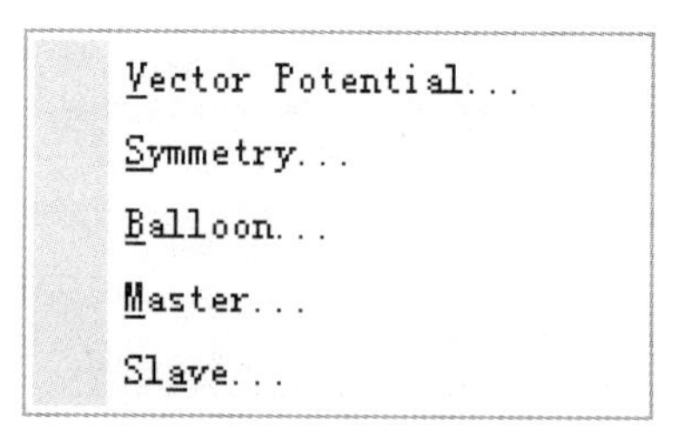

图 4-30　二维静磁场边界条件

图 4-30 中所列出的为几种边界条件，具体包括：矢量磁位边界条件、对称边界条件、气球边界条件、主边界条件和从边界条件，除此之外还有默认的自然边界条件。

1. 自然边界条件（Default Boundary Conditions）

该边界条件无需用户自行定义，软件会在求解的时候自动添加到物体外边界。自然边界条件也称纽曼边界条件，可以用来描述两个相接触的物体，在接触面上，磁场强度 H 的切向分量和磁感应强度 B 的法向分量保持连续。此外在引入表面电流密度后，仍可以保证 H 的连续性。

2. 狄里克莱边界条件（Vector Potential Boundary）

矢量磁位边界条件主要施加在求解域或计算模型的边线上，可以定义该边线上的所有点都满足以下两公式：

$$A_Z=\mathrm{Const} \quad 或 \quad rA_\theta=\mathrm{Const}$$

前者适用于 XY 坐标系，而后者适用于 RZ 坐标系。Const 为给定常数，A_Z 和 A_θ 分别为 XY 坐标系下 Z 方向上的矢量磁位和 RZ 坐标系下 θ 方向矢量磁位。

点击菜单栏中的“Maxwell2D/Boundaries/Asign/Vector Potential Boundary”，弹出狄里克莱边界条件定义对话框，如图 4-31 所示。其中在“Value”项内定义边界上的矢量磁位数值。

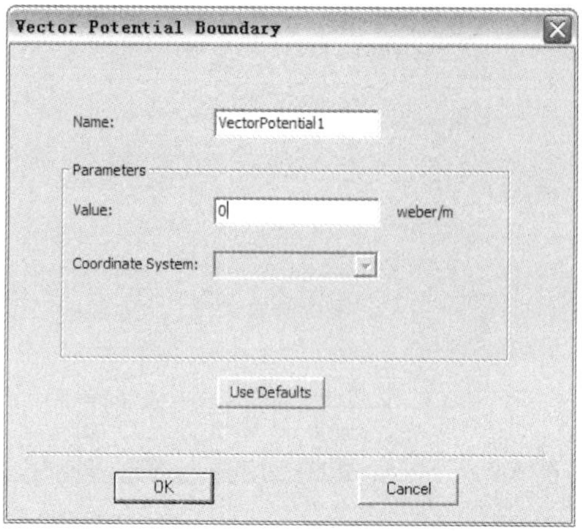

Vector Potential Boundary
Name: VectorPotential1
Parameters
Value: 0 weber/m
Coordinate System:
Use Defaults
OK　Cancel

图 4-31　静磁场狄里克莱边界条件

注意：当 Const 常数等于 0 时，描述的是磁力线平行于所给定的边界线，这在仿真理想磁绝缘情况时特别有用。

3. 对称边界条件（Symmetry Boundary）

如果计算的模型具有对称性，则可以通过使用对称边界条件来达到缩小计算模型区域的目的。在对称边界条件中又分为奇对称边界条件和偶对称边界条件。点击菜单栏中的“Maxwell2D/Boundaries/Asign/Symmetry Boundary”，会出现如图 4-32 所示的对称边界条件定义对话框。

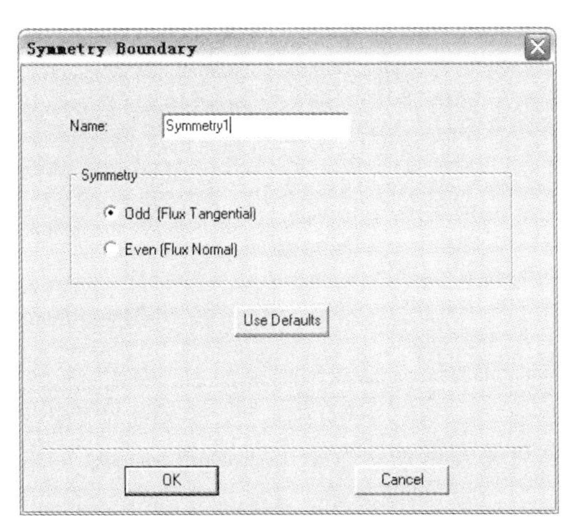

图 4-32　静磁场对称边界条件

在选中奇边界条件（Odd）时，表示磁力线平行于边界条件，磁场的法向分量为 0，仅有切向分量；偶边界条件（Even），描述的正好相反，其表示磁力线垂直于边界条件，磁场的切向分量为 0，仅有法向分量。

通过使用对称边界条件，至少可以将计算区域缩小一半。

4. 气球边界条件（Balloon Boundary）

在很多模型中，需要进行散磁或较远处磁场的数值计算，而绘制过大的求解区域则会无谓的增加计算成本，引入无穷远边界条件是一种非常理想的处理方法。Maxwell 将无穷远边界条件称之为气球边界条件，这样在绘制求解域范围时就可以不必将求解域绘制的过于庞大，从而可减小内存和 CPU（中央处理器）等计算资源的开销。在施加气球边界条件的边线上，磁场既不垂直边线也不平行于边线。当所计算的模型过于磁饱和或专门要考察模型漏磁性能时，多采用气球边界条件。

点击菜单栏中的“Maxwell2D/Boundaries/Asign/Balloon Boundary”项，弹出如图 4-33 所示的窗口，这里无需用户定义气球边界的参数，仅定义其边界名称即可。

5. 主从边界条件（Master/Slave Boundary）

主从边界条件是由两类边界条件配合而成，即主边界条件和从边界条件，对应于其他商业软件中的周期边界条件。在使用时要先将模型的一条边定义为主边界，然后再设定另外一条边为从边界。该边界条件的引入可以将类似于旋转电机之类的几何模型简化，仅计算其中的一个极或一对极，从而减少所计算的数据量。

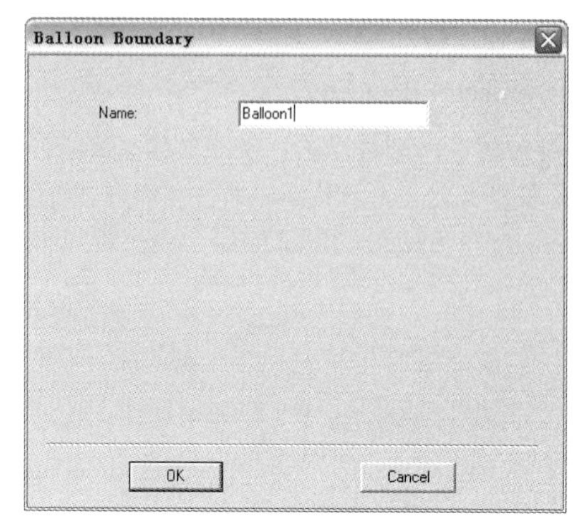

图 4-33　静磁场气球边界条件

选中模型所要施加主边界的线段，点击“Maxwell2D/Boundaries/Asign/Master Boundary”选项，接着弹出如图 4-34 所示的主边界定义窗口。

其中“Name”项可以定义主边界的名称，而“Swap Direction”则可以修改主边界的箭头方向，默认方向是指向无穷远处，点击“Swap Direction”按钮后箭头方向指向圆心。

选中从边界条件所在的线段，点击菜单“Maxwell2D/Boundaries/Asign/Slave Boundary”选项可以定义从边界，接着会自动弹出如图 4-35 所示的从边界定义窗口。

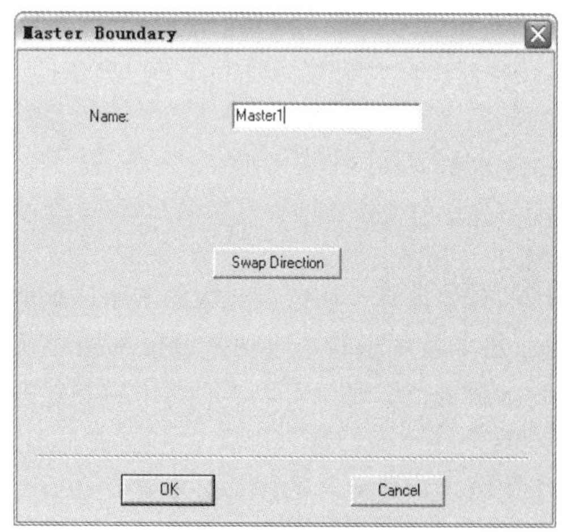

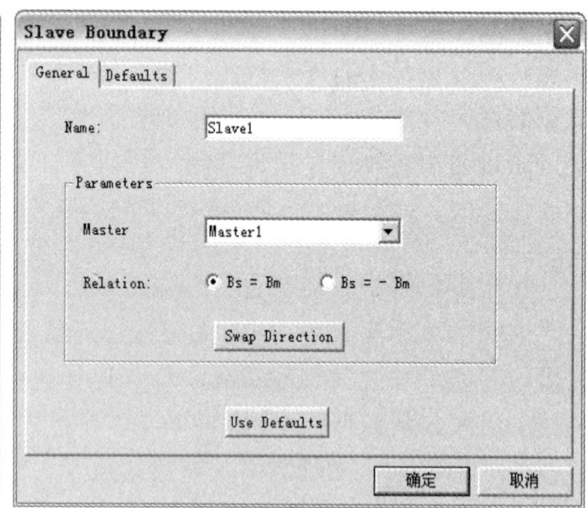

图 4-34　静磁场主边界条件

图 4-35　静磁场从边界条件

“Name”项可以定义从边界的名称，“Master”项用来定义该从边界究竟与哪个主边界构成周期边界条件，“Relation”项包含两个选项，分别是：“Bs=Bm”项，即从边界条件与主边界条件对称；“Bs=−Bm”项，即从边界条件反对称于主边界条件。

图 4-36 中所示为 1/4 圆盘计算模型，两条最外侧半径分别可以定义为主、从边界条件，其中箭头所示方向可以由“Swap Direction”按钮进行更改。

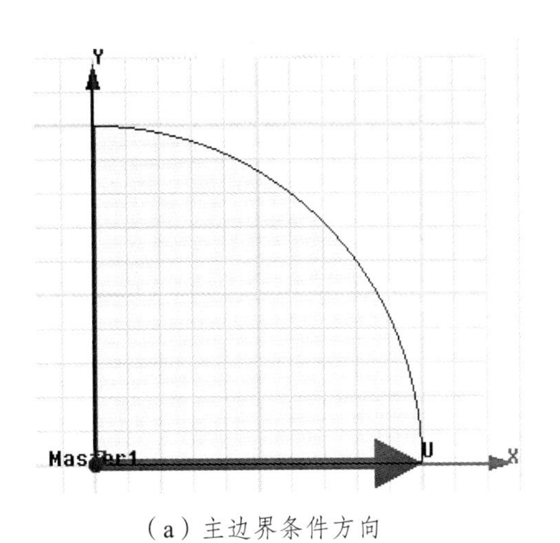

（a）主边界条件方向

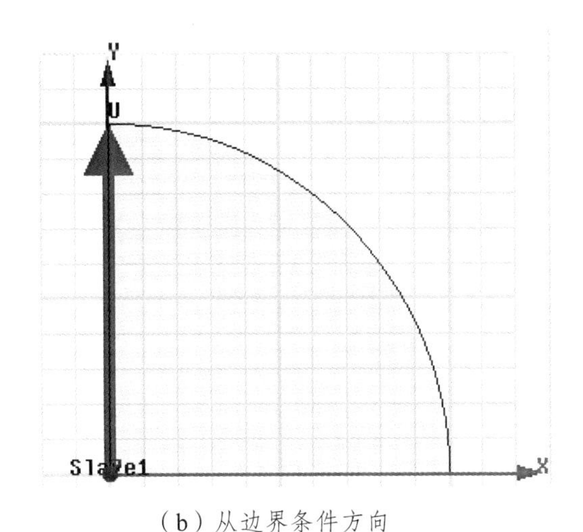

（b）从边界条件方向

图 4-36　静磁场主从边界条件匹配

上述内容讲述的是静磁场的边界条件意义及其给定方法。

6. 阻抗边界条件（Impedance Boundary）

在涡流场中也包含了上述常用的五种边界条件，除此之外，涡流场还有自身所特有的边界条件——阻抗边界条件。涡流场是用来分析固定频率正弦激励的似稳电磁场，因为正弦波作用磁场中导电部件会在其表层感应出涡电流，同时随着频率的增大，透入深度会逐渐减小。当透入深度较小，部件的集肤效应明显时，若准确计算则需要在表层进行极为细致的剖分层。阻抗边界条件就是用来考虑这个集肤效应，当透入深度与模型尺寸相比极小时，在表层划分过于细致的网格则会带来庞大的计算量，引入阻抗边界条件后，可以对透入深度进行忽略，将其等效为一条边界线。

阻抗边界条件对于高频或大尺寸模型，且还需要考虑集肤效应时特别有用，在涡流场中选定所要施加的边界线，同时点击菜单栏中的“Maxwell2D/Boundaries/Asign/Impedance Boundary”项，则会弹出如图 4-37 所示的阻抗边界定义窗口。

Impedance Boundary

Name: Impedance1

Parameters

Conductivity: 0 l/(ohm-m)

Permeability: 0

Use Defaults

OK　Cancel

图 4-37　涡流场阻抗边界条件

图 4-37 中“Conductivity”项需要给出要施加阻抗边界条件物体的电导率。“Permeability”为材料的相对磁导率常数。通过这两个参数的定义，即可设定阻抗边界条件。阻抗边界条件并不计算感应涡流，仅是近似计算，若恰恰是对材料的集肤效应进行研究则不能采用这种近似等效的边界条件。

在瞬态磁场计算中，有自然边界条件、狄里克莱边界条件、对称边界条件、气球边界条件和主从边界条件，唯独没有涡流场中的阻抗边界条件。各种边界条件在瞬态磁场中的应用与静磁场一样，在此不做过多叙述。

在二维静电场中的边界条件有自然边界条件、对称边界条件、气球边界条件和主从边界条件。需要说明的是，在电场中的各个量已不再是磁感应强度 B，而是电场强度 E。例如自然边界条件在静磁场中描述的是 B 的法向连续，而在静电场中描述的是 E 的切向分量连续。其余的边界条件也与之类似，只是在求解中已不再是麦克斯韦方程中的磁分量。

二维交变电场与静磁场的边界条件内容相似，也是有自然边界条件、对称边界条件、气球边界条件和主从边界条件四类。

4.5.2 Maxwell 2D 的激励源设置

所有的计算模型都必须保证有激励源，即所计算的系统其能量不能为 0。不同的场其激励源形式或机理均不相同，有时甚至可以通过实际工程的激励源形式来判断究竟该用哪个模块来进行建模计算。

仍旧按照六种二维计算求解器来进行说明：（1）静磁场；（2）涡流场；（3）瞬态磁场；（4）静电场；（5）交变电场；（6）直流传导电场。

1. 静磁场求解器激励源

进行激励源设置时，只需要选中要施加激励源的物体，然后点击菜单栏上的“Maxwell 2D/Excitation/Assign/Current Excitation”项，这样就会自动弹出电流源激励给定窗口，如图 4-38 所示。

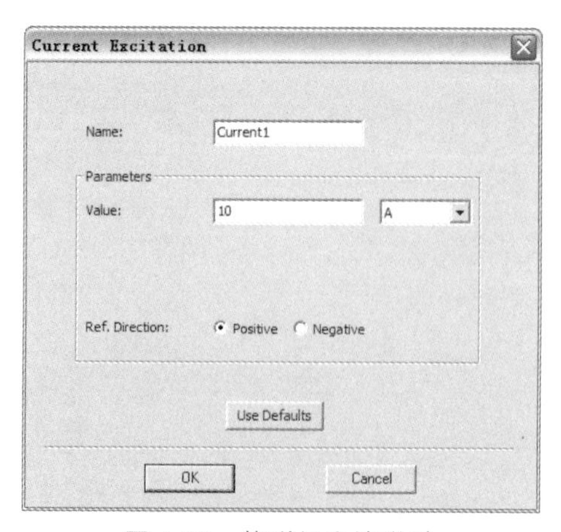

图 4-38　静磁场电流激励

其中“Name”选项可以设定所加激励源的名称。“Value”项可以设定激励源的电流值，需要说明的是，对于多匝线圈，该值应该是总的安匝数，而不是一匝线圈的电流值。“Ref.Direction”项可以设定电流的方向，“Positive”项为电流从纸面垂直流出，而“Negative”项为电流垂直纸面流入。在设定完毕后，可以点击“OK”按钮确定。

添加电密激励与电流激励的方向相类似，选中所要添加激励的物体，点击菜单栏上的“Maxwell 2D/Excitation/Assign/Current Density Excitation”项，这样会弹出电密源激励给定窗口。在“Name”项中，可以设定电密源的名称，在下方的“Value”项中可以给定电密的数值，通过定义电密数值的正、负来更改电密的方向，电密源定义窗口如图 4-39 所示。

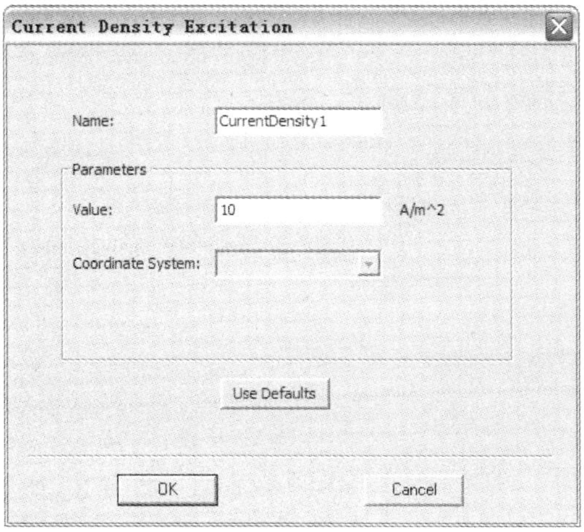

图 4-39　静磁场电密激励

2. 涡流场求解器激励源

涡流场求解器中的激励源共有三种：电流源、并联电流源和电流密度源。这三种源以及静磁场的激励源不仅可以施加在物体表面，也可以施加在边界线上。

添加电流源的方法与静磁场相类似，选中所要施加激励源的物体或边线，单击菜单栏中的“Maxwell 2D/Excitation/Assign/Current Excitation”项，接着弹出如图 4-40 所示的窗口。

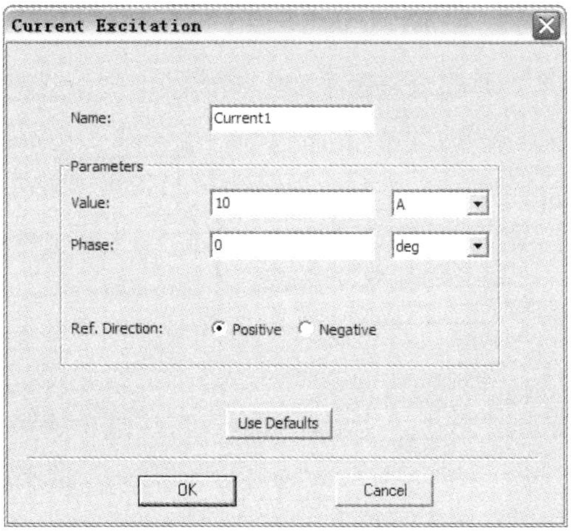

图 4-40　涡流场电流激励

与静磁场边界电流条件相比较可以看出，除了同样拥有电流源名称和幅值之外，还多出了“Phase”电流源相位给定一项，该项描述的是电流源计算时的初始相位。在此说明的是，“Value”项给出的仍是整个绕组的安匝数，不是一匝导体的电流，且该电流值描述的是交流电流的峰值而不是有效值。“Positive”项和“Negative”项定义该电流的方向，垂直屏幕向外的是正向“Positive”，垂直屏幕向里的为负向“Negative”。在所有的给定值都施加完毕后，可以点击“OK”按钮退出。

不仅涡流场中的电流源激励给定方法与静磁场电流源给定相似，两者的电密源给定也非常相似。只是在涡流场的电密源给定时需要同时给出电密的初始相位。在此不做单独说明。涡流场的激励源中新加了一个激励条件，称之为“Parallel Current Excitation（并联电流激励源）”项。该激励源描述的是电流由一个总电流源流出，流经不同的物体，形成了多条电流通道，所有的电流通道都是并联的关系，可以设定一个总电流。该激励不能单独添加，需要同时选中多个物体或边线，然后点击菜单栏中的“Maxwell 2D/Excitation/Assign/Parallel Current Excitation”项，接着会自动弹出如图 4-41 所示的并联电流激励源设定窗口。

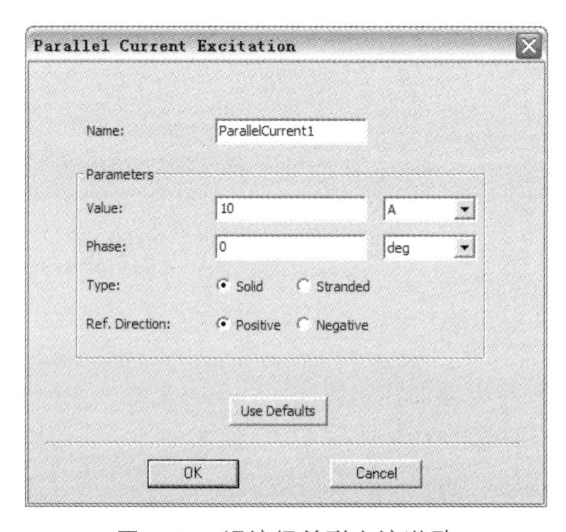

图 4-41　涡流场并联电流激励

从图 4-41 中可以看出：并联电流激励源与涡流场电流源激励设定相似，仍需要设定总电流的峰值、初始相位、电流方向。除此之外，还要设定并联路径的类型（“Solid”表示为实体电流传导路径，“Stranded”为绞线电流传导路径）。在涡流场求解过程中，“Solid”路径需要计算表层感应电密分布，从而考虑集肤效应，而“Stranded”绞线路径则不计算集肤效应，直接认为电流平均分布在整个区域。

除了上述三种主动激励源外，在涡流场中还有一个被动的激励源。若物体导电，交变磁场会在其内部产生感应电流，该电流是一个被动的激励源，用户无法直接给定，只能靠软件计算得出。如果需要考虑这个涡流效应，可以选中所要计算的物体，然后点击菜单栏上的“Maxwell 2D/Excitation/Assign/Set Eddy Effect”选项，弹出如图 4-42 所示的涡流效应计算设定项。如果选中涡流所在的物体，则表示会考虑该物体的涡流效果，否则对感应涡流不给予计算，这一点在使用时需要足够重视。

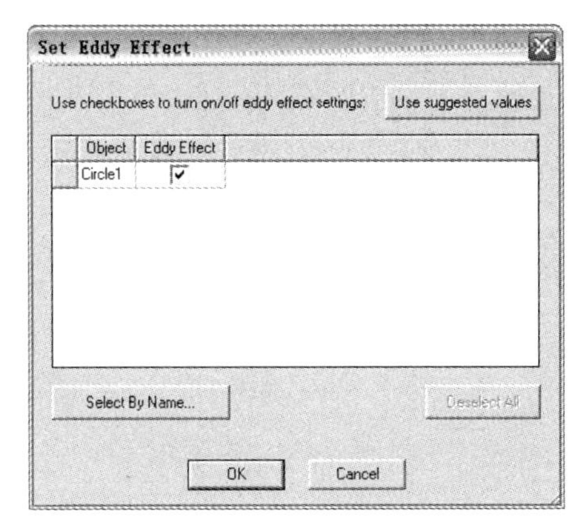

图 4-42　计算涡流效应选项

3. 静电场求解器激励源

静电场求解器中的激励源设置与磁场中的激励源设置方法类似，仅仅是设置的对象不同而已，在静电场求解器中可以设置四种激励源条件，分别是：Voltage Excitation（直流电压）、Charge Excitation（静电荷）、Floating Conductor（浮动导体）和 Charge Density（电荷密度）。需要说明的是“Floating Conductor”项是用来设定物体上的电位未知或表面总电荷未知时的情况。

图 4-43 所示的是静电场的直流电压给定界面，选中所要施加的物体，并点击菜单栏中的“Maxwell 2D/Excitations/Assign/Voltage Excitation”项，即可弹出电压定义对话框。“Name”栏内可以定义该激励源的名称，“Value”栏内输入的是该电压的数值，可以通过数值后的下拉菜单调整所加电压的单位。

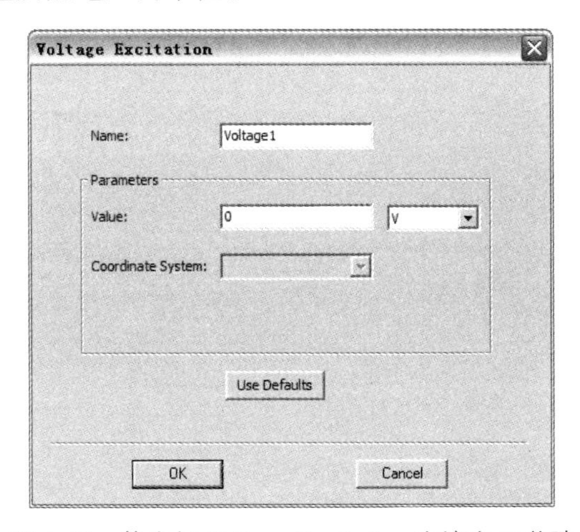

图 4-43　静电场 Voltage Excitation 直流电压激励

静电荷激励施加更为简单，选中所要施加的物体，并点击菜单栏中的“Maxwell 2D/Excitations/Assign/Charge Excitation”项，这样会自动弹出如图 4-44 所示的激励源定义对话框，其中：“Name”栏内仍是定义该激励的名称，而“Value”栏内给出的所加电荷的量，单位是库伦（C）。

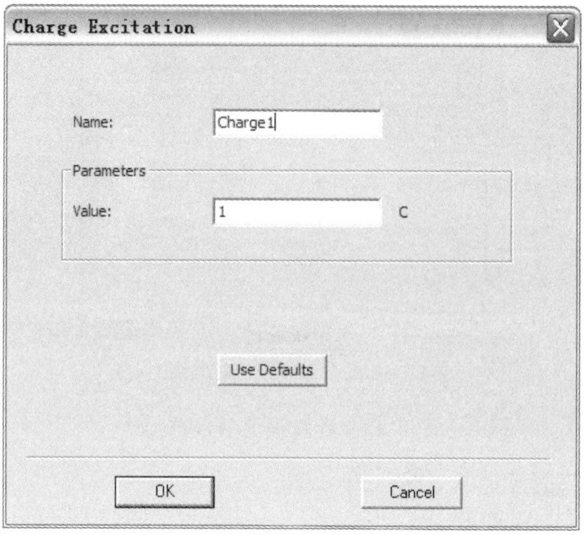

Charge Excitation
Name:
Charge1
Parameters
Value:
1
C
Use Defaults
OK
Cancel

图 4-44　静电场 Charge Excitation 静电荷激励

“Floating Conductor”项的定义与静电荷激励给定一致，也是定义其电荷的大小，单位同样是 C。

“Charge Density”电荷密度激励与静磁场中的电流密度激励类似，该激励源给出的物体上的电荷分配密度。选中要施加激励源的物体，用菜单栏上的“Maxwell 2D/Excitations/Assign/Charge Density”项，接着会自动弹出如图 4-45 所示的激励定义对话框，该激励的单位是 C/m^2。

Charge Density Excitation
Name:
ChargeDensity1
Parameters
Value:
12
C/m^2
Coordinate System:
Use Defaults
OK
Cancel

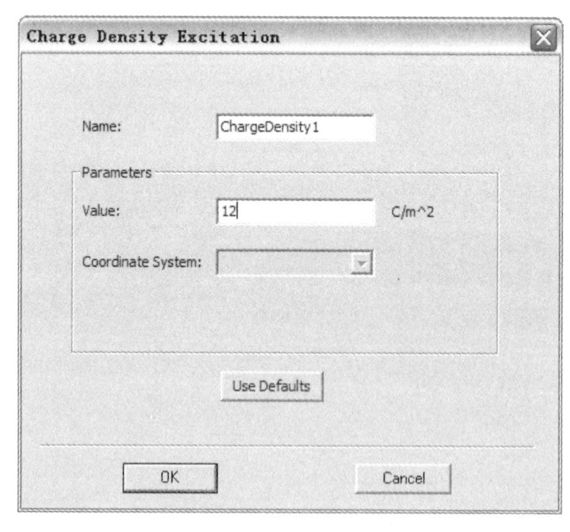

图 4-45　静电场 Charge Density 静电荷密度激励

4. 交变电场求解器激励源

交变电场的激励源相对简单，仅有一个激励源类型。选中所要施加激励的物体，单击菜单栏中的“Maxwell 2D/Excitations/Assign/Voltage Excitation”项，接着会自动弹出如图 4-46 所示的激励定义对话框。

图 4-46　交变电场 Voltage Excitation 电压激励

在交变电压激励源设定中，“Value”栏给出的是交变电压值，而“Phase”栏内需要给出的是交变电压的相位。该交变电压的频率需要在求解器设置中给出。

4.6　Maxwell 2D 的网格剖分和求解设置

在设置绘制完模型并给出了激励元和边界条件后，下一步就需要对所绘制的模型进行剖分。由于 ANSOFT V12 网格剖分采用了金字塔形剖分设置，故可以不需要用户过多地参与剖分，而是直接利用内置的自适应剖分也可以得到正确的计算结果同时采用了较少的计算时间。

4.6.1　Maxwell 2D 的网格剖分设置

点击菜单栏“Maxwell 2D/Mesh Operations/Assign”项，可以看到在系统自带的网格剖分设置，共有三个大项：“On Selection”、“Inside Selection”和“Surface Approximation…”。其各自的意义为对于物体边界内指定剖分规则、对物体内部指定剖分规则和对物体表层指定剖分规则，图 4-47 给出的是这三类网格设置项。

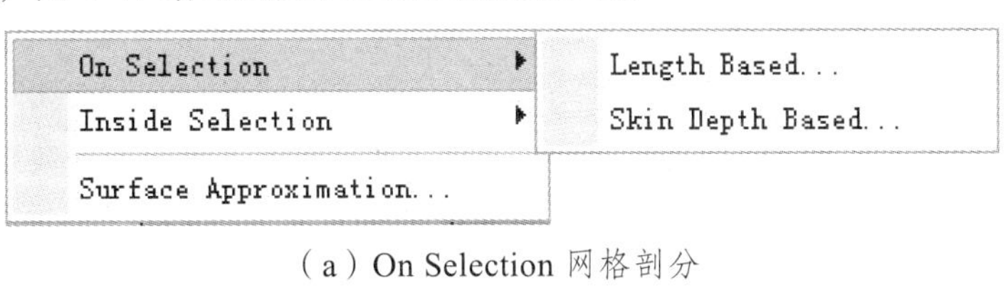

（a）On Selection 网格剖分

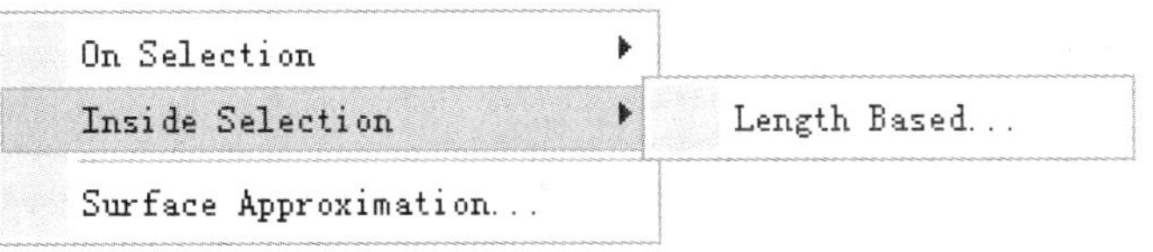

（b）Inside Selection 网格剖分

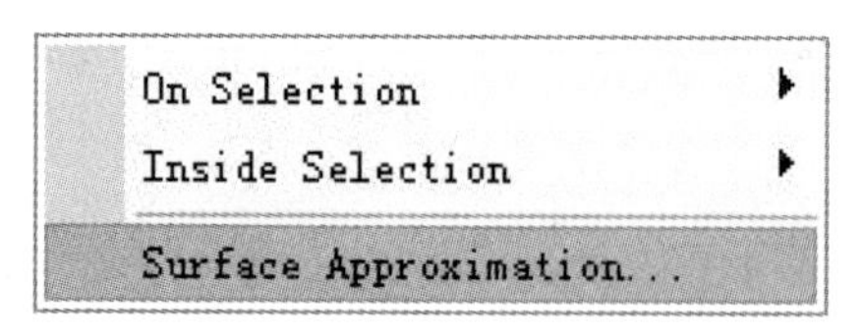

（c）Surface Approximation 网格剖分

图 4-47　网格剖分设置项

从图 4-47 中可以看出，在“On Selection”剖分设置中还有两项，分别是“Length Based Refinement”基于单元边长的剖分设置和“Skin Depth Based Refinement”基于集肤效应透入深度剖分设置。

On Selection 剖分设置主要作用在剖分物体边界上，所以才有 On 之说，与其下的 Inside 形成对比。

在 On Selection 剖分设置中的“Length Based Refinement”是基于单元边长的剖分设置，其含义为在所选的物体边界上，最大的剖分三角形边长要给予所指定的数值。首先选中要剖分的物体，再单击菜单栏上的“Maxwell 2D/Mesh Operations/Assign/On Selection/Length Based Refinement”项，接着弹出如图 4-47 所示剖分定义对话框。

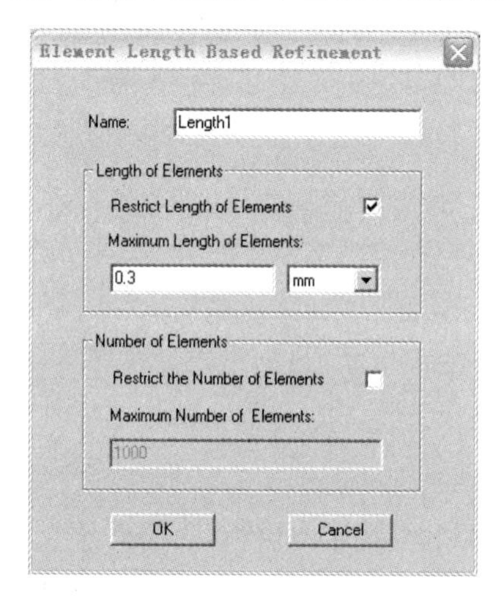

图 4-48　On Selection/Length Based Refinement 设置界面

图 4-48 中“Name”项可以给剖分操作定义名称。“Length of Elements”项为设定所要剖分的单元最大边长数值，该数值为剖分三角形边长的最大值，对于比较粗糙的剖分该值按照模型比例可以适度调大，如对于比较细致的剖分，则可以适当调小。“Number of Elements”为设定网格三角单元的最大个数，要求软件使用在规定的个数内的剖分单元，以免过大的剖分单元无节制地占用内存资源。这两个设定条件可以仅用一种或两者同时起作用，用户通过勾选对应框中来决定究竟哪个约束条件被激活。

在“On Selection”剖分设置中的“Skin Depth Based Refinement”是基于集肤效应透入深度剖分设置，由于需要考虑物体的集肤效应，所以需要在集肤效应层进行加密剖分，而集肤效应层之下的网格则可以相对较为稀疏。这种网格就会呈现一种表层密集内部稀疏的现象，为了更好地模拟这种剖分，可以发现在“On Selection”剖分设置引入了“Skin

Depth Based Refinement”剖分设置。

选中所要进行剖分的物体，点击菜单栏上的“Maxwell 2D/Mesh Operations/Assign/On Selection/Skin Depth Based Refinement”项，接着弹出如图 4-49 所示的网格设置对话框。

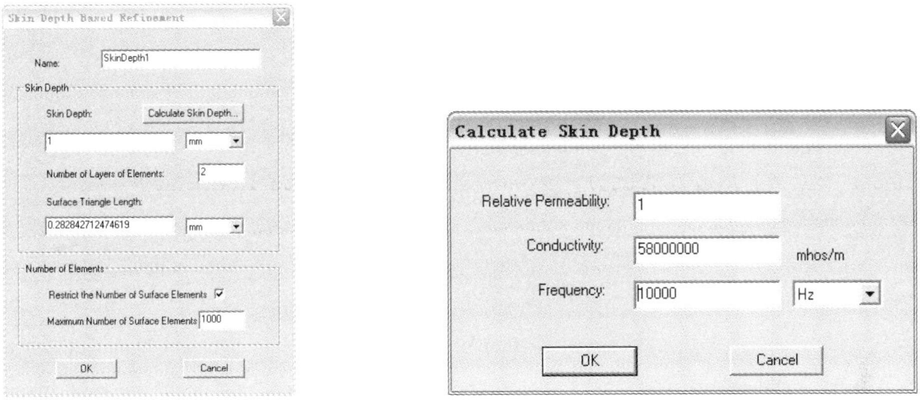

（a）Skin Depth Based Refinement 设置　　（b）透入深度计算

图 4-49　On Selection/Skin Depth Based Refinement 设置界面

在图 4-49（a）中，“Name”项同样是定义剖分设置名称，点击“Calculate Skin Depth”按钮会弹出图 4-49（b）所示的对话框。在此需要给出材料的基本属性，“Relative Permeablity”相对磁导率属性、“Conductivity”电导率属性和“Frequency”剖分物体所工作的电频率（在此主要是针对涡流场和瞬态磁场），软件可以由给出的这三个物理属性，按照下式自动计算出集肤效应的透入深度：

$$\delta=\sqrt{\frac{2}{\omega\sigma\mu}}$$

其中：ω 为角频率，根据所给的电频率可以得到；σ 为材料电导率；μ 为材料磁导率。计算得到的透入深度会自动写在图 4-49（a）中的“Skin Depth”项中，默认的单位是 mm。其下方的“Number Layers of Elements”用来设置透入深度层的剖分层数，默认的是剖分成 2 层，为了得到更好的剖分网格，可以适当加密这个剖分层数。“Surface Triangle Length”项所约束的是表层的三角形网格的最大边长，限定表层的三角形网格最大边长不能大于该项设定值。“Number of Elements”为设定网格三角单元的最大个数，其使用方法与“On Selection/ Length Based Refinement”项所对应项设置相同，在此不做过多叙述。

“Inside Selection”项与前面介绍的“On Selection”项相互对应，顾名思义，On Selection 项所设定的是物体的边界层附近，而“Inside Selection”项所设定的是物体整个内部的剖分，这对于不同的网格剖分情况，其使用是有所不同的。

选择所要进行剖分的物体，点击菜单栏上的“Maxwell 2D/Mesh Operations/Assign/Inside Selection/Length Based Refinement”项，弹出如图 4-50 所示的剖分设置界面。

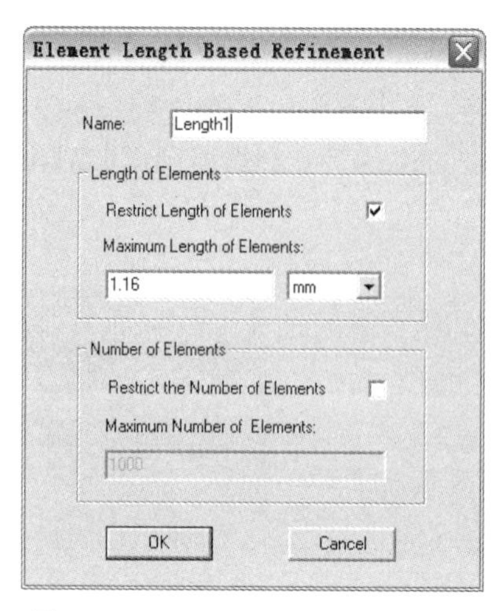

图 4-50　Inside Selection 设置界面

从图 4-50 可以看出，“Inside Selection”剖分设置与“On Selection”剖分设置下的“Length Based Refinement”极其相似，都是由设定单元最大边长和所需最大单元数组成。同样，可以设定这两种约束中的一种或同时使用两种设置方式。

注意：在设定内部单元最大边长时，若同时采用了限制所用剖分三角形个数项，在设定了相对过小的单元时，则这个过小的单元个数会被自动放弃。

4.6.2　Maxwell 2D 的求解设置

在设置完激励源和边界条件，并划分网格后，就可以设置求解选项。针对不同的场求解器，都有各自的求解设置，但在这些设置中仍有很大一部分是相同的（见图 4-51）。

图 4-51　菜单栏中的求解设置

在菜单栏中单击“Maxwell 2D/Analysis Setup/Add Solution Setup”项添加求解设置，也可以用鼠标左键点击工具栏上的图标按钮来快速添加求解设置，需要说明的是对应一个工程文件，可以同时添加多个求解设置项，每个求解设置项都是相互独立的。不同的求解设置可以用来计算不同的工况，以此来尽可能地增加模型的重复使用率。

例如静磁场中绘制完计算模型，并且定义了激励源和网格剖分后，点击添加静磁场的求解设置项，接着就会自动弹出如图 4-52 所示的定义窗口界面。

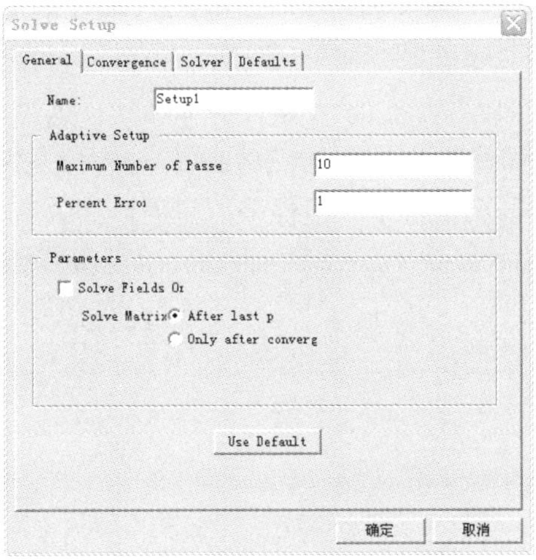

图 4-52　General 求解设置项

在求解定义窗口中，有四个选项卡，分别是：“General”设置、“Convergence”设置、“Solver”设置和“Default”设置。图 4-52 所示的是“General”求解设置项，其中“Name”用来定义该求解设置的名称；“Maximum Number of Passes”项为计算时所需要的最大收敛步数，在模型计算时自动默认为最大计算 10 步，即便没有收敛也不会再进行计算，故需要合理地设置该数值来避免为到达所需精度或对不正确的模型进行了过多次的求算。“Percent Error”为收敛的百分比误差设定项，有限元的计算为能量的等价变分方程，需要对其进行收敛的精度设置，默认的是 1%，如果需要对结果的精度要求较高，可以适度调小该收敛值。下方的“Parameters”参数项有两个选择框：第一个是“Solve Fields Only”项，即仅仅对场进行求解而不进一步求解参数。第二个是“Solve Matrix”项求解矩阵参数项，默认的是求解矩阵参数项，在该项下还有两个单选框：一个是“After last pass”，即在求解完最后一步后再解矩阵参数；另一个是“Only after converging”项，即在每一步收敛后都进行了解参数矩阵。

求解设置的第二项如图 4-53 所示，即“Convergence”是收敛求解选项。“Stranded”项下为自适应网格设置，“Refinement Per Pass”项是每次自适应剖分所新加入的网格数占上一次总体网格的百分比。“Minimum Number of Passes”表示最小计算步数，即系统要求计算的最少迭代步数，默认是数值是 2。“Minimum Converged Passes”表示最小收敛步数，默认是 1。这两个数据可以按照默认值设定而不需做修改。“Convergence”求解设置项下方的“Optional”项用来设定输出的变量项。

在“Solver”求解设置项中，包含三个部分，如图 4-54 所示。“Nonlinear Residue”非线性的残差，默认是 0.000 1，更改该项可以改变在非线性收敛计算中的精度。“Advanced”高级设置项中共有两项，分别是“Permeability Option”磁导率设置项和“Magnetization Option”磁化设置项。“Permeability Option”磁导率设置项下又有两个设置项，默认的是

“Nonlinear B-H curve”项，即采用模型中设置好的 *B-H* 曲线。而下方的“From Link”项则是将先前计算好的模型磁导率给定到将要计算的新模型。“Magnetization Option”磁化设置项也有两个子设置项，同样默认的是“Nonlinear B-H curve”项，即采用模型设置好的 *B-H* 曲线，但是其后多了“Compute demagnetized operating points”即求解工作点设置项，该项的意义为在计算非线性退磁的永磁体时，可以通过设置后计算其在第二象限的退磁工作点位置。需要说明的是，该设置项仅计算非线性退磁的永磁体，对于线性的则不起作用。“From Link”项也是要将先前计算好的模型链接过来。“Import mesh”项是将以前计算过的模型网格剖分调用过来，前提是前后的计算模型必须完全一致，网格才可以横向导入。在点击“Setup Link”按钮后，自动弹出模型链接窗口，如图 4-55 所示。

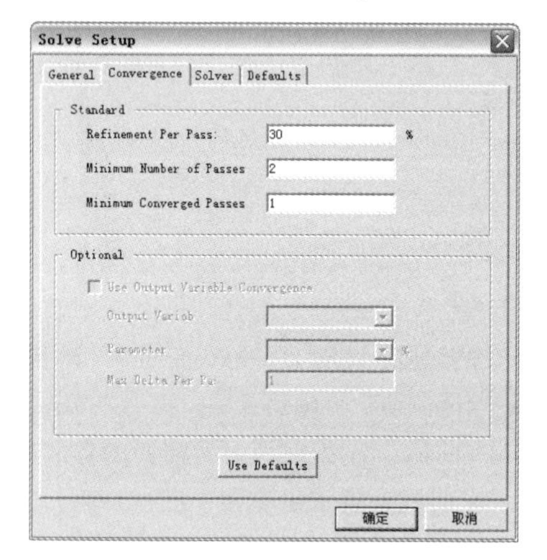

图 4-53　Convergence 求解设置项

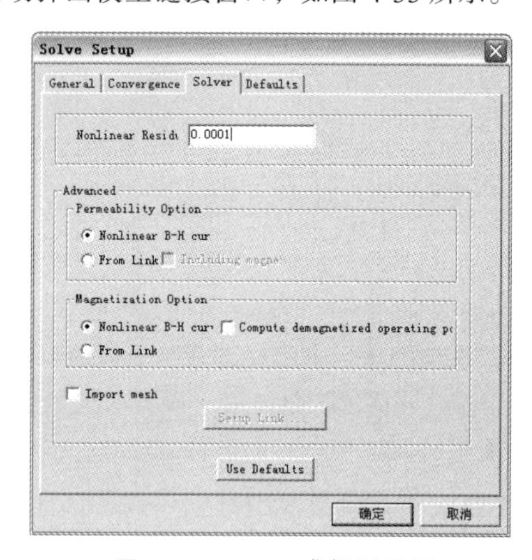

图 4-54　Solver 求解设置项

从图 4-55 中可以看出，在“Setup Link”项中需要给定链接的工程文件所在地址，以及需要链接的该工程文件下的哪个模型，给出所需的模型名称，最后还需要给定该模型下的哪个求解设置项，因为一个工程可以有多个模型，而每个模型又可以有多个求解设置项，所以这里需要设置三级目录才能定义完全这个链接项。

在“Solve Setup”设置中，最后一项如图 4-56 所示。

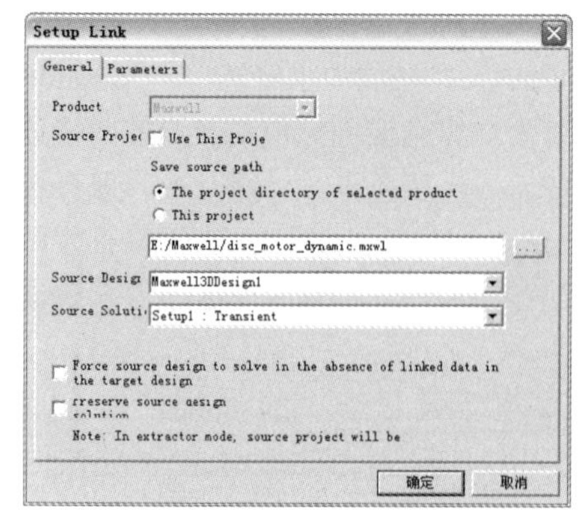

图 4-55　Setup Link 设置项

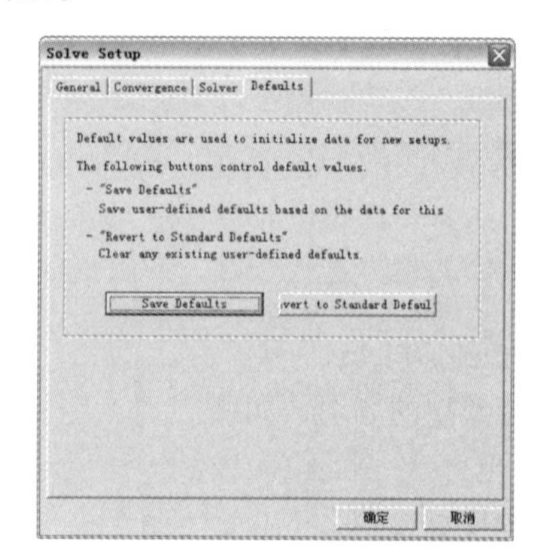

图 4-56　Default 设置项

“Default”设置项比较简单，可以选择“Save Default”按钮来保存已设置好的各项，并将其作为默认设置项以备日后使用。也可以点击“Revert to Stranded Default”按钮恢复默认设置。以上描述的静磁场计算时的求解设置项，它具有一般的通用性。

4.7 Maxwell 2D 的后处理

Maxwell 的后处理包括对场图的处理，对曲线、曲面路径的处理和场计算器应用三个部分。

在模型计算完毕后，首先需要用户查看的是结果场图分布，需要查看场图是否分布合理，还需要查看场量的数量级是否合理。只有验证了合理的场分布才能说该模型建立和求解都是正确无误的。同时，若场分布或其量纲有问题，则可以根据场图的分布趋势反查在建模时所犯的错误，经过这样反复几次的校验，基本可以得到正确的计算结果，但是场图分析需要有扎实的电磁场基本功。

先以一台三相 4 极感应电机瞬态场计算为例，该电机取自 RMxprt 模块自带的三相感应电机模型，模型名称为 ylew-95，在求解完 RMxprt 模型后再将其导入到 Maxwell 2D 模块，进行瞬态场求解。将瞬态场求解模型计算结果作为分析对象。

步骤 1：点击菜单栏上的 View/Set View Context 项，在 Time 时间选项中，点击右侧的箭头，在下拉菜单中选中 0.2 s 这一计算时刻作为分析对象，如图 4-57 所示。

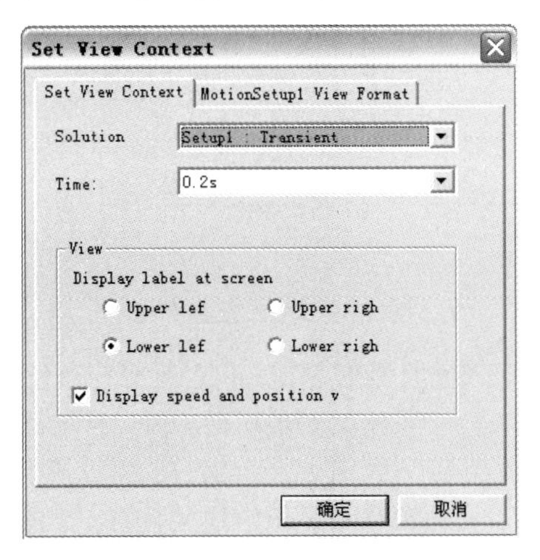

图 4-57　瞬态磁场中 0.2 s 时刻结果查看选项

步骤 2：按住键盘上的 Ctrl+A 键，选中所有计算区域，再点击菜单栏上的“Maxwell 2D/Fields/Fields”项，会出现如图 4-58 所示的菜单栏，在 Fields 场图列表中可以绘制的各种类型的场图，如图 4-58（a）所示。其中包括矢量磁位 A、磁场强度 H、磁感应强度 B、电密 J、能量 Energy、其他场量 Other 和用户自定义的场量 Named Expression 项。每一种场量由分为矢量图和标量图等选项，该场量列表仅仅是对应于瞬态磁场，对于其他求解器下所显示的场量与图 4-58 会有所不同。

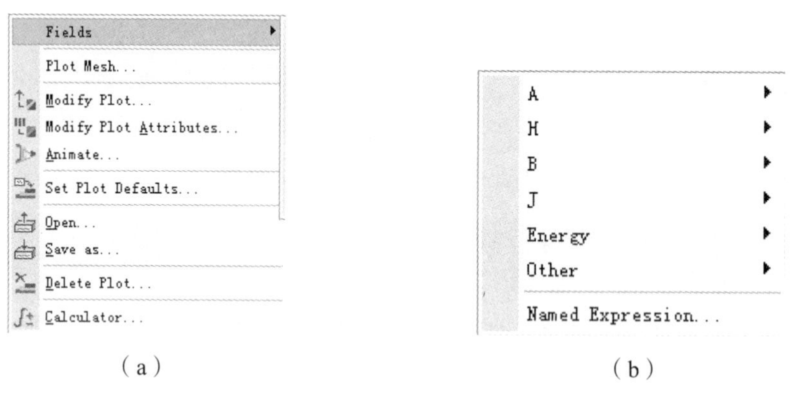

（a）　　　　　　　　　　（b）

图 4-58　场分布图计算结果查看

步骤 3：在此需要绘制电机磁力线的分布图，磁力线即等 A 线。点击菜单栏上的“Maxwell 2D/Fields/Fields/A/Flux_Lines”项，这样会自动绘制出在 0.2 s 时，电机的磁力线走向图，如图 4-59 所示。

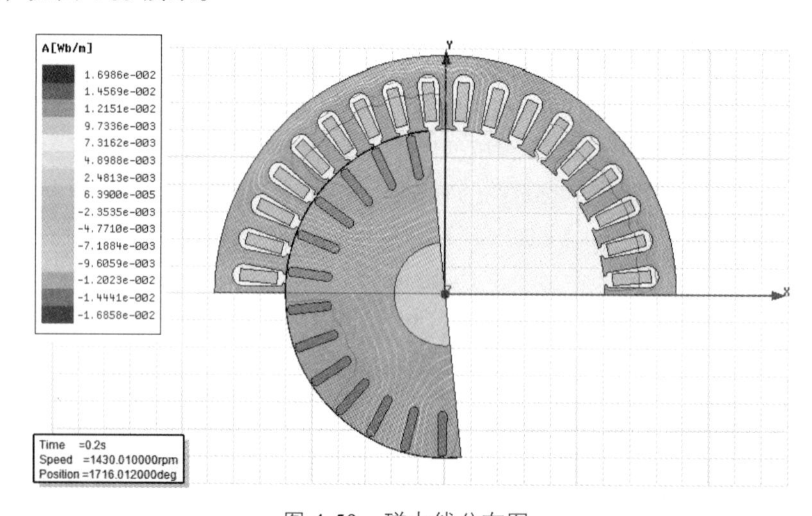

图 4-59　磁力线分布图

图 4-59 的左下角显示的是该计算时刻值，以及计算的条件速度 Speed=1 430.01 rpm，此时的转子位置处于 1 716.012°，说明的是电机转一圈，系统认为是 360°，再继续转第二圈时，则累加至 720°，以此类推。左上角显示的是磁力线，即等 A 线的 A 值大小，其单位是 Wb/m。中部区域显示的是电机模型及磁力线的分布，红色磁力线为正向极值而蓝色磁力线为负向极值，可以看出负载后电机定子槽内漏磁增加。

步骤 4：在设计过程中，除了电机磁力线分布需要关心外，还需要查看磁感应强度 B 的大小。仍旧是按住键盘上的 Ctrl+A 选中所有计算区域，然后再点击菜单栏上的“Maxwell 2D/Fields/Fields/B/Mag_B”项，系统自动绘制出磁密 B 分布图。

图 4-60 给出的是 0.2 s 时的磁感应强度 B 的分布图，观察该图，不难看出电机在轭部磁密较高，颜色较深。Mag_B 项的意义是显示模型磁密的模，因此 B 值均为正值。该样机为计算样机，并非实际运行样机。

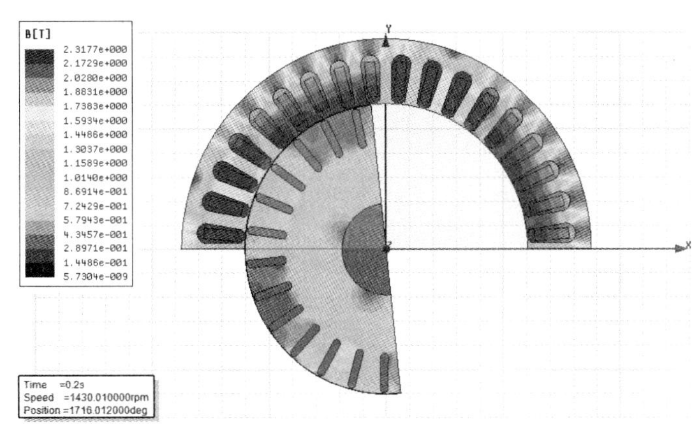

图 4-60　磁感应强度 B 分布图

Maxwell 2D 还可以查看矢量图，它采用带颜色箭头来描述矢量方向和大小。

步骤 5：仍以磁感应强度 B 的场图为例，因为 Maxwell 2D 所显示的场图是按照其默认设置进行的，有时并不适合所需要的显示结果，因而还需要进行人为调整。鼠标左键双击图 4-60 左上角 B 的标尺栏，这样会弹出如图 4-61 所示的场图调节设置界面。

场图手动设置项包括四项：首先是 Color map 颜色标尺项，默认的是 Spectrum 项，还可以调节成纯色显示，而不是默认的彩虹型标尺。下方的 Number 项所设置的数据是 B 等分多少段设置，该数据越大，则颜色过渡得越平滑。若调整的是磁力线图，则该数值增加后磁力线的条数会明显增加。

其次是 Scale 刻度设置项，默认设置刻度为 Auto 自动设置，但有时为横向对比几个模型，需要将该刻度设置为同一个范围，可以点击“Use Limit”项，然后在下方的最小值和最大值数据栏内输入所指定的范围。其中，Linear 项是刻度按照线性关系绘制场图，而 Log 则是刻度按照对数关系绘制场图。

第三项是 Maker/Arrow 矢量场设置项，因为所绘制的是标量 B，所以该项的所有选项都是灰色。在设置矢量场图时，可以调节 Maker 和 Arrow 两项，通过调节该设置可以使矢量图更为美观和比例协调。

（a）

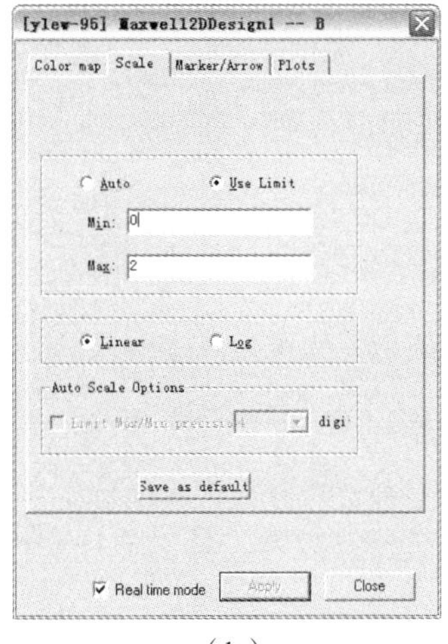

（b）

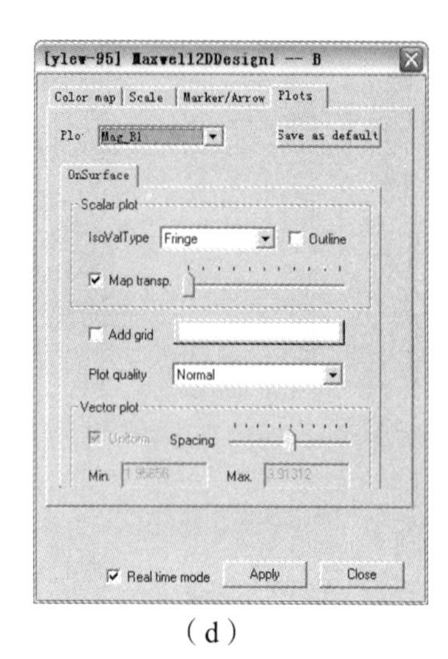

（c）　　　　（d）

图 4-61　磁感应强度 B 调整界面

最后一项是 Plots 绘图项，主要有两部分组成：上部分是绘制云图的设置，选中 Outline 项可以选择是否加上不同数值范围间的过渡线；下部分 Add grid 项如果选中则会在场图中再加入网格剖分图。

在计算模型里，有时需要对某一条路径上的场量查看。

仍以上面的三相感应电机为例，将所考察的求解时刻设置到 0.2 s，需要事先在模型上绘制一条考察路径，在此假定考察的是定子轭部磁密的模。

步骤 1：点击菜单栏上的“Draw/Arc/Center Point”以圆心和半径绘制曲线，首先在坐标栏中输入圆心坐标（0，0，0），继而输入半径的起点坐标（-85，0，0），再输入半径另外一个终点（85，0，0）。至此就绘制完毕一个半圆，圆心在原点，半径为 85 mm，该半圆位于定子轭部。

步骤 2：点击菜单栏上的“Maxwell 2D/Results/Creat Fields Report/Rectangular Report”项，自动弹出如图 4-62 所示的设置界面。

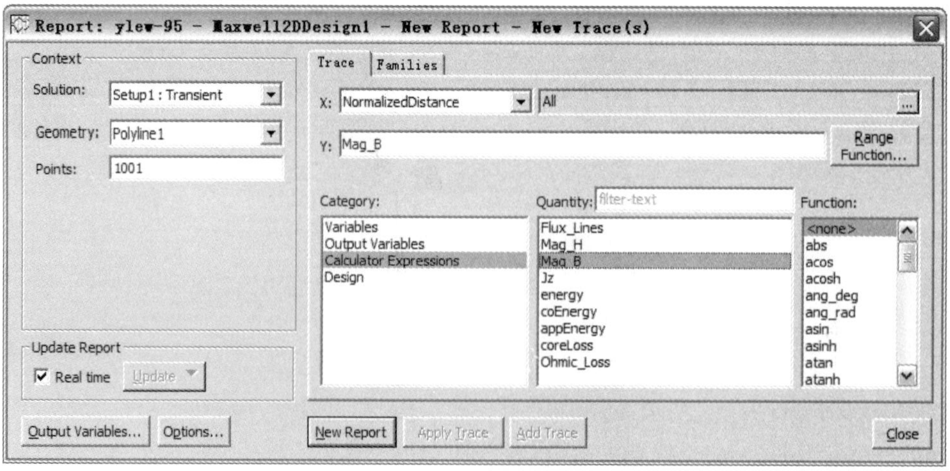

图 4-62　指定路径上的磁感应强度

步骤 3：在设置界面中，首先要在左侧的“Geometry”项中点击下拉按钮，选择“Polyline1”即刚生成的半圆形考察路径，在中部的 X 坐标栏中，点击下拉按钮，选择“Normalized Distance”项。在中下方的场量中选择 Mag_B 即磁密 B 的模作为考察对象，在所有都设置完毕后，点击“New Report”按钮生成新的曲线图，其结果如图 4-63 所示。

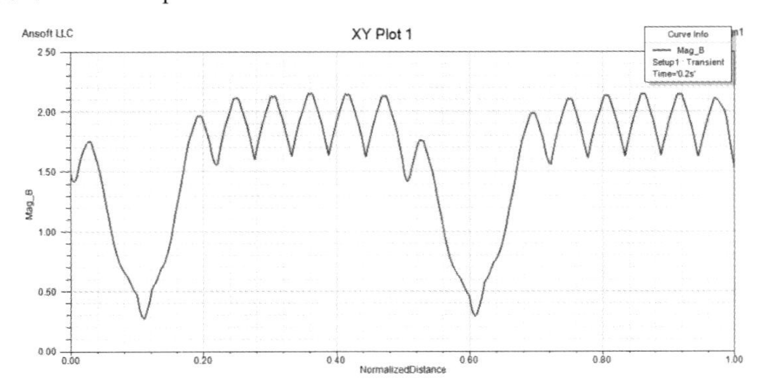

图 4-63　指定路径上的磁感应强度模的曲线

步骤 4：由图 4-63 可以看出，在定子轭部磁密的最大值约为 2.12 T，轭部过于饱和了。这个结果与电机的磁密场图结果相一致。除了可以将考察路径上的场量通过曲线的方式绘制出来，还可以生成表格方便进一步数据处理。其方法是点击菜单上的“Maxwell 2D/Results/Creat Fields Report/Data Table”项，仍按照图 4-62 所示的设置方法，可以得到一组表格，该表格的第一列为图 4-63 的横轴，第二列为其纵轴，如图 4-64 所示。图 4-64 仅给出了数据的一部分，可以单击向下滚动条来查看所有数据。

	NormalizedDistance	Mag_B Time='0.2s' Setup1 : Transient
1	0.000000	1.494542
2	0.000999	1.470823
3	0.001998	1.451789
4	0.002997	1.437430
5	0.003996	1.427730
6	0.004995	1.422677
7	0.005994	1.422257
8	0.006993	1.426457
9	0.007992	1.435263
10	0.008991	1.448661
11	0.009990	1.466637
12	0.010989	1.489175
13	0.011988	1.516263
14	0.012987	1.545504
15	0.013986	1.568283
16	0.014985	1.591126
17	0.015984	1.611967
18	0.016983	1.631500

图 4-64　指定路径上的磁感应强度模的表格

在 Maxwell 2D 后处理中已经包含了一些基本的场量，但仍难以满足用户的所有需求，如求取径向磁密分布，所考察的路径仍为上面所采用的定子轭部半圆曲线。

点击菜单栏上的“Maxwell 2D/Fields/Calculator”项，会弹出如图 4-65 所示的场计算器。点击场计算器的“Input”项下“Quantity”按钮，在下拉菜单里选择磁密 *B*，再在 Vector 项下点击 “Unit Vector” 按钮，在下拉菜单里 “Normal”，其操作结果都会显示在场计算器的中部。输入两个变量后，再点击 “Vector” 项下的 “Dot” 做点乘运算。两个矢量运算后变为一个标量，点击 “Add” 按钮并将其命名为 Br，点击 “OK” 确定。然后显示某个路径上场量的方法，显示出事先定义的路径上的径向磁密 Br。所不同的是所要显示的是刚定义好的场量 Br 而不是 Mag_B，其计算结果曲线如图 4-66 所示。

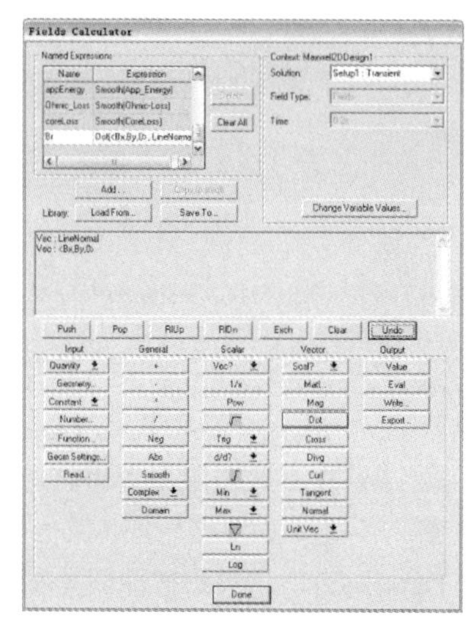

图 4-65　场计算器

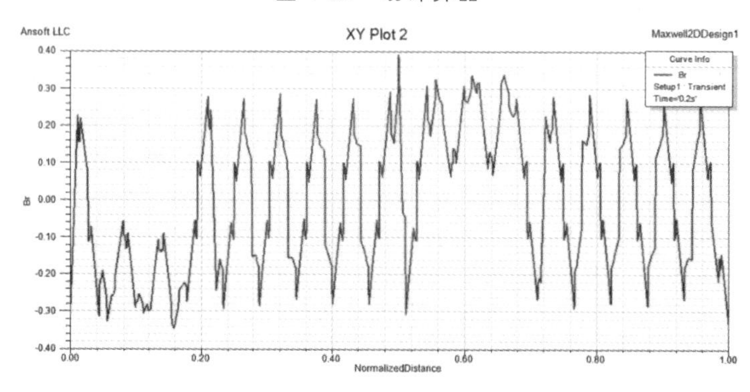

图 4-66　指定路径上的径向磁密 Br 分布

4.8　实　例

本实例运用 Ansoft Maxwell 电磁仿真软件依据实际高铁站台构建了高铁站台和接触网的仿真模型，以及构建了岛式站台及侧式站台在无人无车无建筑、有人无车无建筑、有人无车有建筑、有人有车无建筑和有人有车有建筑模型，仿真其电场分布云图。在其中创新性地依据人体不同部位的介电常数构建了更真实人体模型，把人体模型和站台模型相结合，更加真实地反映高铁站台电场分布对乘客和铁路工作人员的影响。

4.8.1 高速铁路牵引供电与电场计算模型

1. 牵引供电系统

牵引变电所和接触网共同构成了牵引供电系统，高铁中牵引变电所将来自发电厂的 220 kV 的电降为 27.5 kV 的单相交流电，由受电弓引入机车上的牵引变压器将 27.5 kV 的电压降为 1 770 V，最后通过变流器等设备变为三相电供牵引电机使用，牵引供电系统如图 4-67 所示。

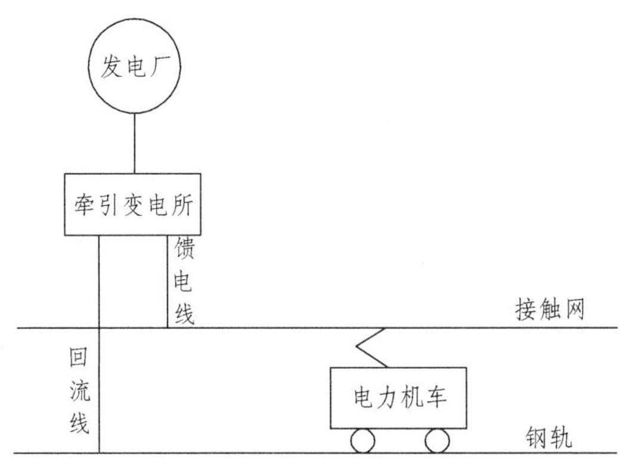

图 4-67　牵引供电系统

世界上目前存在五种较为成熟的牵引供电方式，根据其结构不同可分为：直接供电方式（TR）、BT（吸流变压器）供电方式、负馈线的供电方式、AT（自耦变压器）供电方式和 CC 方式。AT 供电方式时，牵引网的电压可以在不增加绝缘水平情况下，成倍提高牵引网电压，且能降低电流，减少电压和电能损耗；传送的功率大，能够提高牵引变电所之间距离；能够适用大功率的电机，提高列车运行速度和安全性。综合以上优点，我国高速铁路多采用 AT 供电方式作为首选供电方式。图 4-68 为 AT 供电示意图。

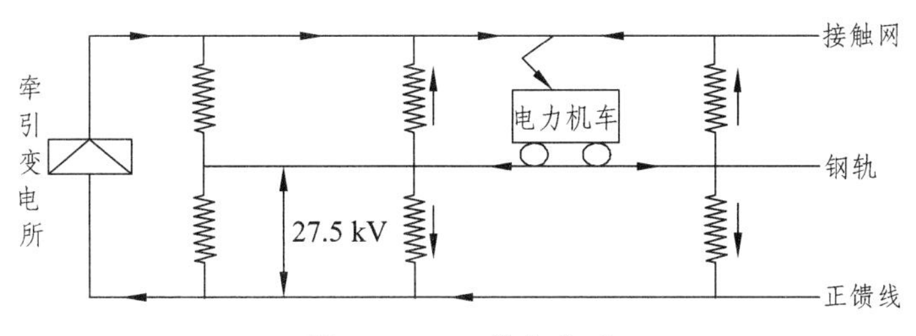

图 4-68　AT 供电方式

高铁站台是车站中用于承接旅客上下列车的建筑，按照其结构和功能划分为岛式、侧式和混合式站台。本实例用岛式和侧式站台作为模型进行高铁电场的相关分析。

岛式站台也称中置式站台，其轨道位于两侧，站台位于轨道的中间，两侧的站台都可以上下乘客。如图 4-69 所示。岛式站台优点是站台的空间利用率高；管理方便；两侧轨道上的列车可以相互调节以分散人流。缺点是需要中间的站厅；建设成本很高；很难扩大。因此岛式站台通常应用在人员流动大的车站。图 4-70 为岛式站台的侧面图。

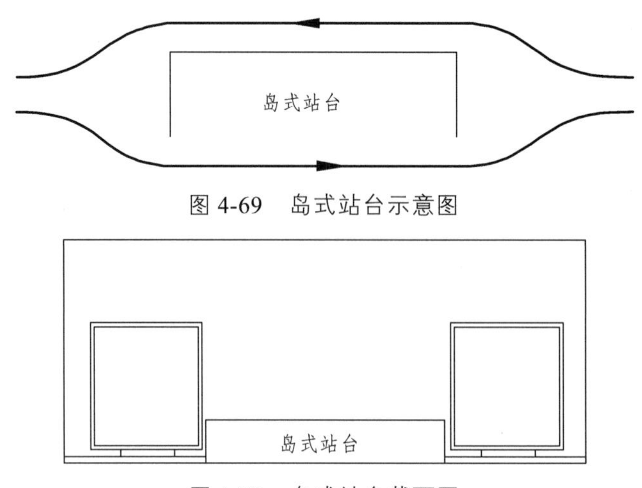

图 4-69　岛式站台示意图

图 4-70　岛式站台截面图

侧式站台又称岸式站台、相对式站台，其结构为仅单侧有轨道，站台在轨道两侧分布，乘客通常只能在一侧上下列车。如图 4-71 所示。侧式站台优势是建设费用低；站台扩建方便；上下行乘客互不干扰。缺点是站台使用率低且管理分散；台面窄无法调整客流。图 4-72 为侧式站台的侧面图。

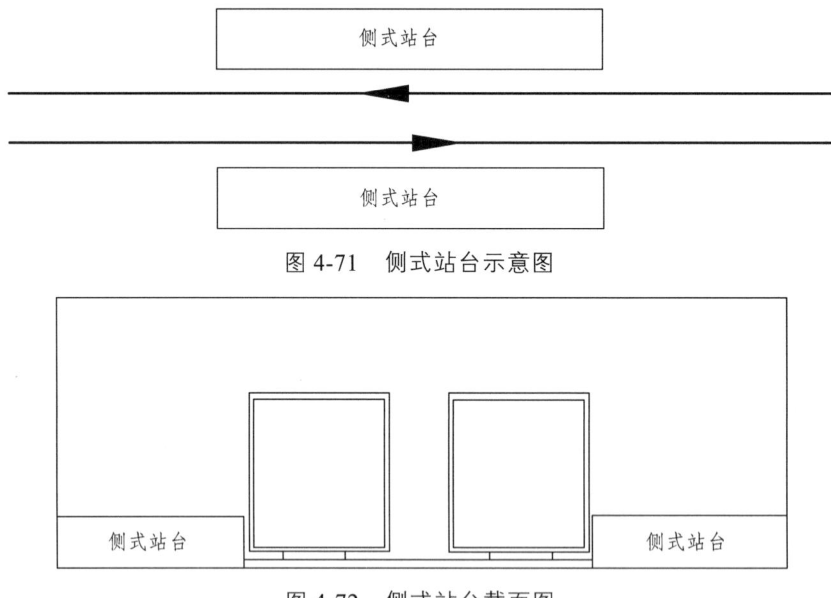

图 4-71　侧式站台示意图

图 4-72　侧式站台截面图

2. 接触网电场计算模型

接触网的电场主要是线路内的电荷产生，在建立线路模型前对接触网做满足工程精度要求的简化，可以更加便于模型分析和数值计算。可以做以下简化：

（1）把接触网线路产生的交变电场看作准静态场处理。当场域的长 L 与电磁波的速度 c 满足公式 $L/c \ll T$ 时即电磁波场域所需要的时间远小于周期，可以认为该交变电场为准静态场，其中 T 为电场周期。场和源为时间和空间的函数，当某一时刻的源确定时，与此同时其在场域内的电场也即刻确定，与前一刻的源无关，传播过程中的推迟作用可以忽略。高铁牵引电压的频率为 50 Hz，本实例的场域范围不超过 30 m，计算得 $1\times10^{-7}\ll2\times10^{-2}$。由此，接触网产生的电场满足准静态场的条件。

（2）把接触网线索看作和大地平行且忽略下垂和端部效应。处理线索时，将导线的对地距离看作下垂的最低点到大地的距离，最低点的截面为计算平面，忽略电压的损耗，并且认为导线为无限长直导线。如图 4-73 所示。

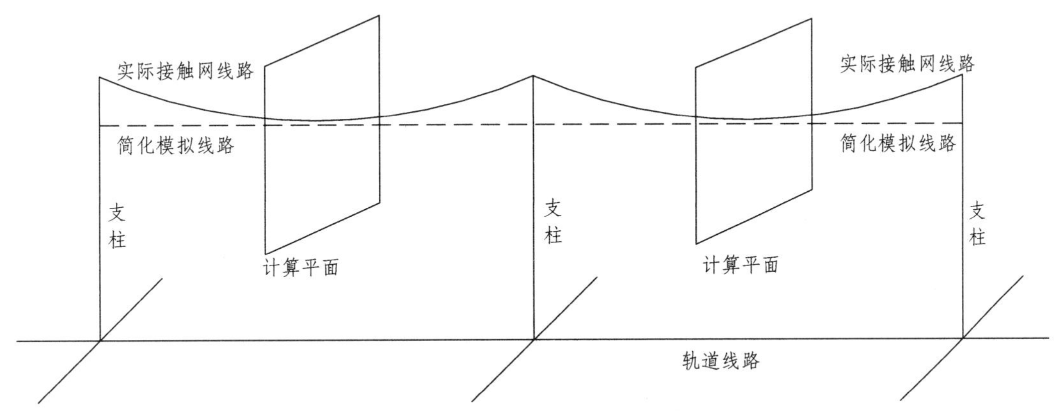

图 4-73　接触网线索简化模型

（3）把大地看作无限大的优良导体，电位取为零电位，轨枕、站台、钢轨和建筑等均为接地体。

（4）把三维电场看作二维电场，接触线视为无限长直导线，最低点的垂面为计算平面，产生的电场为平面场。

高铁接触网主要由接触线、承力索、正馈线（AF）和保护线（PW）实现对机车的供电。本设计所选取的各线索型号和计算半径情况如表 4-3 所示，图 4-74 为高速铁路复线各线索高度与距离情况。

表 4-3　接触网线索参数

线索名称	型号	计算半径/mm
接触线	TCG-100	6.6
承力索	JTM-120	5.9
正馈线	LJ-185	7.7
保护线	LJ-70	4.7

3. 高铁站台区域模型

高铁站台区域结构复杂且不规则，在进行电场分析之前需要建立准确的站台各个部分的几何结构。站台区域内的结构主要包括站台、接触网、钢轨、高铁机车、建筑（含雨棚）等。本设计以 CRH380A 高铁的列车车体为模型进行建模，其中车厢宽度为 3.38 m，高度 3.7 m。图 4-75 为高铁站台实图。

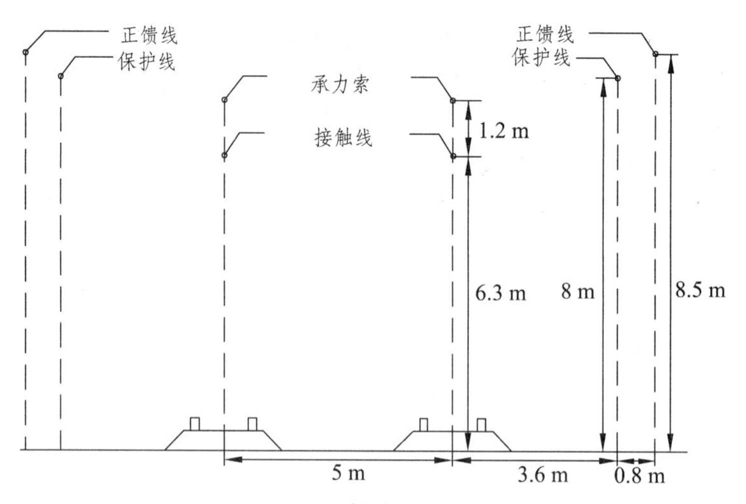

图 4-74　某高铁接触网线索分布

图 4-75　高铁站台实图

本实例主要研究高铁站台电场分布对人体的影响，人体模型的建立对仿真结果至关重要，引入了高精度的人体模型。由于人体各部位有着不同的电导率和介电常数，将人体分为头部、躯干、手足、腿和手臂进行更加精细的建模，建立更贴近于实际的人体模型。图 4-96 为人体模型图，表 4-4 为人体各部位尺寸参数表。

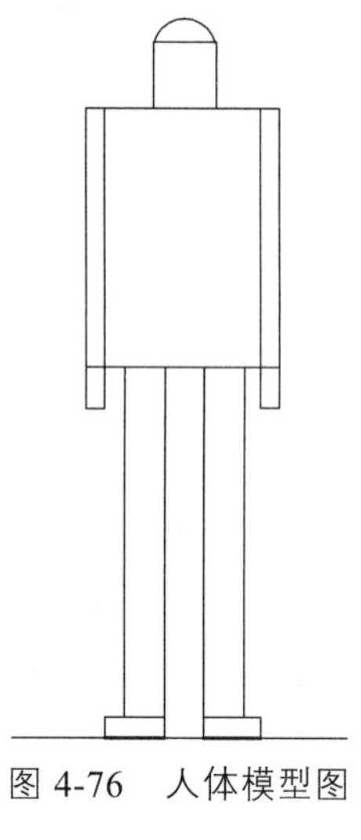
图 4-76　人体模型图

表 4-4　人体部位尺寸

人体模型	参数/m	人体部位	参数/m
身高	1.75	身宽	0.5
头部高	0.22	头部宽	0.16
身体长方形高	0.63	身体长方形宽	0.4
胳膊长	0.63	胳膊宽	0.05
手部长	0.10	手部宽	0.05
腿部长	0.85	腿部宽	0.1
足高	0.04	足长	0.15
鞋高	0.01	鞋长	0.15

各接触网线索按照表 4-3 中的尺寸进行建模。图 4-77 为岛式站台模型。

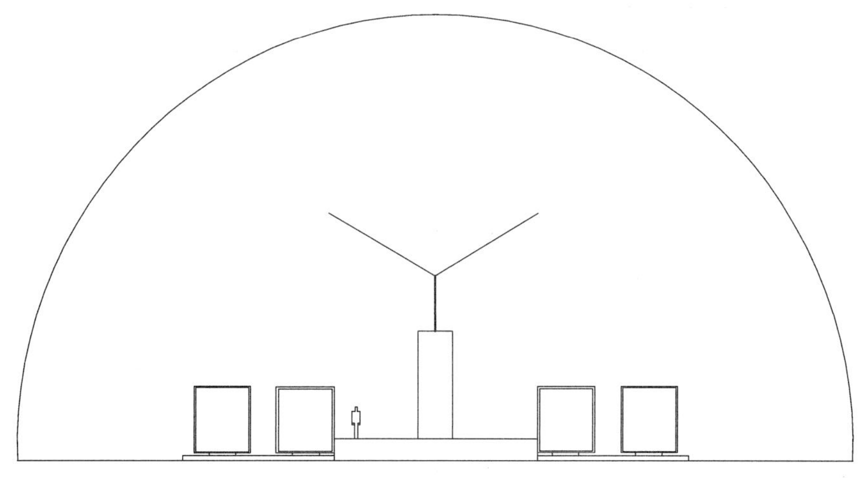

图 4-77　岛式站台模型

表 4-5 为岛式站台模型参数。

表 4-5　岛式站台模型参数

参数名称	参数值/m	参数名称	参数值/m
站台高度	1.25	站台宽度	12
建筑高度	6	建筑宽度	2
雨棚钢柱高	3	雨棚钢柱宽	1
雨棚长	7	雨棚厚	0.2
钢轨高	0.17	钢轨宽	0.07
轨枕高	0.25	轨枕宽	9
车厢高	3.7	车厢宽	3.38
车厢厚	0.1	轨距	1.435

侧式站台和岛式站台接触网各导线相对位置相同，图 4-78 是侧式站台的模型示意图，模型参数如表 4-6 所示。

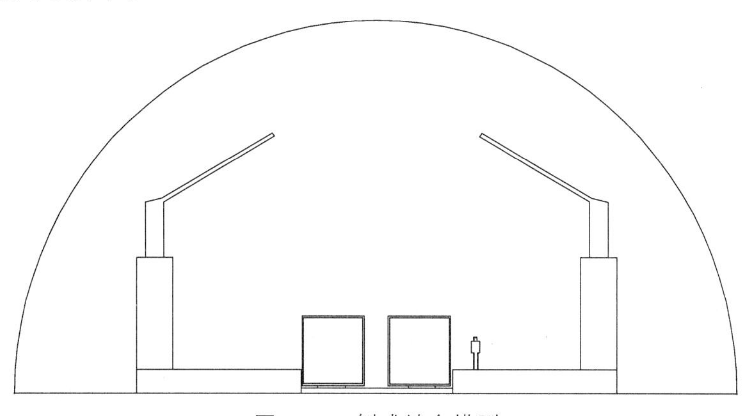

图 4-78　侧式站台模型

表 4-6　侧式站台模型参数

参数名称	参数值/m	参数名称	参数值/m
站台高度	1.25	站台宽度	9
建筑高度	6	建筑宽度	2
雨棚钢柱高	3	雨棚钢柱宽	1
雨棚长	7	雨棚厚	0.2
钢轨高	0.17	钢轨宽	0.07
轨枕高	0.25	轨枕宽	8
车厢高	3.7	车厢宽	3.38
车厢厚	0.1	轨距	1.435

4.8.2　高速铁路接触网有限元建模分析

采用 Maxwell 二维可以处理静电场、变化电场、静磁场、瞬态场和涡流场等，可以对电机、线路、仪器等进行准确的电磁场的分析。如图 4-79 所示，在软件中选择 Insert Maxwell 2D Design，进入二维建模仿真，打开软件后界面里的各功能区如图 4-80 所示。

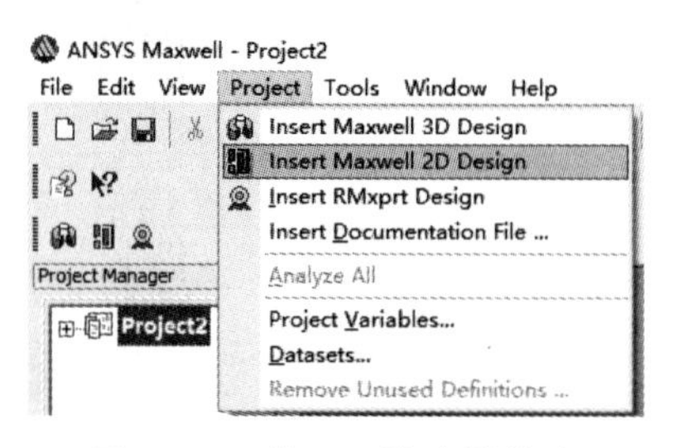

图 4-79　进入二维建模仿真

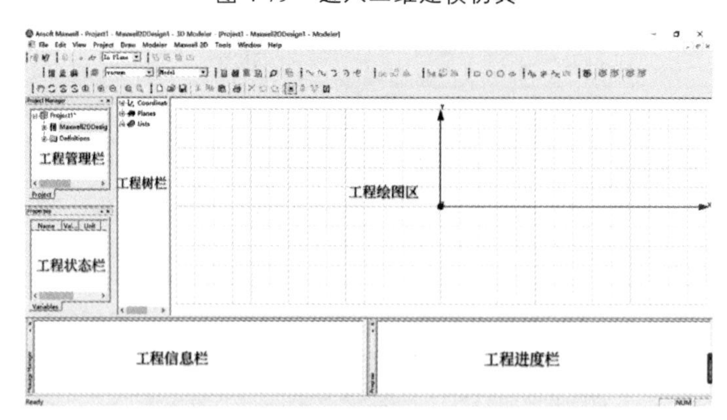

图 4-80　初始化界面

ANSOFT 处理软件可以分为三个模块：前处理、分析和计算以及后处理。前处理主要包括选择求解器、建立模型、编辑材料及其属性、设置激励源及边界、自适应剖分；分析计算模块主要是计算机分析处理电场的仿真模型；后处理主要包括一些云图、曲线和图表的处理。此次仿真的是交流工频电场应选取的求解器类型为交流电场模式（AC

Conduction）（见图 4-81）。建模前应把比例尺调整为米，即点击“Modeler”下的“Units”选项进行比例修改（见图 4-82）。

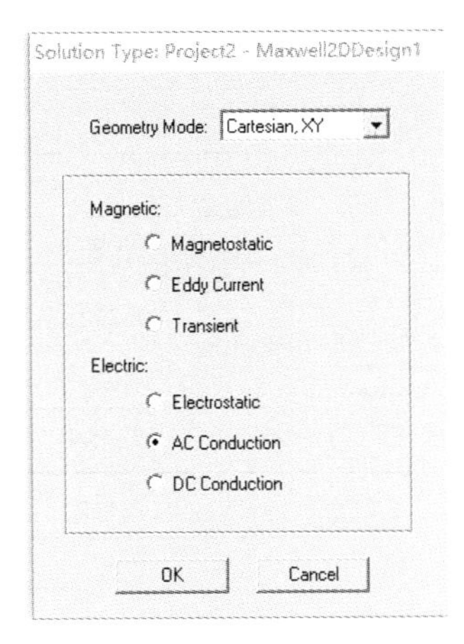

图 4-81　交流电场模式（AC Conduction）

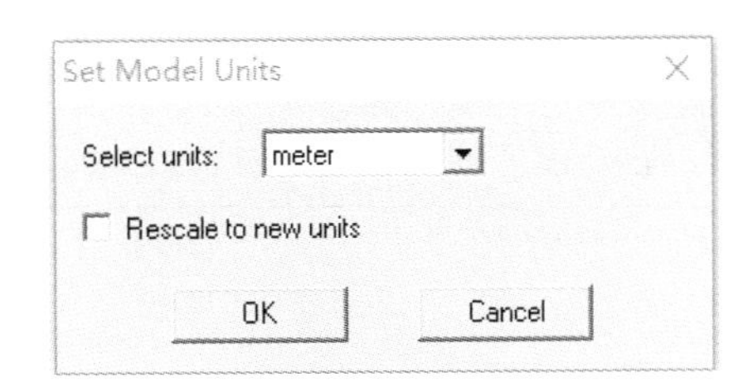

图 4-82　比例修改

在图形用户界面的右上方有一排快捷键如图 4-83，利用直线、曲线、三点画线、中心曲线、矩形、圆形、多边形、椭圆形等，这些基本图形来绘制我们的高速铁路沿线模型图。然后根据本实例所给出的模型图和表数据进行建模。绘图时可以在选定基本图形后，在界面右下角设置坐标。铁路沿线模型画完以后还需要设置一个大的求解区域。

图 4-83　快捷键

仿真流程如图 4-84 所示。

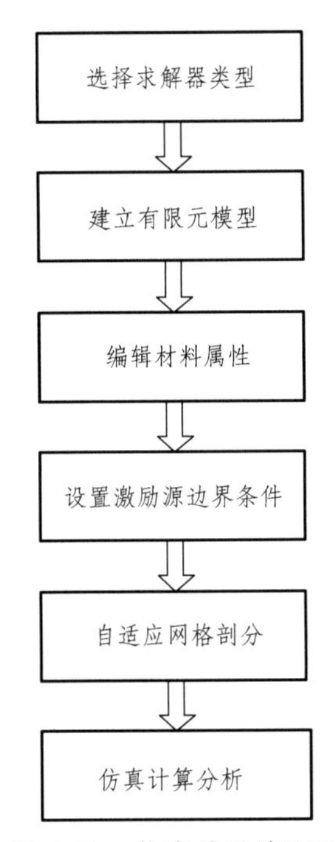

图 4-84　仿真处理流程图

1. 编辑材料属性

模型建立完成后需要对模型中各部分进行材料属性的编辑，点击模型对象添加材料。如图 4-85 为材料编辑界面，能在 Ansoft 材料库找到的材料可以直接添加，找不到的可以点击图 4-85（a）中的“Add Material”添加材料，然后会弹出图 4-85（b）所示界面，编辑材料名称以及材料的电导率和相对介电常数。

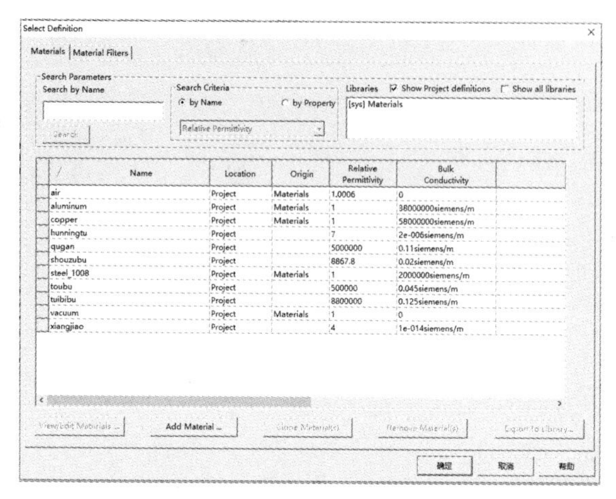

（a）

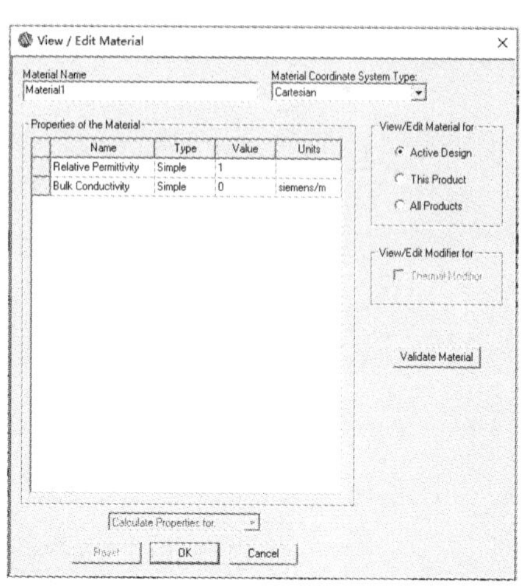

（b）

图 4-85　材料编辑界面

本次仿真所用到的各种材料以及它们的电导率和相对介电常数如表 4-7 所示，其中接触线和承力索使用铜材料；保护线、正馈线和列车车厢使用铝材料；站台和建筑使用混凝土材料。

表 4-7　材料属性

材料名称	相对介电常数	电导率
空气	1.000 6	0.000 1
钢轨	1	2 000 000
铜	1	58 000 000
铝	1	38 000 000
混凝土	7	0.000 002

2. 电场激励源

激励源是分析处理的系统能量来源，所有的模型都要存在激励源，在不同场情况下激励源也会有所不同，探究交流电场时一般以电压作为激励源。选定要添加的模型后，如图 4-86（a），点击菜单栏“Maxwell 2D”→“Excitations”→“Assign”→“Voltage”）会弹出图 4-86（b）对话框，在 Value 栏里输入相应的电压值即可。这样就完成了将高速铁路接触网不同线索激励源的设置，接触线、承力索、正馈线和保护线电压参数如表 4-8 所示。

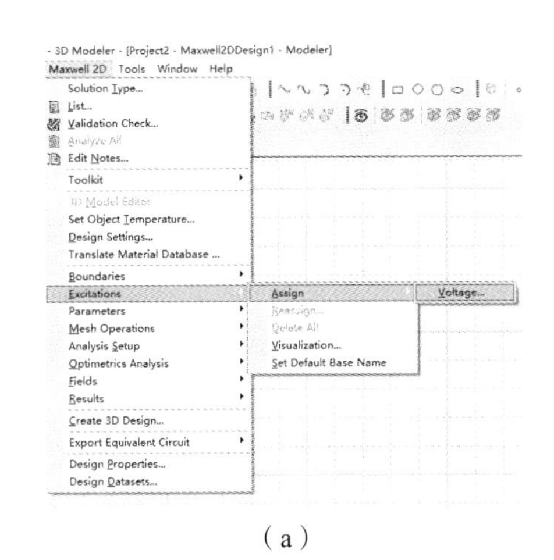

（a）

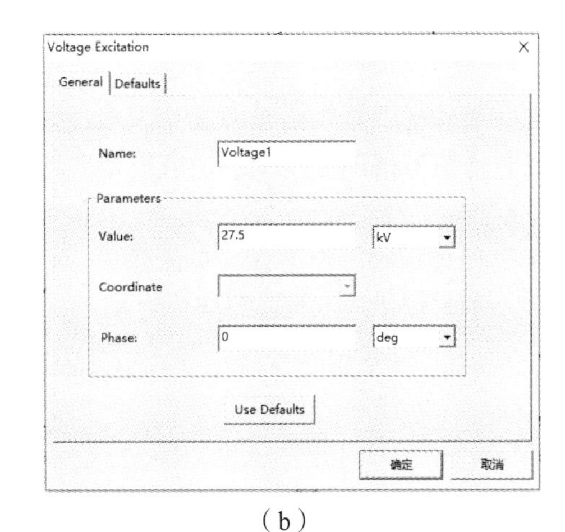

（b）

图 4-86　电场激励源添加流程及界面

表 4-8　接触网激励源参数

接触网线索名称	电压/kV
接触线	27.5
承力索	27.5
正馈线	−27
保护线	0.25

3. 边界条件的选择

高速铁路接触网一般处于大气空间中，当线索被施加电压后，电场可向空间无穷远辐射，且无穷远处电位为零。在使用有限元法处理电场问题时一般要求场域是有界的，本实例选用气球边界条件。

使用时需要首先选中求解域的边界，点击菜单栏“Maxwell 2D”→“Boundaries”→“Asign”→“Balloon Boundary”选项即可弹出图 4-87 添加界面，只需要定义边界名称即可。

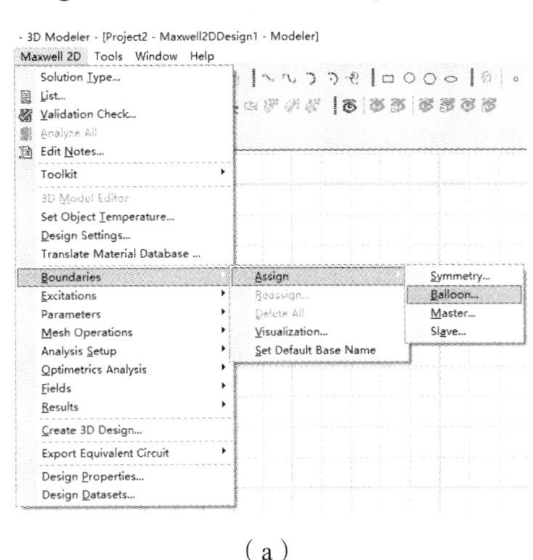

（a）

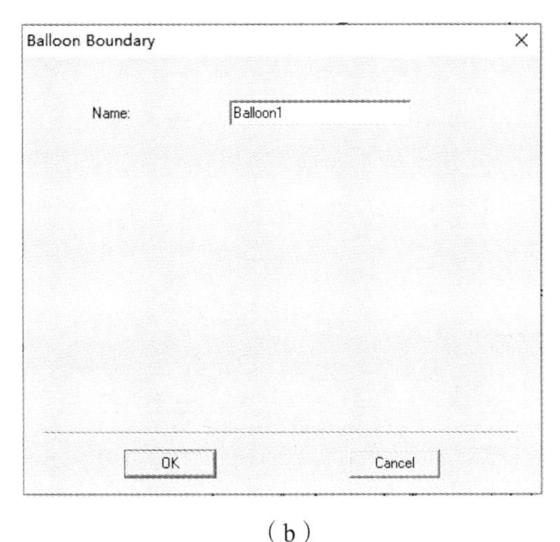

（b）

图 4-87　气球边界条件添加流程及界面

4. 网格的精细化自适应剖分

完成建模、添加激励源和边界条件后，需要对模型进行网格剖分，Ansoft 软件采用的是自适应网格剖分技术。选取模型后点击选项卡“Maxwell 2D”→“Mesh Operations”→“Assign”→“Inside Selection”会弹出图 4-88 界面，可以设定剖分三角形的最大边长，最大边长会直接影响剖分的单元数目，边长越小剖分数目会越多，使用的计算资源也会越多，本实例使用 0.5 m 的剖分边长。

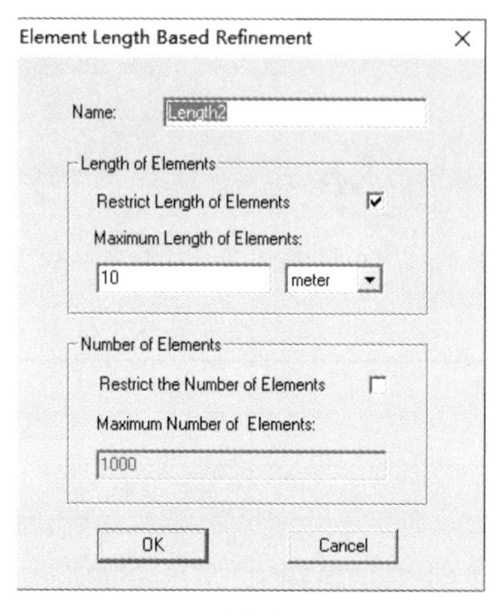

图 4-88　剖分设置界面

4.8.3　高铁站台区域电场的计算

1. 模型的仿真

建立高铁侧式站台模型，对模型进行前处理后，与岛式站台相同可以得到 5 种仿真组合。

图 4-89 展示了 5 种情况下的网格剖分结果，采用的自适应剖分会对接触网导线和人体模型区域的剖分网格做加密处理，站台和求解域边缘的空间适当减少网格数目。

图 4-90 是接触线承力索和人体周围的网格剖分情况。

整个区域 5 种情况的网格剖分单元数目和仿真处理时间如表 4-9 所示。随着站台里各种模型的添加，网格的剖分数量也会增加，同时计算机的处理时间也会相应地增加。

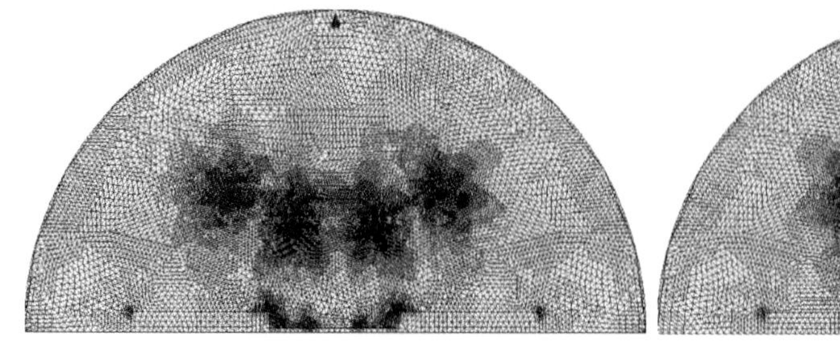

（a）无人无车无建筑

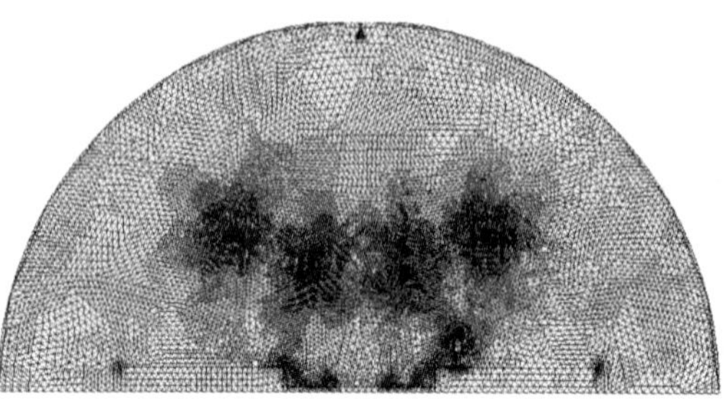

（b）有人无车无建筑

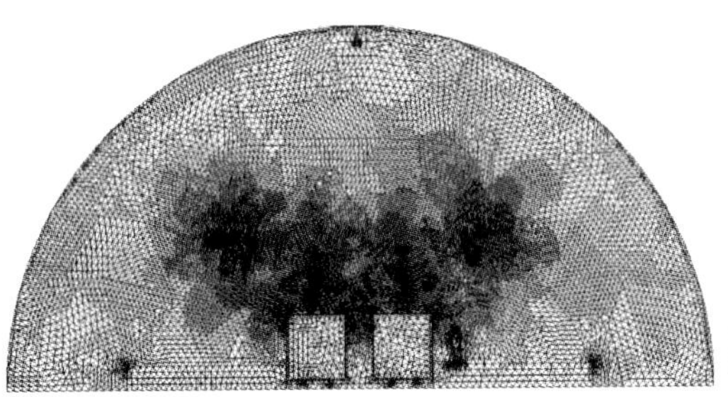

（c）有人有车无建筑

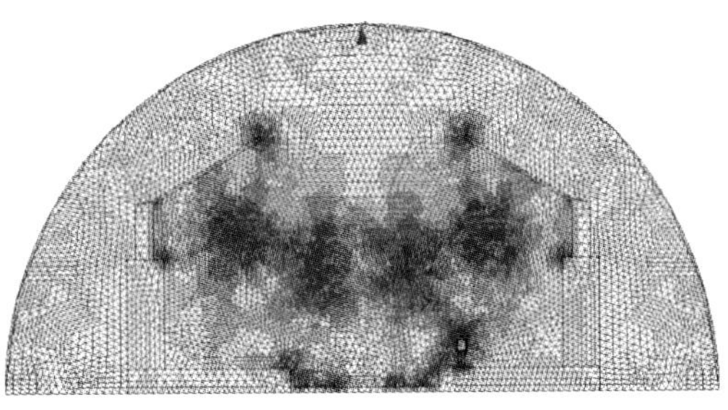

（d）有人无车有建筑

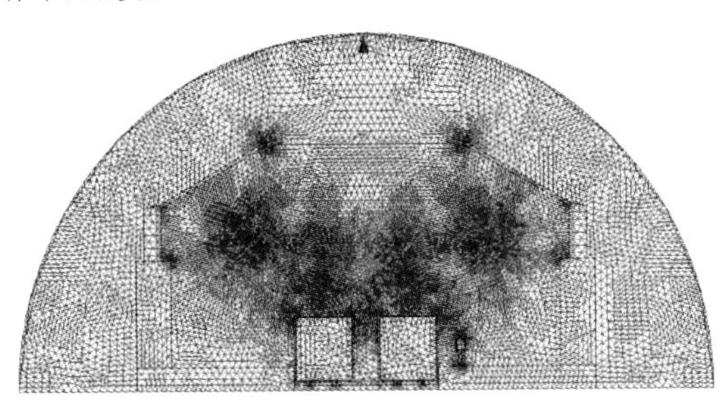

（e）有人有车有建筑

图 4-89　侧式站台自适应网格剖分图

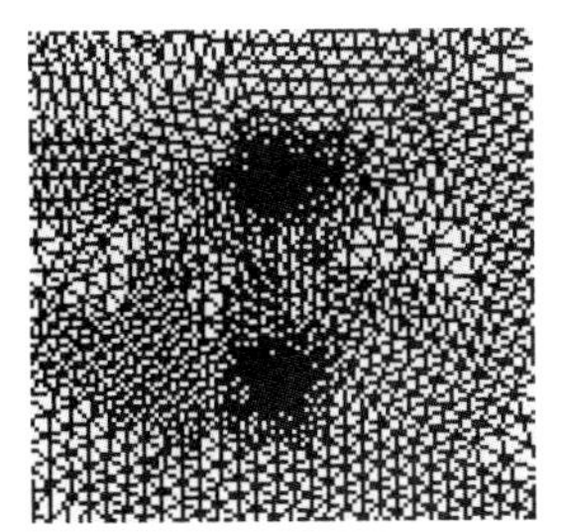

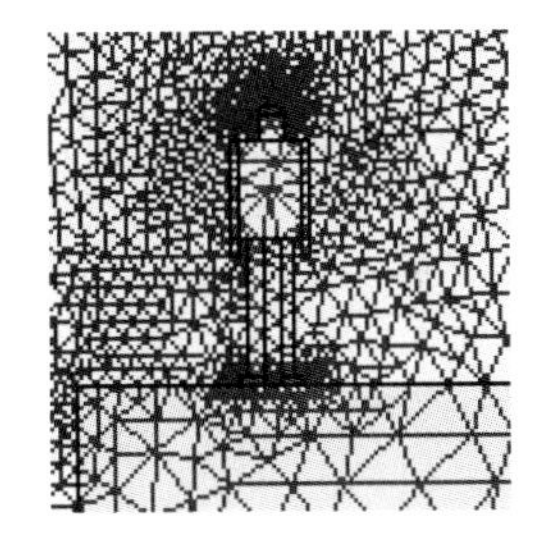

图 4-90　导线和人体网格剖分图

表 4-9　侧式站台处理情况

站台情况	无人无车无建筑	有人无车无建筑	有人有车无建筑	有人无车有建筑	有人有车有建筑
网格数目	38 838	39 823	40 371	38 543	39 915
处理时间/s	38	40	36	40	36

添加气球边界和表 4-8 的激励电压，并设置求解器中频率为 50 Hz（在电场仿真模式中需要将“Solver”选项中的“Adaptive frequence”从 60 Hz 改为工频 50 Hz，可以得到电场分布和电位分布的云图。图 4-91 为 5 种情况下的电位分布图，单位为伏特（V），采用相同的标尺，标尺线数量均为 30。

图 4-92 为 5 种情况的电场强度的仿真云图，单位为 V/m，标尺范围为 0 ~ 4 000 V/m，标尺线数量为 30。

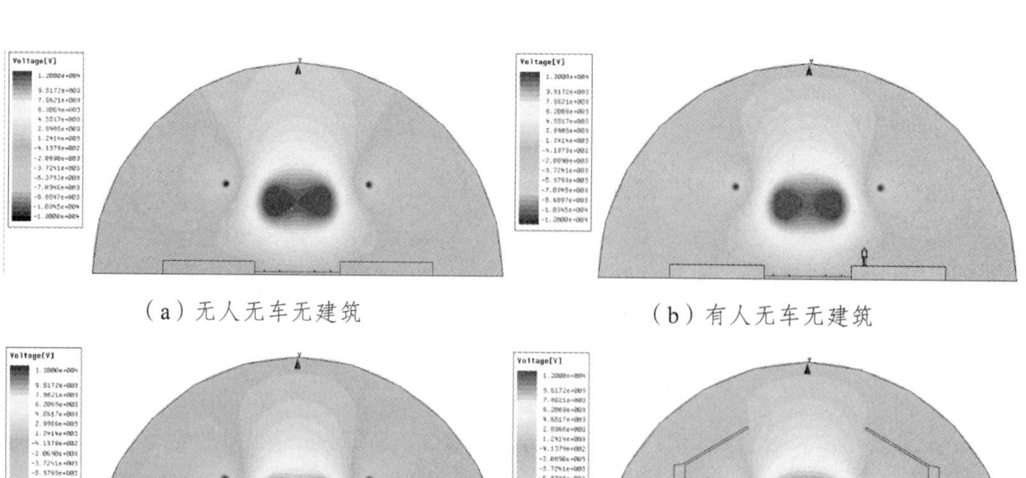

（a）无人无车无建筑　　　　（b）有人无车无建筑

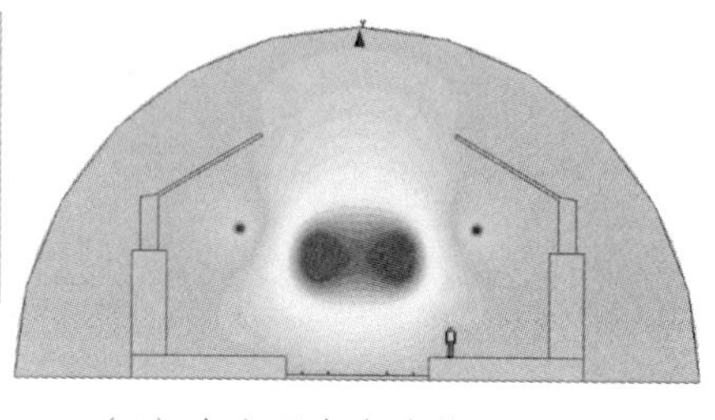

（c）有人有车无建筑　　　　（d）有人无车有建筑

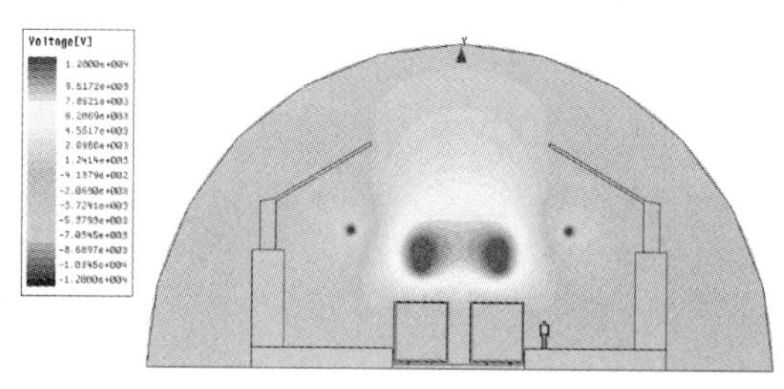

（e）有人有车有建筑

图 4-91　岛式站台电位分布

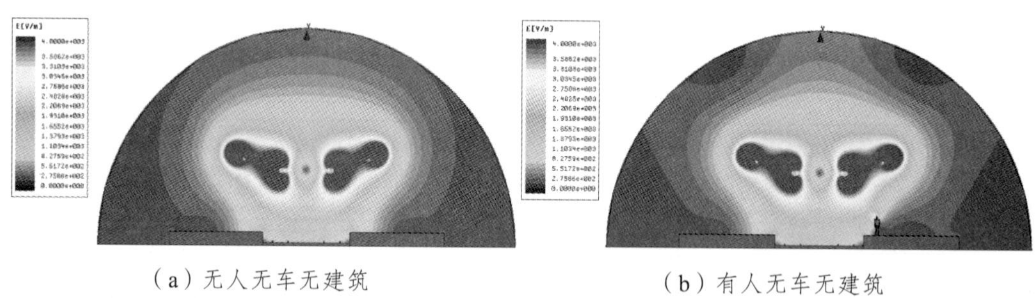

（a）无人无车无建筑　　　　（b）有人无车无建筑

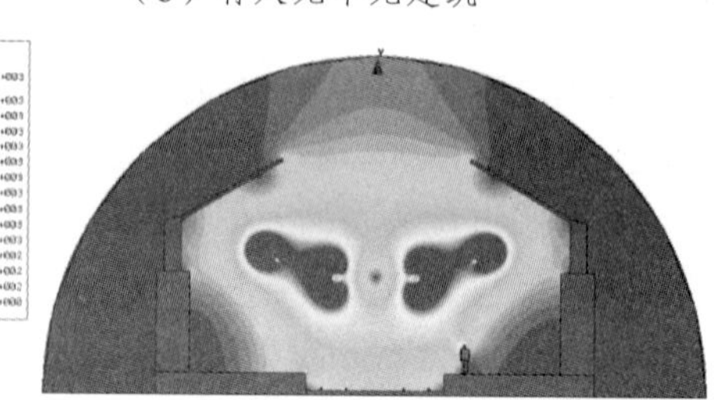

（c）有人有车无建筑　　　　（d）有人无车有建筑

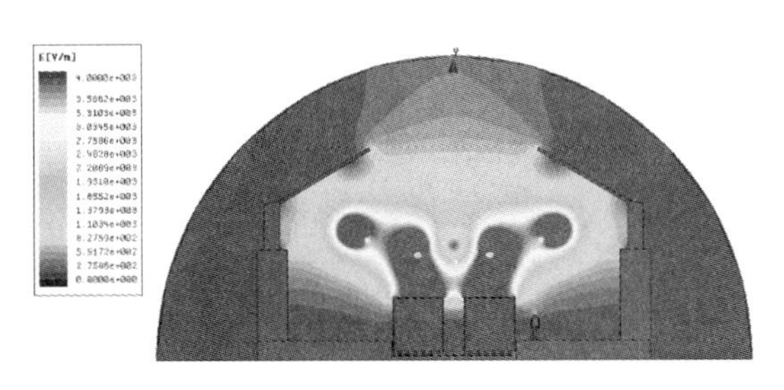

（e）有人有车有建筑

图 4-92　侧式站台电场分布

由图 4-92 可以看出，在接触网线索区域电场强度很大，向空气四周呈现衰减的趋势；在没有列车的情况下站台边缘的尖角处和人体头部、肩部出现了比较强的电场，列车对电场的屏蔽作用还是比较明显的，其中站台的雨棚对电场的遮挡作用尤为明显；人作为良好导体会改变其周围的电场分布。

为更加具体直观地分析列车和建筑对人体和空间内电场分布的影响，可在区域不同位置采样，分析各采样点的电场强度，从垂直方向和水平方向并结合人体模型对空间内的电场分布用曲线和数值做更加系统全面的分析。

2. 垂直方向电场分布

现对侧式站台区域在垂直方向上取采样线，分别在 5 种模型取 4 条垂直采样线，分别为站台边缘处、白色安全线处（距边缘 1 m）、距安全线 1 m 处和距安全线 2 m 处，向上长度为 5 m。使用软件的曲线处理可导出每种模型 4 条采样线的电场强度的变化，如图 4-93 所示，图例中曲线从上到下依次对应的模型是无人无车无建筑、有人无车无建筑、有人有车无建筑、有人无车有建筑和有人有车有建筑。

3. 水平方向电场分布

对站台区域在水平方向上取三条采样线，从站台边缘垂线开始向建筑方向取采样线长度为 4 m，距离站台的高度分别为 1 m、1.75 m、2.5 m，绘出 3 条采样线在 5 种模型中的电场强度变化，如图 4-94 所示，图例中曲线从上到下依次对应的模型是无人无车无建筑、有人无车无建筑、有人有车无建筑、有人无车有建筑和有人有车有建筑。

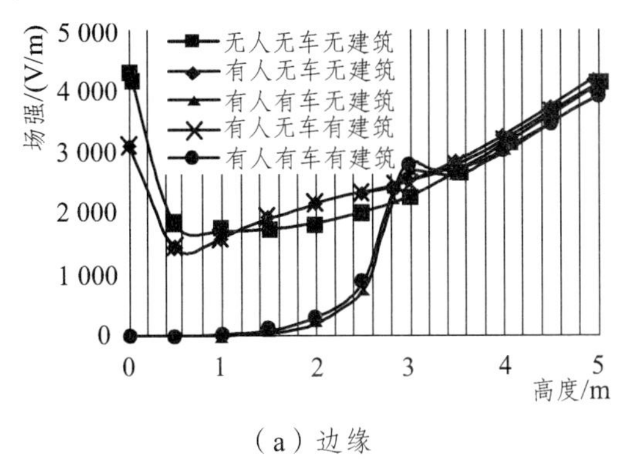

（a）边缘

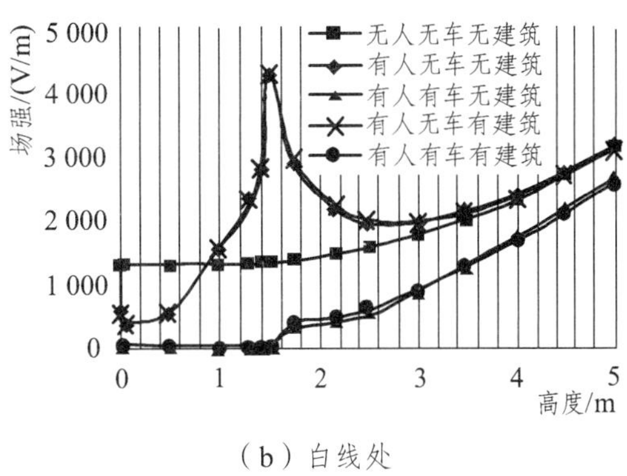

（b）白线处

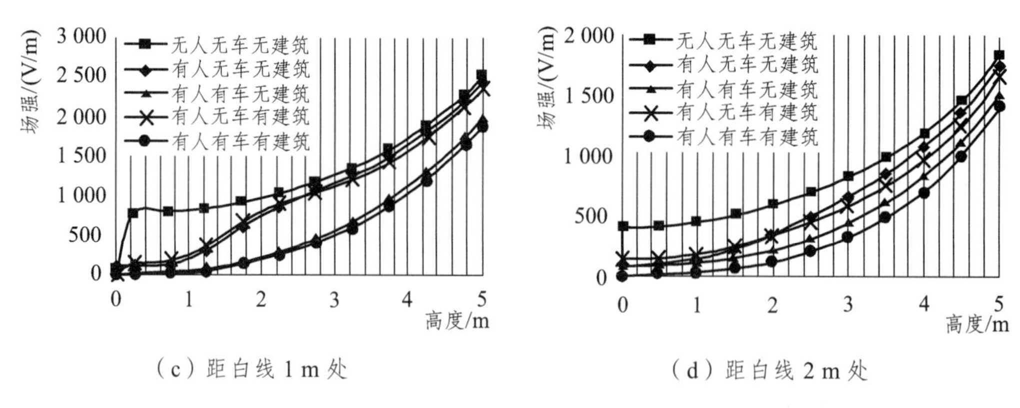

（c）距白线 1 m 处　　（d）距白线 2 m 处

图 4-93　垂直采样线电场

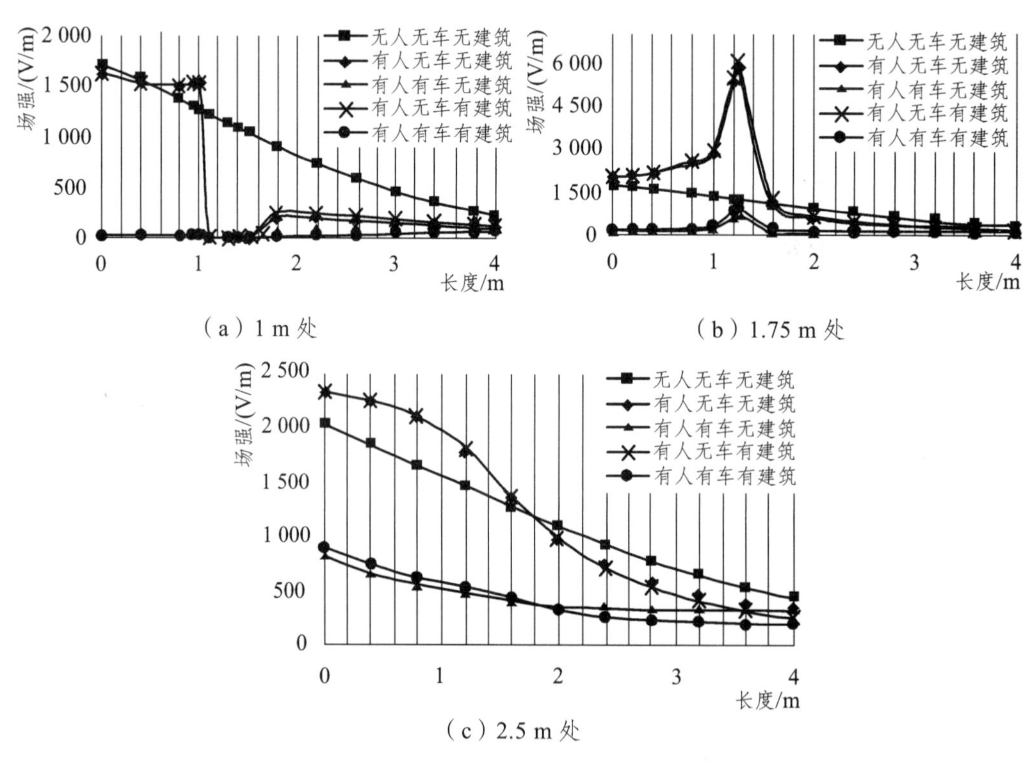

（a）1 m 处　　（b）1.75 m 处

（c）2.5 m 处

图 4-94　水平采样线电场

第 5 章　验证性实验

实验 1　静电场描绘

【实验目的】

（1）了解模拟法的原理和方法。
（2）用模拟法实测静电场、速度场的分布。

【实验器件】

THME-2 型静电场描绘仪一套，自来水。

【实验原理】

1. 静电场的特性

静电场可以用场强 E 和电位 U 来表示。由于场强是矢量，电位是标量，测定电位比测定场强容易实现，所以一般都先测绘静电场的等位线，然后根据电场线与等位线正相交的原理，画出电场线，由等位线的间距确定电场线的疏密和指向，形象地反映出一个静电场的分布。设 $U(x, y, z)$ 代表静电场中电位的分布函数，则场中无源处电位分布遵从拉普拉斯方程，即

$$\frac{\partial^2 U}{\partial^2 x}+\frac{\partial^2 U}{\partial^2 y}+\frac{\partial^2 U}{\partial^2 z}=0 \tag{5-1}$$

对于稳恒电流场，电极之外的均匀导电介质中，电位的分布也遵从拉普拉斯方程。传热学中的温度场、流体力学中不可压缩流体的速度场，在一定边界条件下同样遵从拉普拉斯方程。若具有相同或相似的边界条件，则稳恒电流场和静电场具有相同的电位分布。由于稳恒电流场的测试相当方便，所以，人们常用稳恒电流场来模拟静电场或温度场、速度场。

用稳恒电流场模拟静电场，为了保证具有相同或相似的边界条件，稳恒电流场应满足以下的模拟条件：① 稳恒电流场中的电极形状与位置必须和静电场中带电体的形状与位置相同或相似，这样可以用保持电极间电压恒定来模拟静电场中带电体上的电量恒定。

② 静电场中的导体在静电平衡条件下，其表面是等位面，表面附近的场强（或电力线）与表面垂直。与之对应的稳恒电流场则要求电极表面也是等位面，且电流线与表面垂直。为此必须使稳恒电流场中电极的电导率远大于导电介质的电导率。由于被模拟的是真空中或空气中的静电场，故要求稳恒电流场中导电介质的电导率要处处均匀。此外，模拟电流场中导电介质的电导率还应远大于与其接触的其他绝缘材料的电导率，以保证模拟场与被模拟场边界条件完全相同。

静电场与稳恒电流场数学方程如表 5-1 所示。

表 5-1 静电场与稳恒电流场数学方程

静电场	稳恒电流场
$\vec{D}=\varepsilon\vec{E}$	$\vec{J}=\sigma\vec{E}$
$\oint\!\!\oint \vec{D}\cdot d\vec{S}=0$	$\oint\!\!\oint \vec{J}\cdot d\vec{S}=0$
$\oint \vec{E}\cdot d\vec{l}=0$	$\oint \vec{E}\cdot d\vec{l}=0$
$U_{ab}=\int_a^b \vec{E}\cdot d\vec{l}$	$U_{ab}=\int_a^b \vec{E}\cdot d\vec{l}$

电流场中有许多电位彼此相等的点，测出这些电位相等的点，描绘成面就是等位面，这些面也是静电场中的等位面。当等位面变成等位线，根据电力线和等位线正交的关系，即可画出电力线，这些电力线上每一点的切线方向就是该点电力线的方向，这就可以用等位线和电力线形象地表示静电场的分布。

另外，用稳恒电流场模拟静电场时，如果用水作为电介质，若在电极间加上直流电压，则由于水中导电离子向电极附近的聚集和电极附近发生的电解反应，增大了电极附近的场强，从而破坏了稳恒电流场和静电场的相似性，使模拟失真。因此使用水为电介质时，电极间应加交流电压。当交流电压频率 f 适当时，即可克服电极间加直流电压引起的稳恒电流场分布的失真。交流电源频率 f 也不能过高，过高则场中电极和导电介质间构成的电容不能忽略不计。其次应使该电磁波的波长 λ（$\lambda=C/f$）远大于电流场内相距最远两点间的距离，这样才能保证在每个时刻交流电流场和稳恒电流场的电位分布相似。这种交流电流场称作“似稳电流场”。通常 f 选为几百到上千赫兹，但低至 50 Hz 也可使用。

2. 同轴带电圆柱面电场的模拟

现在用同轴带电圆柱面具体说明稳恒电流场和静电场的相似性。

（1）静电场。

设同轴圆柱面是“无限长”的，内、外半径分别为 R_1 和 R_2，电荷线密度为 $+\lambda$ 和 $-\lambda$，圆柱面间介质的介电系数为 ε，如图 5-1 所示。

根据高斯定理，同轴圆柱面间的电场强度 E 为

$$E=\frac{\lambda}{2\pi\varepsilon r} \tag{5-2}$$

式中 r 为圆柱面间任一点距轴心的距离。

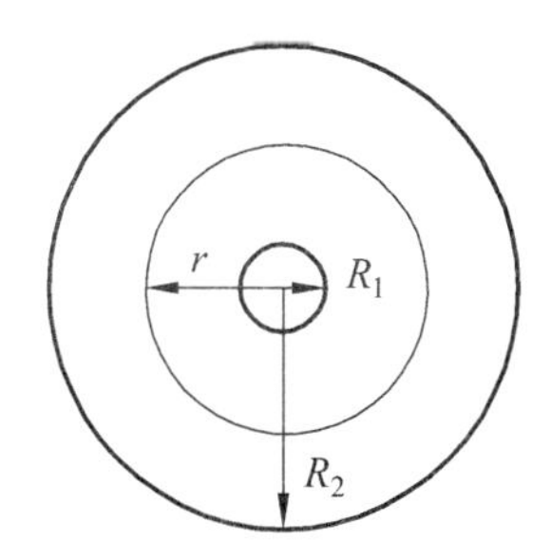

图 5-1　圆柱面静电场

若取外圆柱面的电位为零，则内圆柱面的电位 U_0 就是两圆柱面间的电位差

$$U_0=\int_{R_1}^{R_2}E\mathrm{d}r=\int_{R_1}^{R_2}\frac{\lambda}{2\pi\varepsilon}\cdot\frac{\mathrm{d}r}{r}=\frac{\lambda}{2\pi\varepsilon}\ln\frac{R_2}{R_1} \tag{5-3}$$

在两圆柱面间任一点 $r(R_1\leqslant r\leqslant R_2)$ 的电位 $U(r)$ 是

$$U(r)=\frac{\lambda}{2\pi\varepsilon}\ln\frac{R_2}{r} \tag{5-4}$$

比较上两式，可得

$$U(r)=U_0\frac{\ln\left(\frac{R_2}{r}\right)}{\ln\left(\frac{R_2}{R_1}\right)} \tag{5-5}$$

（2）电流场。

为了计算电流场的电位差，先计算两圆柱面间的电阻，然后计算电流，最后计算两点间的电位差。设导电介质厚度为 t，电阻率为 ρ，则任意半径 r 到 r+dr 圆柱面间电阻为

$$\mathrm{d}R=\rho\frac{\mathrm{d}r}{S}=\frac{\rho}{2\pi t}\cdot\frac{\mathrm{d}r}{r} \tag{5-6}$$

将式（5-6）积分得到半径为 r 到半径为 R_2 圆柱面间电阻为

$$R_{rR_2}=\frac{\rho}{2\pi t}\int_r^{R_2}\frac{\mathrm{d}r}{r}=\frac{\rho}{2\pi t}\ln\left(\frac{R_2}{r}\right) \tag{5-7}$$

同理，可得半径为从半径为 R_1 到半径为 R_2 圆柱面间电阻为

$$R_{12}=\frac{\rho}{2\pi t}\int_{R_1}^{R_2}\frac{\mathrm{d}r}{r}=\frac{\rho}{2\pi t}\ln\left(\frac{R_2}{R_1}\right) \tag{5-8}$$

则从内圆柱面到外圆柱面间的电流为

$$I_{12}=\frac{U_0}{R_{12}}=\frac{2\pi t}{\rho\ln\left(\frac{R_2}{R_1}\right)} \tag{5-9}$$

半径为 r 圆柱面电位

$$U(r)=I_{12}R_rR_2=\frac{R_rR_2}{R_{12}}U_0 \tag{5-10}$$

将式（5-7）、（5-8）代入式（5-10），得

$$U(r)=U_0\frac{\ln\left(\dfrac{R_2}{r}\right)}{\ln\left(\dfrac{R_2}{R_1}\right)} \tag{5-11}$$

比较式（5-5）和式（5-11），可知静电场与电流场的电位分布是相同的。

以上是外界条件相同的静电场与电流场的电位分布相同的一个实例。电极形状复杂的静电场用解析法计算是很困难的，甚至是不可能的，这时用电流场模拟静电场将显示出更大的优越性。

现在要设计一稳恒电流场来模拟同轴带电圆柱面电场，其要求为：（1）设计的电极与带电圆柱面电极相似，尺寸可以按比例并具有相同的边界条件。（2）导电介质的电阻率比电极要大得多，并且各向同性且均匀分布。当两个电极间施加电压时，其中间形成一稳恒电流场。设径向电流为 I，则电流密度为 $J=I/2\pi r\delta$，这里导电介质厚度取 δ。根据欧姆定律的微分形式 $J=\delta E$ 可得 $E=I/2\pi\sigma r\delta$，显然电流场的形式与静电场相同，都是与 r 成反比。因此两极间电位差与式（5-3）相同，电位分布与式（5-5）相同。在本实验中，R_1=1 cm，R_2=10 cm，U_0=10 V，由式（5-5）可得等位线分布公式：

$$r=R_2\left(\frac{R_2}{R_1}\right)^{\frac{U(r)}{U_0}} \tag{5-12}$$

3. 两平行线电荷电场的模拟

若有两平行线带电导线，其截面直径为 D，两导线的间距为 l，当 $l\gg D$ 时，在离导线较远处电场和线电荷的电场近乎相同。

设有两个无限长线电荷 A 和 B，它们的电荷密度分别为 $+\lambda$ 和 $-\lambda$，P 点离 A 的垂直距离为 r，离 B 的垂直距离为 r，我们来计算 P 点的电位 U。

先求 A 在 P 点产生的电位 U。对于无限长线电荷，它在空间某点产生的电场强度方向是垂直于该线电荷的，由高斯定律可得，A 在 P 点产生的电场强度

$$E_A=\frac{\lambda}{2\pi\varepsilon_0 r_1} \tag{5-13}$$

式中 ε_0 为真空介电系数。

设在离 A 和 B 很远的地方有一点 Q，Q 与 A 的垂直距离为 r_1，与 B 的垂直距离为 r_2。假定 Q 点的电位为 0，那么由于 A 的存在，在 P 点产生的电位 U_1 为

$$U_1=-\int_{R_1}^{r_1}E_A\mathrm{d}r=-\int_{R_1}^{r_1}\frac{\lambda}{2\pi\varepsilon_0 r_1}\mathrm{d}r=-\frac{\lambda}{2\pi\varepsilon_0}\ln r_1+\frac{\lambda}{2\pi\varepsilon_0}\ln R_1 \tag{5-14}$$

同理，线电荷在 P 点产生的电位 U_2 为

$$U_2 = \frac{\lambda}{2\pi\varepsilon_0}\ln r_2 - \frac{\lambda}{2\pi\varepsilon_0}\ln R_2 \tag{5-15}$$

我们知道，对于一线电荷来说，$R_1=\infty$或 0 是不可以的，因为此时积分将发散而失去意义。但是，对于两平行的等值异号线电荷，其总电荷等于 0，在带电导线可视为无限长的情况下，仍可把距线电荷无限远处的电位假定为 0，由式（5-14）、式（5-15）可得 P 点电位为

$$U_P = U_1 + U_2 = \frac{\lambda}{2\pi\varepsilon_0}\ln\frac{r_2}{r_1} + \frac{\lambda}{2\pi\varepsilon_0}\ln\frac{R_1}{R_2} \tag{5-16}$$

当 Q 点移至无限远处时，式（5-16）第二项变为 0。因此，如果规定与线电荷相距为无限远处各点电位为 0，则所有离 A 和 B 为有限距离 r_1 和 r_2 处电位为有限值，即

$$U_P = \frac{\lambda}{2\pi\varepsilon_0}\ln\frac{r_2}{r_1} \tag{5-17}$$

对于等势面，因为 U 都是常量，所以有

$$\frac{r_2}{r_1} = C\text{（常数）} \tag{5-18}$$

4. 电场描绘方法

在用模拟法描绘静电场的实际过程中，由于电场强度这个物理量较难测量，测定电位（标量）比测定场强（矢量）容易实现，所以我们先测定等电位线，然后根据等电位线与电力线的正交关系，就可以描绘出电力线分布图。

【实验内容与步骤】

用似稳电流场模拟测绘多种不同电极周围的静电场和流体力学中的速度场。其中前四个为必做内容，其他内容供选做或作为本实验内容的延伸和拓展。

1. 模拟长同轴电缆中的静电场

模拟同轴电缆内静电场时，导电介质应采用小圆柱体和水槽内的大圆环（小圆柱的半径为 a=1 cm，大圆环的半径为 b=14 cm），设圆柱电极与圆环电极间的电压为 U_0，如图 5-2 所示。

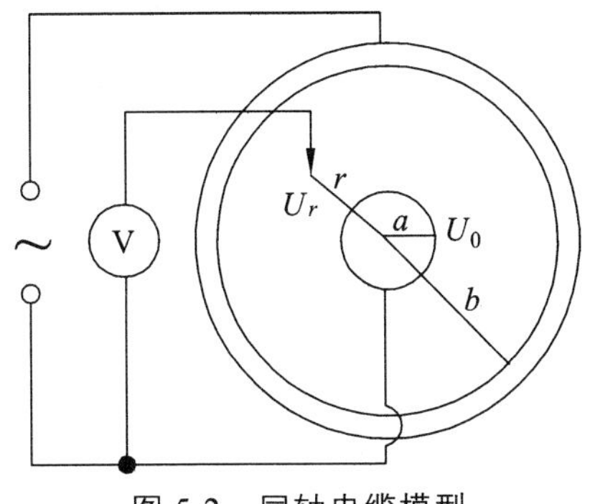

图 5-2　同轴电缆模型

实验步骤：

（1）把实验箱中较小的一个圆柱放在圆盘的最中心，并和上面的导电连杆接触好。

（2）把实验箱上的电源接到水槽上，给两个电极施加电压 U_0，并且把输出的频率调节到 200 Hz 左右，下面各实验均相同。

（3）用探针沿槽底的坐标均匀地选取若干个电压同为 U_r 的等位点。记下这些点到圆柱电极中心的距离（即半径 r'）。

（4）计算出电压为 U_r 的点到圆柱电极中心的距离（即半径 r）的理论值。

（5）将 r'值与 r 值逐一比较，其差值作为该点测量的误差。因为测电压所用探针有一定大小的直径，所以 r'值应先减去探针半径后再与 r 作比较。

（6）换取不同的 U_r 值，重复以上测量。

（7）根据以上测量，画出静电场分布图。

2. 模拟长平行圆柱间的静电场

上述的长直同轴电缆和聚焦电极内静电场基本上被封闭在电极之内，电极外基本无电场，所以模拟比较准确。本次测绘的长平行圆柱间的静电场如图 5-3 所示。由于水槽的面积有限，水槽边缘的电流线无法流到水槽外部去，只能平行于水槽壁流动，无法模拟无限大空间内的电力线分布，这样，水槽边缘部分的模拟失真较大，只有中央部分的测绘才是比较准确的。

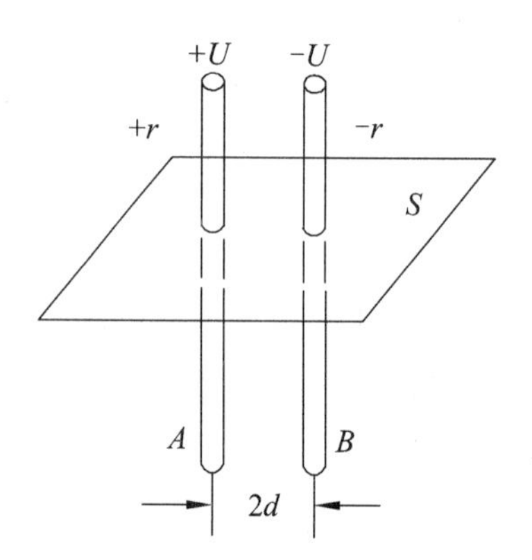

图 5-3　长平行圆柱的模型

实验步骤：

（1）把上个实验中用的小圆柱从水槽中取出。

（2）把两个大的圆柱（半径均为 14 mm）放在水槽内合适的位置（具体位置自定），并用导电连杆将其分别压住，使其接触良好。

（3）把实验箱上的电源接到水槽上，给两个电极施加电压 U_0。

（4）用探针沿槽底的坐标均匀地选取若干个电压同为 U_i 的等位点。记下这些点的坐标值。

（5）计算出电压为 U_i 点的坐标的理论值。

（6）将理论值与实际值逐一比较，其差值作为该点测量的误差。因为测电压所用探针有一定大小的直径，所以计算时应先减去探针半径后再与理论值作比较。

（7）换取不同的 U 值，重复以上测量。

（8）根据以上测量，画出静电场分布图。

3. 模拟平行板间的静电场

平行板间静电场的模拟如图 5-4 所示，情况同上。但因为平行板电极的长度远大于圆柱形电极，所以边缘部分失真度要小些。

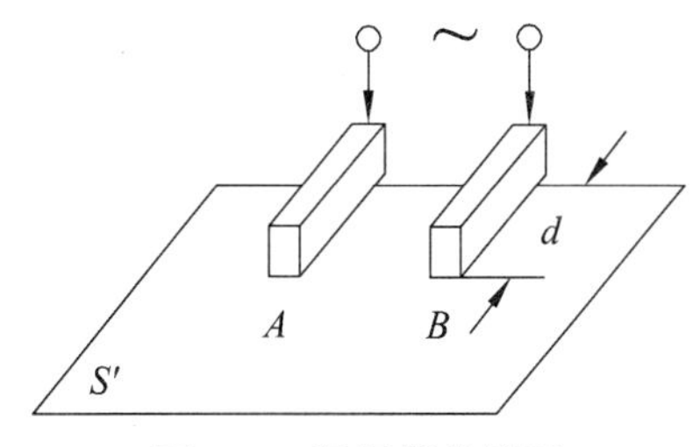

图 5-4　平行板的模型

实验步骤：

（1）把上个实验中的两个圆柱从水槽中取出，把两块平行板（长度均为 160 mm）放入水槽中合适的位置（具体位置自定）。并用导电连杆将其压住，使其接触良好。

（2）把实验箱上的电源接到水槽上，给两个电极施加电压 U_0。

（3）用探针沿槽底的坐标均匀地选取若干个电压同为 U_i 的等位点。记下这些点的坐标值。

（4）计算出电压为 U_i 点的坐标的理论值。

（5）将理论值与实际值逐一比较，其差值作为该点测量的误差。因为测电压所用探针有一定大小的直径，所以计算时应先减去探针半径后再与理论值作比较。

（6）换取不同的 U 值，重复以上测量。

（7）根据以上测量，画出静电场分布图。

4. 模拟长圆柱与平板之间的静电场

圆柱与平板间静电场的模拟如图 5-5 所示。

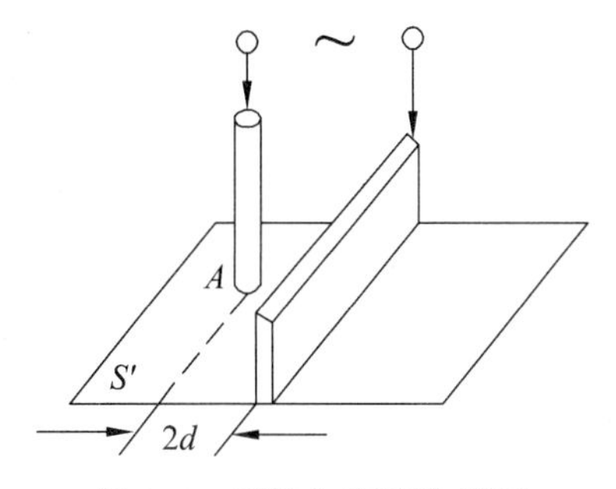

图 5-5　圆柱与平板的模型

实验步骤：

（1）把上个实验中的两个平行板从水槽中取出，把一个半径为 14 mm 的圆柱和一块平行板（长度均为 160 mm）放入水槽中合适的位置（具体位置自定）。并用导电连杆将其压住，使其接触良好。

（2）把实验箱上的电源接到水槽上，给两个电极施加电压 U_0。

（3）用探针沿槽底的坐标均匀地选取若干个电压同为 U_i 的等位点。记下这些点的坐标值。

（4）计算出电压为 U_i 点的坐标的理论值。

（5）将理论值与实际值逐一比较，其差值作为该点测量的误差。因为测电压所用探针有一定大小的直径，所以计算时应先减去探针半径后再与理论值作比较。

（6）换取不同的 U 值，重复以上测量。

（7）根据以上测量，画出静电场分布图。

5. 速度场的模拟（选做）

两块长平行板间的等位线可模拟流体或不可压缩气体的速度场中的流线。在其间置入一块机翼截面形状的模块后，机翼模块上下表面外的等位线的疏密立即发生不同的变化，反映出流经机翼上下表面的气流的速度变化（见图 5-6）。置入其他形状的模块，则产生各不相同的变化。模块置放位置的不同，也会引起等位线不同的变化。如平板截面形模块平行于等位线置入，只会引起等位线很小的变化。如果垂直于等位线置入，则会造成对等位线分布的很大的扰动。这反映出平板在水流或气流中，如平行于来流方向，则受到的阻力很小；如垂直于来流方向，则会受到很大的冲击力。

6. 示波管内聚焦电极间静电场描绘（选做）

为了让仪器和测量简单一些，我们对实验作了如下简化：由于所测静电场是轴对称的，所以我们可以只测半个静电场的电位分布，如图 5-7 中的右边虚线框 S_2'。

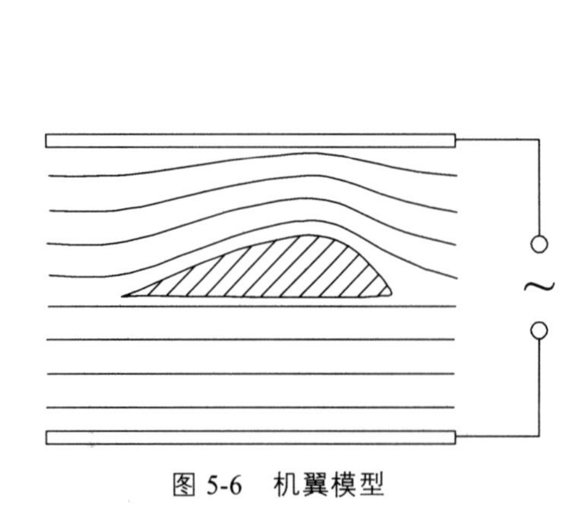

图 5-6　机翼模型

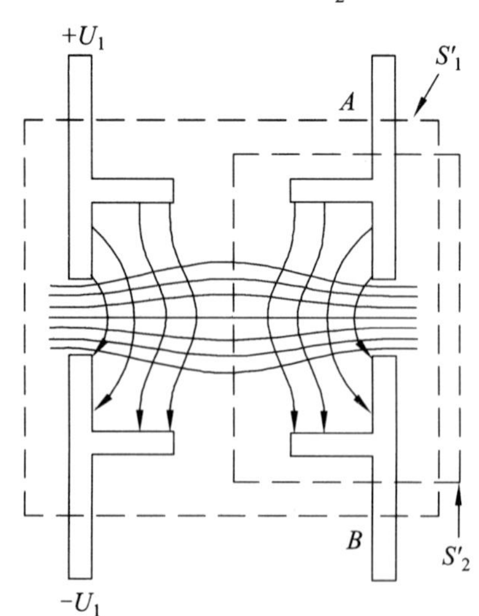

图 5-7　聚焦电极模型

【实验注意事项】

（1）水槽水平调节时应先让水平指示仪对面的支点悬空，调节其他三个支点，把水槽调节好水平后，再把悬空的支点调节下来。

（2）测量时应保持探针和水面垂直，否则会引起测量误差。

（3）接线时应注意电源输出的红色插孔应接到水槽上的红色插孔。

（4）做除实验一以外的其他实验时，应将水槽里面的大圆环取出，否则其就相当于一个导体，对静电场产生干扰，影响实验效果。

【实验报告要求】

根据实验所测得的数据描绘出各种静电场的分布。

【思考题】

（1）模拟法能否模拟带不等量电荷的两个电极之间的静电场?

（2）电极的电导率为什么要远大于电介质的电导率?

（3）点电荷所激发的静电场可以用二维平面的稳恒电流场模拟吗?

（4）改变电源输出的频率，对模拟的效果会有什么影响? 从理论上加以分析。

实验 2　磁场描绘

【实验目的】

（1）学习交变磁场的测量原理和方法。

（2）学习用探测线圈测量交变磁场中各点的磁感应强度。

（3）用探测线圈测量通交流电时螺线管和球形线圈周围磁场的分布情况及其描绘方法。

（4）用特斯拉计测量通直流电时螺线管和球形线圈周围的磁场分布情况。

【实验原理】

1. 螺线管磁场的测量

（1）交变磁场的测量原理。

电流产生磁场，当导线中通有交变电流时，其周围空间就会产生交变磁场。在交变磁场中各点的磁感应强度是随时间变化的，我们一般用磁感应强度的有效值来描述磁场。交变磁场的测量可以用探测线圈和交流数字毫伏表进行测量。将探测线圈置于被测磁场中，则根据法拉第电磁感应定律，通过探测线圈的交变磁通在回路中感应出电动势。通过测量此感生电动势的大小，就可计算出磁感应强度 B 的大小和方向。

（2）B 的大小和方向确定。

通常为了精确测量磁场中某一点的磁感应强度，探测线圈都做得很小，因此线圈平面内的磁场可以认为是均匀的。如图 5-8 所示，若线圈的横截面积为 S，匝数为 N，置于载流螺线管产生的待测交变磁场 B 中，线圈平面的法线 n 与磁感应强度 B 的夹角为 θ，则通过该线圈的磁通量：

$$\Phi = NB\cos\theta \qquad (5\text{-}19)$$

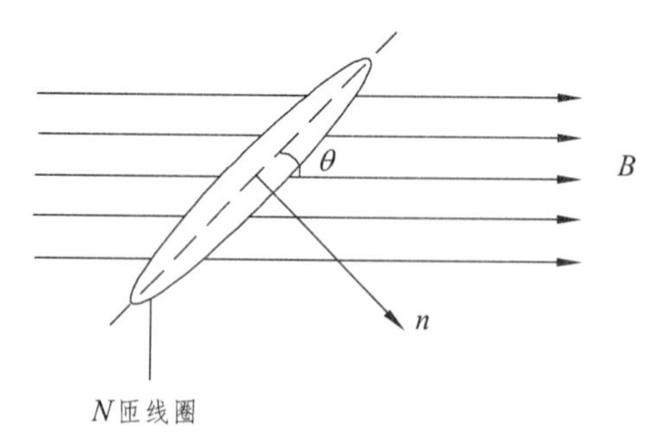

图 5-8　探测线圈示意图

设磁感应强度 B 随时间按正弦规律变化，即

$$B = B_0 \sin \omega t \qquad (5\text{-}20)$$

则磁通量也随时间按正弦规律变化，即

$$\Phi = NS\cos\theta B_0 \sin\omega t \tag{5-21}$$

由法拉第电磁感应定律可知，探测线圈中产生的感应电动势为

$$\varepsilon = -\frac{\mathrm{d}\Phi}{\mathrm{d}t} = -N\omega S\cos\theta B_0 \cos\omega t \tag{5-22}$$

这个感应电动势可用高内阻交流毫伏表测得，但交流毫伏表显示的是电压有效值，而不是瞬时值，因此测得的感应电动势读数是有效值 ε_E 或称均方根值。对上式取有效值，得

$$\varepsilon_E = N\omega S\cos\theta B_E \tag{5-23}$$

其中 B_E 为探测线圈所在位置的磁感应强度 B 的有效值。

由式（5-23）可知，探测线圈中的感应电动势与线圈放在磁场中的位置有关。θ 越小 ε_E 越大，当 $\theta = 0°$ 时，ε_E 最大，即此时毫伏表的指示值达到最大值 ε_{EM}，此时式（5-23）便成为 $\varepsilon_{EM} = N\omega SB_E$，从而可以得到磁感应强度 B 的有效值为

$$B_E = \frac{\varepsilon_{EM}}{N\omega S} \tag{5-24}$$

由式（5-24）可知，只要测出感应电动势的最大值 ε_{EM}，就可知道磁感应强度 B_E 的有效值。测量的具体方法是：测量时把探测线圈放在待测点，用手慢慢转动探测线圈的方位，直到交流毫伏表指示达到最大值，此时的读数即为 ε_{EM}，代入式（5-24），即可求出该点的 B_E。

磁感应强度是一个矢量，不仅有大小，而且有方向。由上面分析可知，当交流毫伏表指示达到最大值时，探测线圈平面的法线 n 与磁感应强度 B 的夹角为 0，即线圈法线方向和磁场方向在同一直线上。但用这种方法确定磁场方向精度不高，因为 ε_E 与 $\cos\theta$ 成正比，在 $\theta = 0°$ 附近 ε_E 变化不明显。而在 $\theta = 90°$ 附近变化较显著，因此，可以慢慢转动探测线圈的方位，使交流毫伏表指示为 0，此时该点磁场的方向在与线圈法线垂直的方向上。

应该指出，由于磁感应强度是正弦规律变化的，因此当磁感应强度处于正半周时，磁场方向为正方向，当磁感应强度处于负半周时，磁场方向为原来方向的反方向。

（3）探测线圈的设计。

实验中由于磁场的不均匀性，探测线圈又不可能做得很小，否则会影响测量灵敏度，一般设计的线圈长度 L 和外径 D 有 $L = \frac{2}{3}D$ 的关系，线圈的内径 d 与外径 D 有 $d \leqslant \frac{D}{3}$ 的关系（本实验选 D=16 mm，N=800 匝）。线圈在磁场中的等效面积，经过理论计算，可用 $S = \frac{13}{108}\pi D^2$ 来表示。这样的线圈测得的平均磁感应强度可看成是线圈中心点的磁感应强度。

本实验励磁电流由市电通过降压变压器供给，因此交变磁场的频率为 50 Hz。

（4）螺线管线圈轴线上磁感应强度的理论计算。

如图 5-9 所示，当交变电流通过螺线管线圈时，且当电流频率不太高时，其中心的磁感应强度近似与恒定电流产生的磁感应强度相等。

根据毕奥-萨伐尔定律，螺线管线圈轴线上任一点的磁感应强度：

$$B_0 = \frac{\mu_0}{2} nI(\cos\beta_1 - \cos\beta_2) \tag{5-25}$$

螺线管线圈中心磁感应强度：

$$B_0 = \frac{\mu_0}{2} nI(\cos\beta_1 - \cos\beta_2) = \mu_0 nI\cos\beta l = \mu_0 n\frac{l}{\sqrt{l^2 + D^2}} I \tag{5-26}$$

磁感应强度的有效值为

$$B_{0E} = \mu_0 n\frac{l}{\sqrt{l^2 + D^2}} I_E \tag{5-27}$$

式中，μ_0 为真空中的磁导率，n 为螺线管单位长度线圈匝数（26.65 匝/mm，具体以实际标识为准），l 为螺线管长度（80 mm），D 为螺线管直径（62 mm），I_E 为流过螺线管线圈电流 I 的有效值。

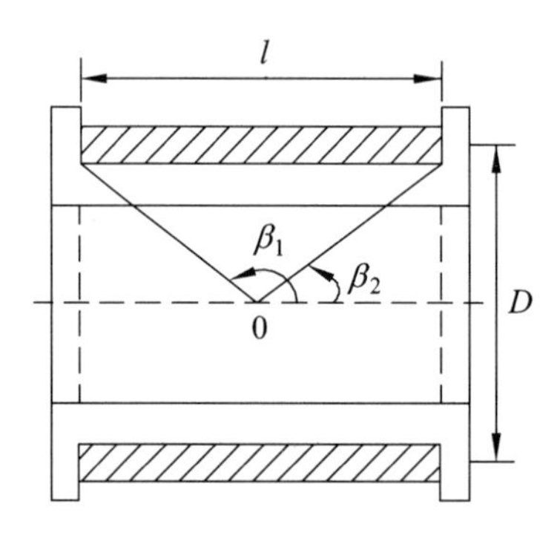

图 5-9　螺线管线圈示意图

螺线管的几何尺寸是很容易测定的，因此只要测出流过螺线管线圈的电流 I_E，就能在理论上算出 B_{0E}。

2. 球形磁场的测量

测量球形线圈（又称磁通球）中心轴面上的交变磁场。磁通球线圈如图 5-10 所示，磁通球外径 D 为 120 mm，匝数 N 为 550 匝。磁通球内部轴线上磁场基本为均匀分平，磁通球周围以半圆形分布，球外磁场等同于位于球心的一个磁偶极子的磁场。磁通球磁场分布如图 5-11 所示。

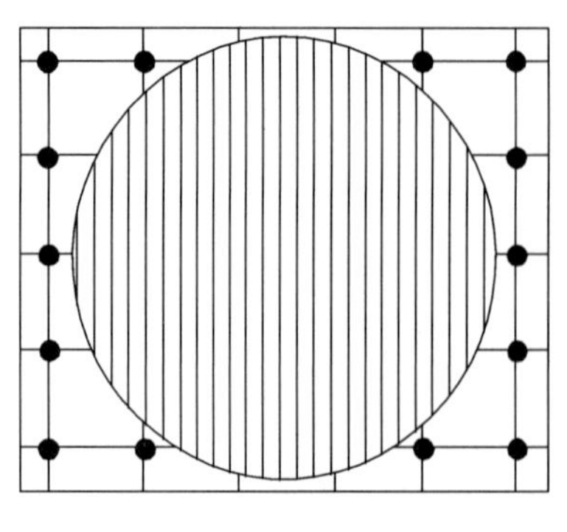

图 5-10　磁通球线圈示意图

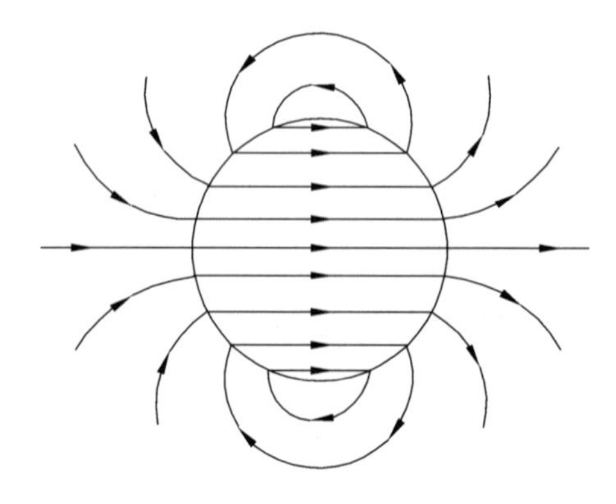

图 5-11　磁通球磁场分布

【实验仪器装置】

THQCM-1 型磁场描绘实验仪包括实验仪与测试仪两部分。

实验仪包含测量平台、磁通球线圈、螺线管线圈、探测器等部分组成，如图 5-12 所示。

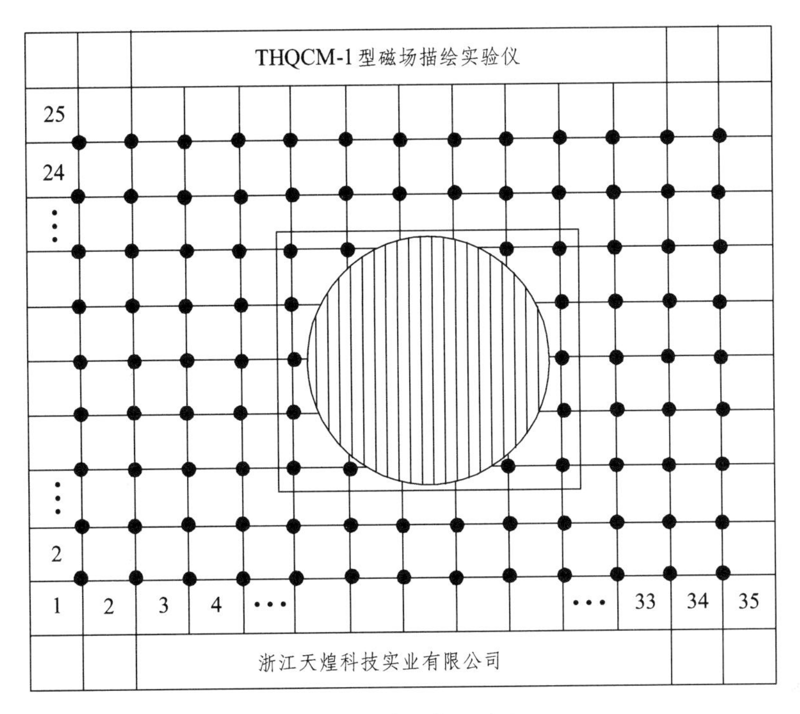

图 5-12　实验仪示意图

测试仪包含交流电压源、直流恒流源、电流表、磁场强度显示仪表、测量输入接口等部分组成，如图 5-13 所示。

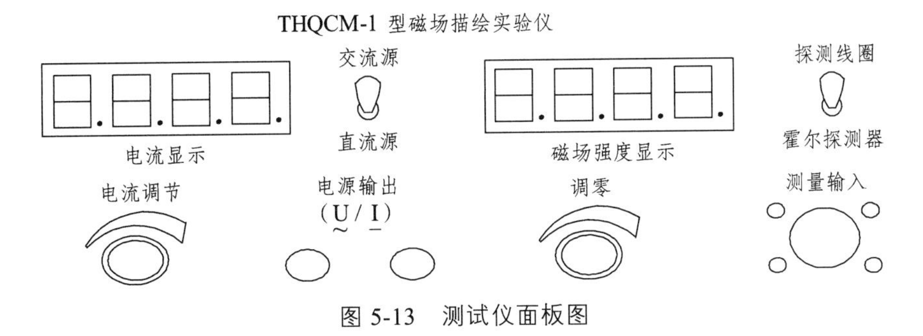

图 5-13　测试仪面板图

【实验内容与步骤】

1. 螺线管通直流电时轴线上磁场的测定和描绘

（1）用霍尔探测器测量螺线管轴线上的磁场强度。将螺线管部分放入测量平台，将“测量输入”端接上霍尔探测器，将两个钮子开关分别拨至“直流源”和“霍尔探测器”，接上实验导线，“电流调节”旋钮旋到最小。

（2）预热 5 分钟，将霍尔探测器置于无强磁干扰的环境，调节调零旋钮，使得磁感应强度显示为零。

（3）调节“电流调节”旋钮，使得输出为 1 000 mA 左右，将霍尔探测器放在中心轴线的各点上进行测量，霍尔探测器的锥形小圆点放入面板的小圆孔中，使得探测器的中心轴线与螺线管的中心轴线相重合，仪器上直接显示电流 I 与磁感应强度 B 的大小（注：直流时，电流显示单位为 mA，磁感应强度单位为 mT）。

（4）测量螺线管中心部分的磁场强度可以选用较长的霍尔探测器测量螺线管内部轴线上的磁场强度，更换探头之后也需调零（注：较长的霍尔探测器从传感器到坐标点的距离为 12 cm）。描绘此时中心轴线上磁场强度分布曲线，表格自拟。

（5）计算螺线管中心点磁感应强度的实验误差，根据实验所测得电流值 I，代入公式 $B_0 = u_0 nI\dfrac{l}{\sqrt{l^2+D^2}}$，计算出螺线管线圈中心点的磁感应强度 B 值，与仪表测量值比较，计算测量误差。也可计算螺线管中心轴线上各点的磁感应强度，计算误差。（注：交流时，电流单位为 mA，磁感应强度单位为 $\times 10^{-3}$ Wb/m^2）

2. 螺线管通直流电时周围磁场的测定和描绘（可选做）

（1）将两个钮子开关分别打至“直流源”和“霍尔探测器”。开机，接好连接线，调节“电流调节”旋钮，使得电流显示为 0，预热 5 分钟。

（2）将霍尔探测器置于无强磁干扰的环境，调节“调零”旋钮，使得磁感应强度显示为零。

（3）调节“电流调节”旋钮，使得输出为 1 000 mA 左右，将霍尔探测器置于测量平台上，测量螺线管通直流电时周围的磁场。

（4）将霍尔探测器置于测量点的凹坑内，旋转霍尔探测器，测量霍尔探测器 X 轴与 Y 轴时的数值，根据 $Z=\sqrt{X^2+Y^2}$ 计算该点磁场强度。

（5）旋转探测器寻找最大值及磁力线方向，磁场方向为探测器 A 面指向 B 面，霍尔探测器 A 面坐标线落在坐标轴的第一象限时，θ 角度小于 90°，根据图 5-14 得出计算公式为 $\theta=\arctan\dfrac{OB}{OA}$，当 A 面坐标线落在第二象限时，$\theta$ 大于 90°小于 180°，根据图 5-15 得出计算公式为 $\theta=\theta_1+90°$，$\theta_1=\arctan\dfrac{OA}{OB}$。$\tan\theta$ 与 θ 之间的转换可参照【附录】表 5-3，可将磁感应强度与所得的 θ 填入表 5-2。然后根据所得的数据描绘出磁场分布曲线，表格自拟。

3. 螺线管通交流电时中心轴线磁场的测定和描绘

用探测线圈测量中心轴线上的磁场强度：

（1）将探测器更换成探测线圈，两个钮子开关分别打至“交流源”和“感应线圈”。开机预热 5 分钟。

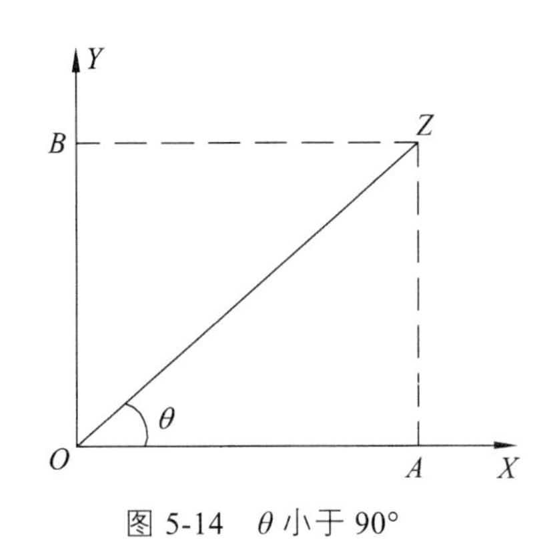

图 5-14　θ 小于 90°

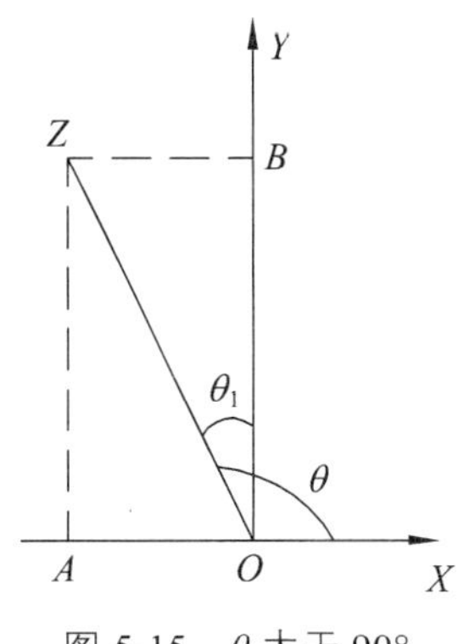

图 5-15　θ 大于 90°

表 5-2　螺线管周围各点的磁感应强度

B	$A(X,Y)$	$A(X,Y)$	$A(X,Y)$	$A(X,Y)$	$A(X,Y)$	$A(X,Y)$	$A(X,Y)$	$A(X,Y)$	……
$B_X(OA)$									
$B_Y(OB)$									
B_Z									
$\theta/(°)$									

（2）将探测线圈放在中心轴线的各点上进行测量，探测线圈的锥形小圆点放入面板的小圆孔中，使得探测线圈的中心轴线与螺线管的中心轴线相重合（使两线圈法线相重合，将探测小线圈底部法线方向，十字线与面板上十字线重合即可），仪器面板上直接显示此时线圈中流过的电流 I 与磁感应强度 B 的大小，描绘此时中心轴线上磁场强度分布曲线，表格自拟。

（3）计算螺线管中心点磁感应强度的实验误差。根据实验所测得电流值 I，可代入公式 $B_0 = u_0 nI \dfrac{l}{\sqrt{l^2 + D^2}}$，计算出螺线管线圈中心点的磁感应强度 B 值，与仪表显示值比较，计算测量误差。（注：交流时，电流单位为 mA，磁感应强度单位为 $\times 10^{-3}$ Wb/m^2）

4. 螺线管通交流电时周围磁场的测定和描绘（可选做）

（1）将探测器更换成探测线圈，两个钮子开关分别打至“交流源”和“感应线圈”。开机预热 5 分钟。

（2）测量步骤可参照 2 的步骤。

5. 磁通球通直流电时中心轴线上磁场的测定和描绘

测量步骤参照 1 的步骤，描绘曲线并分析磁通球内部磁场的分布情况，测量磁通球内部磁场时选用较长的霍尔探测器。（注：直流时，电流显示单位为 mA，磁感应强度单位为 mT）。

6. 磁通球通直流电时周围磁场的测定（可选做）

（1）将两个钮子开关分别打至“直流源”和“霍尔探测器”。接好连接线，开机，调节“电流调节”旋钮，使电流显示为 0，预热 5 分钟。

（2）其余操作步骤参照 2 的步骤。

7. 磁通球通交流电时球外轴线及周围磁场的描绘（可选做）

（1）将两个钮子开关分别打至“交流源”和“感应线圈”。开机预热 5 分钟。

（2）将探测线圈置于测量平台上，测量磁通球通交流电时周围的磁场分布，具体参照 1 的步骤和 2 的步骤。（注：交流时，电流单位为 mA，磁感应强度单位为 $\times 10^{-3}$ Wb/m^2）

【参考文献】

杨述武. 普通物理实验（电磁学部分）[M]. 北京：高等教育出版社，1997.

【附录】

表 5-3　三角函数 tanθ 对照表

θ/（°）	tanθ	θ/（°）	tanθ	θ/（°）	tanθ	θ/（°）	tanθ
1	0.017 5	24	0.445 2	47	1.072 4	70	2.747 5
2	0.034 9	25	0.466 3	48	1.110 6	71	2.904 2
3	0.052 4	26	0.487 7	49	1.150 4	72	3.077 7
4	0.069 9	27	0.509 5	50	1.191 8	73	3.270 9
5	0.087 5	28	0.531 7	51	1.234 9	74	3.487 4
6	0.105 1	29	0.554 3	52	1.279 9	75	3.732 1
7	0.122 8	30	0.577 4	53	1.327 0	76	4.010 8
8	0.140 5	31	0.600 9	54	1.376 4	77	4.331 5
9	0.158 4	32	0.624 9	55	1.428 1	78	4.704 6
10	0.176 3	33	0.649 4	56	1.482 6	79	5.144 6
11	0.194 4	34	0.674 5	57	1.539 9	80	5.671 3
12	0.212 6	35	0.700 2	58	1.600 3	81	6.313 8
13	0.230 9	36	0.726 5	59	1.664 2	82	7.115 4
14	0.249 3	37	0.753 6	60	1.732 1	83	8.144 3
15	0.267 9	38	0.781 3	61	1.704 0	84	9.514 4
16	0.286 7	39	0.809 8	62	1.880 7	85	11.430 1
17	0.305 7	40	0.839 1	63	1.962 6	86	14.600 7
18	0.324 9	41	0.869 3	64	2.050 3	87	19.081 1
19	0.344 3	42	0.900 4	65	2.144 5	88	28.636 2
20	0.364 0	43	0.932 5	66	2.246 0	89	57.290 0
21	0.383 9	44	0.965 7	67	2.355 9	90	—
22	0.404 0	45	1	68	2.475 1		
23	0.424 5	46	1.035 5	69	2.605 1		

实验3　磁悬浮

【实验目的】

（1）观察自稳定的磁悬浮物理现象。

（2）了解磁悬浮的作用机理及其理论分析的基础知识。

（3）在理论分析与实验研究相结合的基础上，力求深化对磁场能量、电感参数和电磁力等知识点的理解。

【实验原理】

1. 自稳定的磁悬浮物理现象

由盘状载流线圈和铝板相组合构成磁悬浮系统的实验装置，如图 5-16 所示。该系统中可调节的扁平盘状线圈的激磁电流由自耦变压器提供，从而在 50 Hz 正弦交变磁场作用下，铝质导板中将产生感应涡流，涡流所产生的去磁效应，即表征为盘状载流线圈自稳定的磁悬浮现象。

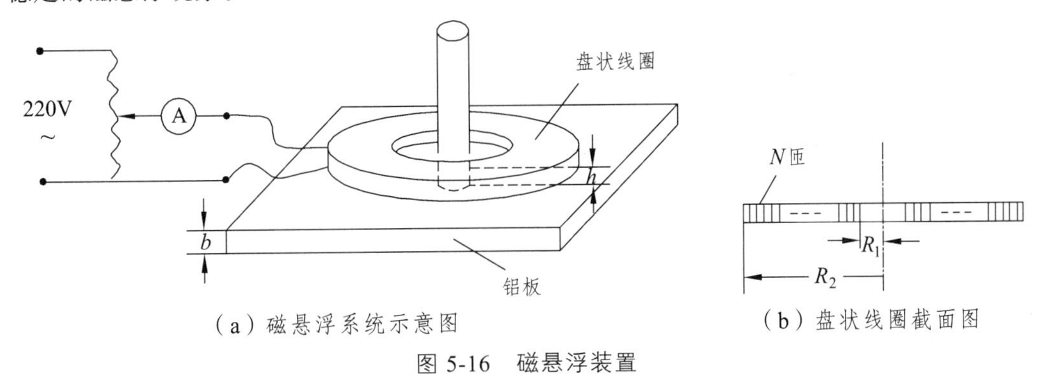

（a）磁悬浮系统示意图　　（b）盘状线圈截面图

图 5-16　磁悬浮装置

2. 基于虚位移法的磁悬浮机理的分析

在自稳定磁悬浮现象的理想化分析的前提下，根据电磁场理论可知，铝质导板应被看作完纯导体，但事实上当激磁频率为 50 Hz 时，铝质导板仅近似地满足这一要求。为此，在本实验装置的构造中，铝质导板设计的厚度 b 还必须远大于电磁波正入射平表面导体的透入深度 d（$b \gg d$）。换句话说，在理想化的理论分析中，就交变磁场的作用而言，此时，该铝质导板可被看作“透不过的导体”。

对于给定悬浮高度的自稳定磁悬浮现象，显然，作用于盘状载流线圈的向上的电磁力必然等于该线圈的重量。本实验中，当通入盘状线圈的激磁电流增大到使其与铝板中感生涡流合成的磁场，对盘状载流线圈作用的电磁力足以克服线圈自重时，线圈即浮离铝板，呈现自稳定的磁悬浮物理现象。现应用虚位移法来求取作用于该磁悬浮系统的电动推斥力。

首先，将图 5-16 所示盘状载流线圈和铝板的组合看成一个磁系统，则其磁场能量为

$$W_{\mathrm{m}}=\frac{1}{2}LI^2$$

式中，I 为激磁电流的有效值。

其次，取表征盘状载流线圈与铝板之间相对位移的广义坐标为 h（即给定的悬浮高度），则按虚位移法可求得作用于该系统的电动推斥力，也就是作用于盘状载流线圈的向上的电磁悬浮力：

$$f=\left.\frac{\partial W_{\mathrm{m}}}{\partial h}\right|_{I=\mathrm{Const}}=\frac{1}{2}I^2\frac{\mathrm{d}L}{\mathrm{d}h} \tag{5-28}$$

在铝板被看作完纯导体的理想化假设的前提下，应用镜像法，可以导得该磁系统的自感为

$$\begin{aligned}L&=\mu_0 aN^2\ln\left(\frac{2h}{R}\right)\\&=L_0\ln\left(\frac{2h}{R}\right)\end{aligned} \tag{5-29}$$

式中　a——盘状线圈被理想化为单匝圆形线圈时的平均半径；

N——线匝数；

R——导线被看作圆形导线时的等效圆半径。

从而，得到稳定磁悬浮状态下力的平衡关系，即

$$f=\frac{1}{2}I^2\frac{\mathrm{d}L}{\mathrm{d}h}=Mg$$

式中　M——盘状线圈的质量（kg）；

g——重力加速度（9.8 $\mathrm{m/s^2}$）；

进一步代入关系式（5-29），稍加整理，便可解出对于给定悬浮高度 h 的磁悬浮状态，系统所需激磁电流为

$$I=\sqrt{\frac{2Mgh}{L_0}} \tag{5-30}$$

【实验内容】

1. 观察自稳定的磁悬浮物理现象

在给定铝板厚度为 14 mm 的情况下，通过调节自耦变压器以改变输入盘状线圈的激磁电流，从而观察在不同给定悬浮高度 h 的条件下，起因于铝板表面层中涡流所产生的去磁效应，而导致的自稳定的磁悬浮物理现象。

2. 实测对应于不同悬浮高度的盘状线圈的激磁电流

在铝板厚度为 14 mm 的情况下，以 5 mm 为步距，对应于不同的悬浮高度，逐点测

量稳定磁悬浮状态下盘状线圈中的激磁电流，记录其悬浮高度 h 与激磁电流 I 的相应读数。

3. 观察不同厚度的铝板对自稳定磁悬浮状态的影响

分别在铝板厚度为 14 mm 和厚度为 2 mm 的两种情况下，对应于相同的激磁电流（如 I=20 A），观察并读取相应的悬浮高度 h 的读数，且用手直接感觉在该两种情况下铝板底面的温度。

【实验报告要求】

（1）基于厚度为 14 mm 的铝板情况下悬浮高度 h 与激磁电流 I 的相应读数，给出实测值与理论分析结果之间的比较，并讨论其相互印证的合理性。

应指出，本实验中采用的是 N=250 匝的扁平盘状线圈，而不是单匝的圆形线圈，其绕制成形的内外半径从 R_1=31 mm 到 R_2=195 mm 变化很大，故关于近似电感计算式[式（5-29）]中参数 $L_0=\mu_0 aN^2$ 的计算，其中平均半径 a 可取为（R_1+R_2）/2。此外，还需注意，在导出式（5-29）的计算模型中，N 表征的是圆形线圈的集中线匝数，但现盘状线圈的线匝呈分布形态，因此在理论分析中所得 L_0 仅为估算值。

（2）根据观察所得不同厚度铝板对自稳定磁悬浮状态的影响，以电磁波正入射平表面导体的透入深度 $d=\sqrt{\dfrac{2}{\omega\mu\gamma}}$ 为依据，分析讨论铝板的不同厚度对磁悬浮现象影响的物理本质。

【仪器设备】

本实验仪器设备如表 5-4 所示。

表 5-4　仪器设备

名称	型号、规格	数量	备注
盘状线圈	N=250 匝 内径 R_1=31 mm 外径 R_2=195 mm 厚度 h=12.5 mm 质量 M=3.1 kg	1	
铝质导板	（1）厚度 b=14 mm （2）厚度 b=2 mm	1 1	电导率 $\gamma=3.82\times10^7$ S/m
自耦变压器	0 ~ 100 V，0 ~ 30 A，50 Hz	1	

实验 4　智能磁滞回线

在各类磁介质中，应用最广泛的是铁磁物质。在 20 世纪初期，铁磁材料主要用在电机制造业和通信器件中，如发电机、变压器和电表磁头。自 20 世纪 50 年代以来，随着电子计算机和信息科学的发展，应用铁磁材料进行信息的存储和纪录，例如现在家喻户晓的磁带、磁盘，不仅可存储数字信息，也可以存储随时间变化的信息；不仅可用作计算机的存储器，而且可用于录音和录像，已发展成为引人注目的系列新技术，预计新的应用还将不断得到发展。因此，对铁磁材料性能的研究，无论在理论上或实用上都有很重要的意义。

磁滞回线和基本磁化曲线反映了铁磁材料磁特性的主要特征。本实验仪用交流电对铁磁材料样品进行磁化，测绘的 B-H 曲线称为动态磁滞回线。测量铁磁材料动态磁滞回线的方法很多，用示波器测绘动态磁滞回线具有直观、方便、迅速及能在不同磁化状态下（交变磁化及脉冲磁化等）进行观察和测绘的独特优点。

【实验目的】

（1）认识铁磁物质的磁化规律，比较两种典型的铁磁物质的动态磁化特性。

（2）掌握铁磁材料磁滞回线的概念。

（3）学会用示波器测绘动态磁滞回线的原理和方法。

（4）测定样品的基本磁化曲线，作 μ-H 曲线。

（5）测定样品的 H_C、B_r、H_m 和 B_m 等参数。

（6）测绘样品的磁滞回线，估算其磁滞损耗。

【实验原理】

1. 铁磁材料的磁滞特性

铁磁物质是一种性能特异、用途广泛的材料。铁、钴、镍及其众多合金以及含铁的氧化物（铁氧体）均属铁磁物质。其特性之一是在外磁场作用下能被强烈磁化，故磁导率 $\mu=B/H$ 很高。另一特征是磁滞，铁磁材料的磁滞现象是反复磁化过程中磁场强度 H 与磁感应强度 B 之间关系的特性，即磁场作用停止后，铁磁物质仍保留磁化状态，图 5-17 为铁磁物质的磁感应强度 B 与磁场强度 H 之间的关系曲线。

将一块未被磁化的铁磁材料放在磁场中进行磁化，图中的原点 O 表示磁化之前铁磁物质处于磁中性状态，即 $B=H=O$。当磁场强度 H 从零开始增加时，磁感应强度 B 随之从零缓慢上升，如曲线 Oa 所示，继之 B 随 H 迅速增长，如曲线 ab 所示，其后 B 的增长又趋缓慢，并当 H 增至 H_S 时，B 达到饱和值 B_S，这个过程的 $OabS$ 曲线称为起始磁化曲线。如果在达到饱和状态之后使磁场强度 H 减小，这时磁感应强度 B 的值也要减小。图 5-17 表明，当磁场从 H_S 逐渐减小至零，磁感应强度 B 并不沿起始磁化曲线恢复到“O”点，而是沿另一条新的曲线 S_R 下降，对应的 B 值比原先的值大，说明铁磁材料的磁化过程是不可逆的过程。比较线段 OS 和 SR 可知，H 减小 B 相应也减小，但 B 的变化滞后于 H 的变化，这种现象称为磁滞。磁滞的明显特征是当 $H=O$ 时，磁感应强度 B 值并不等于 0，而是保留一定大小的剩磁 B_r。

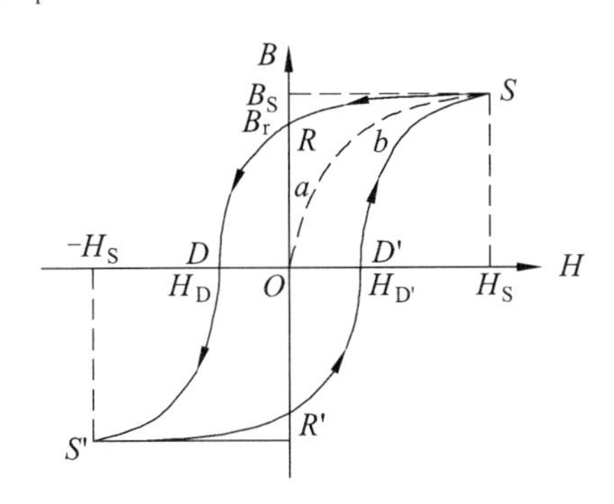

图 5-17　铁磁物质 B 与 H 的关系曲线

当磁场反向从 O 逐渐变至 $-H_D$ 时，磁感应强度 B 消失，说明要消除剩磁，可以施加反向磁场。当反向磁场强度等于某一定值 H_D 时，磁感应强度 B 值才等于 0，H_C 称为矫顽力，它的大小反映铁磁材料保持剩磁状态的能力，曲线 RD 称为退磁曲线。如再增加反向磁场的磁场强 H，铁磁材料又可被反向磁化达到反方向的饱和状态，逐渐减小反向磁场的磁场强度至 0 时，B 值减小为 B_r。这时再施加正向磁场，B 值逐渐减小至 0 后又逐渐增大至饱和状态。

图 5-17 还表明，当磁场按 $H_S \to O \to H_C \to -H_S \to O \to H_D' \to H_S$ 次序变化，相应的磁感应强度 B 则沿闭合曲线 $SRDSRDS$ 变化，可以看出磁感应强度 B 值的变化总是滞后于磁场强度 H 的变化，这条闭合曲线称为磁滞回线。当铁磁材料处于交变磁场中时（如变压器中的铁心），将沿磁滞回线反复被磁化→去磁→反向磁化→反向去磁。磁滞是铁磁材料的重要特性之一，研究铁磁材料的磁性就必须知道它的磁滞回线。各种不同铁磁材料有不同的磁滞回线，主要是磁滞回线的宽、窄不同和矫顽力大小不同。

当铁磁材料在交变磁场作用下反复磁化时将会发热，要消耗额外的能量，因为反复磁化时磁体内分子的状态不断改变，所以分子振动加剧，温度升高。使分子振动加剧的能量是产生磁场的交流电源供给的，并以热的形式从铁磁材料中释放，这种在反复磁化过程中的能量损耗称为磁滞损耗，理论和实践证明，磁滞损耗与磁滞回线所围面积成正比。

应该说明，当初始状态为 $H=B=O$ 的铁磁材料，在交变磁场强度由弱到强依次进行磁化，可以得到面积由小到大向外扩张的一簇磁滞回线，如图 5-18 所示，这些磁滞回线顶点的连线称为铁磁材料的基本磁化曲线。

基本磁化曲线上点与原点连线的斜率称为磁导率，由此可近似确定铁磁材料的磁导率 $\mu=B/H$，它表征在给定磁场强度条件下单位 H 所激励出的磁感应强度 B，直接表示材料磁化能力性能强弱。从磁化曲线上可以看出，因 B 与 H 非线性，铁磁材料的磁导率 μ 不是常数，而是随 H 而变化，如图 5-19 所示。当铁磁材料处于磁饱和状态时，磁导率减小较快。曲线起始点对应的磁导率称为初始磁导率，磁导率的最大值称为最大磁导率，

这两者反映 μ-H 曲线的特点。另外铁磁材料的相对磁导率 $\mu_0=B/B_0$ 可高达数千乃至数万，这一特点是它用途广泛的主要原因之一。

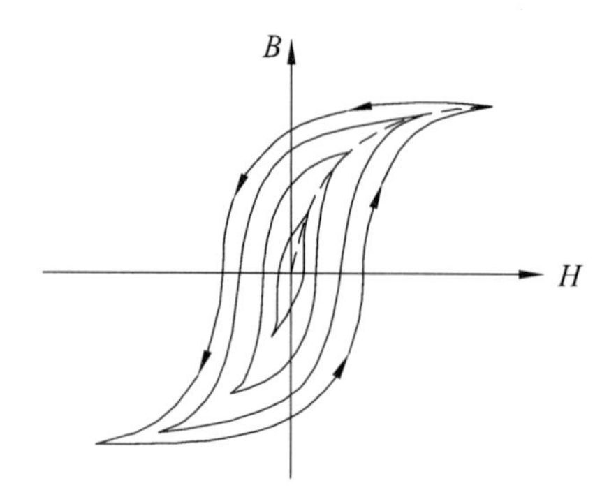

图 5-18　铁磁材料的基本磁化曲线

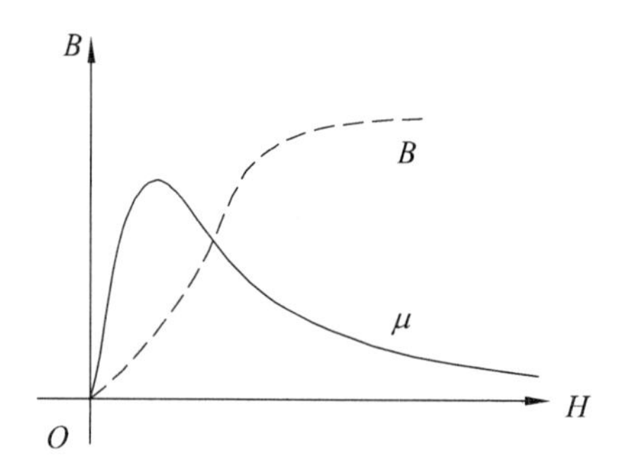

图 5-19　铁磁材料 μ 与 H 并系曲线

可以说磁化曲线和磁滞回线是铁磁材料分类和选用的主要依据，图 5-20 为常见的两种典型的磁滞回线，其中软磁材料的磁滞回线狭长、矫顽力小（<102 A/m）、剩磁和磁滞损耗均较小，磁滞特性不显著，可以近似地用它的起始磁化曲线来表示其磁化特性，这种材料容易磁化，也容易退磁，是制造变压器、继电器、电机、交流磁铁和各种高频电磁元件的主要材料。而硬磁材料的磁滞回线较宽，矫顽力大（>102 A/m），剩磁强，磁滞回线所包围的面积肥大，磁滞特性显著，因此硬磁材料经磁化后仍能保留很强的剩磁，并且这种剩磁不易消除，可用来制造永磁体。

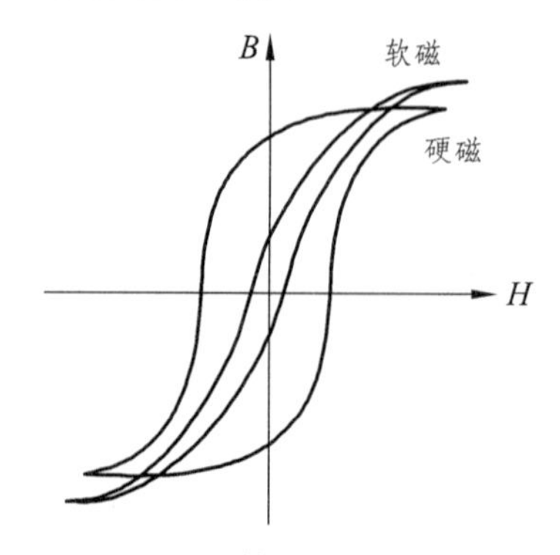

图 5-20　不同铁磁材料的磁滞回线

2. 示波器测绘磁滞回线原理

待测样品为 EI 型矽钢片，N 为励磁绕组，n 为用来测量磁感应强度 B 而设置的绕组。R_1 为励磁电流取样电阻，设通过 N 的交流励磁电流为 i，根据安培环路定律，样品的磁场强度：

$$H=\frac{Ni}{L} \tag{5-31}$$

式中，L 为样品的平均磁路。

观察和测量磁滞回线和基本磁化曲线的线路如图 5-21 所示。

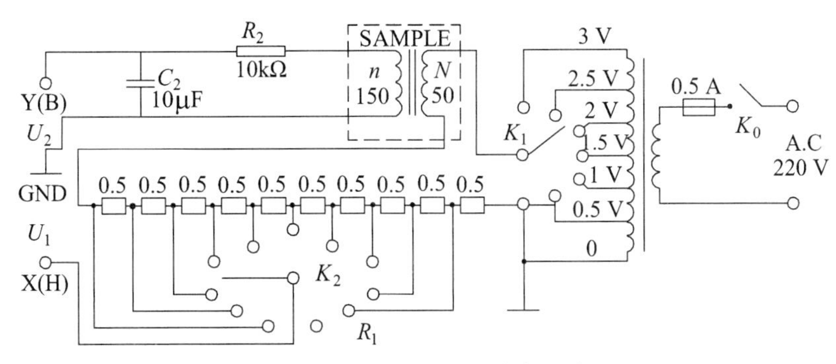

图 5-21　智能磁滞回线实验线

因为 $$i=\frac{U_1}{R_1}$$

所以 $$H=\frac{N}{LR_1}\cdot U_1 \tag{5-32}$$

式（5-32）中的 N、L、R_1 均为已知常数，磁场强度 H 与示波器 X 输入 U_1 成正比，所以由 U_1 可确定 H。

在交变磁场下，样品的磁感应强度瞬时值 B 是由测量绕组 n 和 R_2、C_2 电路确定的。根据法拉第电磁感应定律，由于样品中的磁通 $\varPhi$ 的变化，在测量线圈中产生的感应电动势的大小为

$$\xi_2=\frac{\mathrm{d}\varPhi}{\mathrm{d}t} \tag{5-33}$$

所以 $$\varPhi=\frac{1}{n}\int\xi_2\mathrm{d}t \tag{5-34}$$

所以 $$B=\frac{\varPhi}{S}=\frac{1}{nS}\int\xi_2\mathrm{d}t \tag{5-35}$$

式中，S 为样品的横截面积。

考虑到测量绕组 n 较小，如果忽略自感电动势和电路损耗，则回路方程为

$$\xi_2=i_2R_2+U_2 \tag{5-36}$$

式中，i_2 为感生电流，U_2 为积分电容 C_2 两端的电压。设在 Δt 时间内，i_2 向电容 C_2 的充电量为 Q，则

$$U_2 = \frac{Q}{C_2} \tag{5-37}$$

所以 $$\xi_2 = i_2 R_2 + Q / C_2 \tag{5-38}$$

如果选取足够大的 R_2 和 C_2，使得 i_2、R_2 远大于 Q/C_2，则式（5-38）可以近似改写为

$$\xi_2 = i_2 R_2 \tag{5-39}$$

因为 $$i_2 = \frac{\mathrm{d}Q}{\mathrm{d}t} = C_2 \frac{\mathrm{d}U_2}{\mathrm{d}t} \tag{5-40}$$

所以 $$\xi_2 = C_2 R_2 \frac{\mathrm{d}U_2}{\mathrm{d}t} \tag{5-41}$$

将式（5-37）两边对时间 t 积分，代入（5-35）式可得

$$B = \frac{C_2 R_2}{nS} U_2 \tag{5-42}$$

式（5-42）中 C_2、R_2、n 和 S 均为已知常数。磁场强度 B 与示波器 Y 输入 U_2 成正比，所以由 U_2 可确定 B。

在交流磁化电流变化的一个周期内，示波器的光点将描绘出一条完整的磁滞回线，并在以后每个周期都重复此过程，这样在示波器的荧光屏上可以看到稳定的磁滞回线。综上所述，将图 5-21 中的 U_1 和 U_2 分别加到示波器的“X 输入”和“Y 输入”便可观察样品的 B-H 曲线；如将 U_1 和 U_2 加到测试仪的信号输入端可测定样品的饱和磁感应强度 B_S、剩磁 B_r、矫顽力 H_D、磁滞损耗 B_H 以及磁导率 μ 等参数。

【实验内容】

（1）电路连接：选样品 1 按实验仪上所给的电路图连接线路，并令 R_1=2.5 Ω，“U 选择”置于 O 位。U_H 和 U_B（即 U_1 和 U_2）分别接示波器的“X 输入”和“Y 输入”，插孔⊥为公共端。

（2）样品退磁：开启实验仪电源，对试样进行退磁，即顺时针方向转动“U 选择”旋钮，令 U 从 0 增至 3 V，然后逆时针方向转动旋钮，将 U 从最大值降为 0，其目的是消除剩磁，确保样品处于磁中性状态，即 B=H=0，如图 5-22 所示。

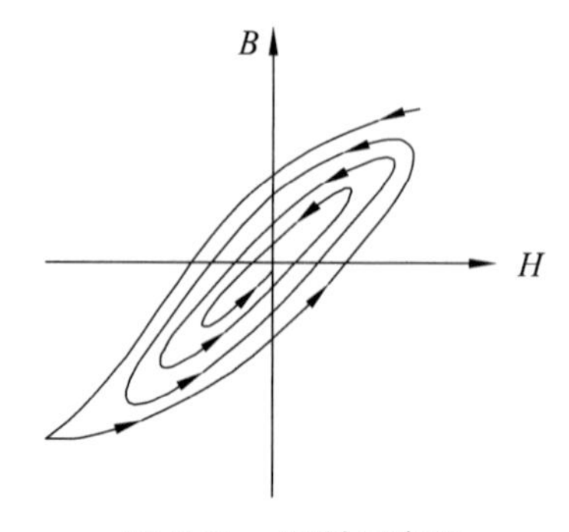

图 5-22　退磁示意图

（3）观察磁滞回线：开启示波器电源，调节示波器，令光点位于荧光屏坐标网格中心，令 U=2.2 V，并分别调节示波器 X 和 Y 轴的灵敏度，使荧光屏上出现图形大小合适的磁滞回线（若图形顶部出现编织状的小环，如图 5-23 所示，这时可降低励磁电压 U 予以消除）。

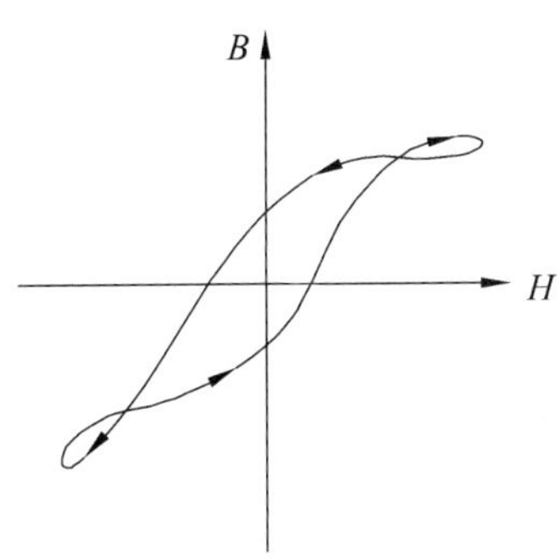

图 5-23　U_2 和 B 的相位差等因素引起的畸变

（4）观察基本磁化曲线，按步骤（2）对样品进行退磁，从 U=0 开始，逐挡提高励磁电压，将在荧光屏上得到面积由小到大一个套一个的一簇磁滞回线。这些磁滞回线顶点的连线就是样品的基本磁化曲线，借助长余辉示波器，便可观察到该曲线的轨迹。

（5）观察、比较样品 1 和样品 2 的磁化性能。

（6）测 μ-H 曲线：仔细阅读测试仪的使用说明，连接实验仪和测试仪之间的信号连线。开启电源，对样品进行退磁后，依次测定 U=0.5 V，1.0 V，…，3.0 V 时的十组 H_m 和 B_m 值，作 μ-H 曲线。

（7）令 U=3.0 V，R_1=2.5 Ω 测定样品 1 的 H_C、B_r、H_m、B_m 和 B_H 等参数。

（8）取步骤（7）中的 H 和其相应的 B 值，用坐标纸绘制 B-H 曲线（如何取数？取多少组数据？自行考虑），并估算曲线所围面积。

以上磁滞回线基本实验内容均可以由 TH-MHC 型智能磁滞回线实验组合仪完成，KH-MHC 型智能磁滞回线实验组合仪除可以完成磁滞回线基本实验内容外，还具有与 PC（个人计算机）机数据通信的功能。用配带的串行通信线将测试仪后面板上的 RS-232 串行输出口与 PC 机的一个串行口相连接，在 PC 机中运行 PCCOM.EXE 程序，计算机就可以读取测试仪采集的数据信号，将实验数据保存在硬盘里，并可以在计算机显示屏上显示磁滞回线和其他曲线，详细使用说明参见 KH-MHC 型智能磁滞回线实验组合仪使用说明书。

【实验数据记录】

表 5-5　基本磁化曲线 μ-H 曲线

U/V	H/(×10^4A/m)	B/(×10^2T)	$\mu=B/H$/(H/m)	U/V	H/(×10^4A/m)	B/(×10^2T)	$\mu=B/H$/(H/m)
0.5				2.0			
1.0				2.2			
1.2				2.5			
1.5				2.8			
1.8				3.0			

表 5-6　B-H 曲线　H_C=　　B_r=　　H_m=　　B_m=　　B_H=

NO	$H/(\times 10^4 A/m)$	$B/(\times 10^2 T)$	NO	$H/(\times 10^4 A/m)$	$B/(\times 10^2 T)$	NO	$H/(\times 10^4 A/m)$	$B/(\times 10^2 T)$

【思考题】

（1）为什么有时磁滞回线图形顶部出现编织状的小环，如何消除？

（2）在测绘磁滞回线和基本磁化曲线时，为什么要先退磁？如果不退磁对测绘结果有什么影响？

实验 5　静电除尘实验

【实验目的】

（1）观察静电除尘的物理现象。
（2）了解静电除尘的作用机理及其理论分析的基础知识。
（3）了解工程上提高静电除尘效率的方法。

【实验原理】

1. 静电除尘的物理现象及其作用机理

由线状内电极与圆柱形外电极同轴组合构成的静电除尘实验装置，如图 5-24 所示。当该系统内外电极间电位差升高时，因为内电极导线很细，是系统最大电场强度所在处，故提高该导线电压将导致其周围空气电离并易造成电击穿，即发生电晕放电。空气在电晕放电状态下的电场作用下，将产生成对的正、负离子，其中一些正离子顺着电场线到达外电极。此时，若引入烟尘源，则当烟尘微粒进入离子导电区时，离子撞击到微粒表面，即令微粒带电。这样，微粒在电场力作用下，趋向外电极，使原烟尘微粒的密度急剧下降，达到预期的除尘效果。

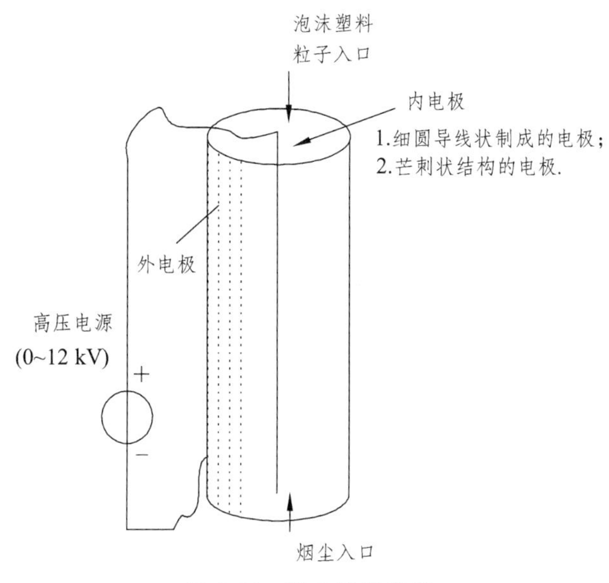

图 5-24　静电除尘装置

本实验还可用泡沫塑料粒子替代烟尘，观察微粒运动，则静电除尘物理现象的表征更为明显。此时，泡沫塑料微粒在电场力作用下，将趋向外电极并被吸附在外电极上，而一旦电场不复存在，则微粒很快下落。但应注意，该微粒是良好的绝缘体，其所带电荷泄漏的时间较长，这样，当外电场不存在时，仍能保留部分电荷，因而它们将能在一段时间内继续吸附在圆柱壁这样的导体表面上。

值得指出，关于电晕放电现象的判断，除上述静电除尘物理现象可以印证外，还可有另外两个方面的论据。一是由放电所产生的臭氧气味；另一是可鉴赏到的空气中的火花。后一现象在暗室条件下，会看到放电产生的略带蓝色的光，那就是典型正离子放电所发出的光。

2. 高效的静电除尘

当内电极由圆导线状替换为芒刺状结构的电极时，即可明显地观察到因芒刺状结构的内电极的设计，其空间电场分布极不均匀。换句话说，与圆导线状结构的内电极设计相比，在内外电极间电位差升高的过程中，现最大电场强度所在处的芒刺状电极的周围空气更易发生电晕放电，故静电除尘效率显著提高，成为工程装置采用的首选方案。

【仪器设备】

本实验仪器设备如表 5-7 所示。

表 5-7 仪器设备

名称	型号、规格	数量	备注
静电除尘实验装置	（1）导线状内电极 （2）芒刺状内电极	1	
高压电源	10 ~ 15 kV	1	

实验 6　霍尔效应法测定螺线管轴向磁感应强度分布

置于磁场中的载流体，如果电流方向与磁场垂直，则在垂直于电流和磁场的方向会产生一附加的横向电场，这个现象是霍普斯金大学研究生霍尔于 1879 年发现的，后被称为霍尔效应。随着半导体物理学的迅速发展，霍尔系数和电导率的测量已成为研究半导体材料的主要方法之一。通过实验测量半导体材料的霍尔系数和电导率可以判断材料的导电类型、载流子浓度、载流子迁移率等主要参数。若能测量霍尔系数和电导率随温度变化的关系，还可以求出半导体材料的杂质电离能和材料的禁带宽度。如今，霍尔效应不但是测定半导体材料电学参数的主要手段，而且随着电子技术的发展，利用该效应制成的霍尔器件，由于结构简单、频率响应宽（高达 10 GHz）、寿命长、可靠性高等优点，已广泛用于非电量测量、自动控制和信息处理等方面。在工业生产要求自动检测和控制的今天，作为敏感元件之一的霍尔器件，将有更广阔的应用前景。了解这一富有实用性的实验，对日后的工作将有益处。

【实验目的】

（1）掌握测试霍尔元件的工作特性。
（2）学习用霍尔效应法测量磁场的原理和方法。
（3）学习用霍尔元件测绘长直螺线管的轴向磁场分布。

【实验原理】

1. 霍尔效应法测量磁场原理

霍尔效应从本质上讲是运动的带电粒子在磁场中受洛仑兹力作用而引起的偏转。当带电粒子（电子或空穴）被约束在固体材料中，这种偏转就导致在垂直电流和磁场的方向上产生正负电荷的聚积，从而形成附加的横向电场，即霍尔电场。对于图 5-25（a）所示的 N 型半导体试样，若在 X 方向的电极 D、E 上通以电流 I_s，在 Z 方向加磁场 B，试样中载流子（电子）将受洛仑兹力

$$F_g = e\bar{v}B \tag{5-43}$$

其中 e 为载流子（电子）电量，$\bar{v}$ 为载流子在电流方向上的平均定向漂移速率；B 为磁感应强度。

无论载流子是正电荷还是负电荷，F_g 的方向均沿 Y 方向，在此力的作用下，载流子发生偏移，则在 Y 方向即试样 A、A′电极两侧就开始聚积异号电荷而在试样 A、A′两侧产生一个电位差 U_H，形成相应的附加电场 E——霍尔电场，相应的电压 U_H 称为霍尔电压，电极 A、A′称为霍尔电极。电场的指向取决于试样的导电类型。N 型半导体的多数载流子为电子，P 型半导体的多数载流子为空穴。对 N 型试样，霍尔电场逆 Y 方向，P 型试样则沿 Y 方向，有

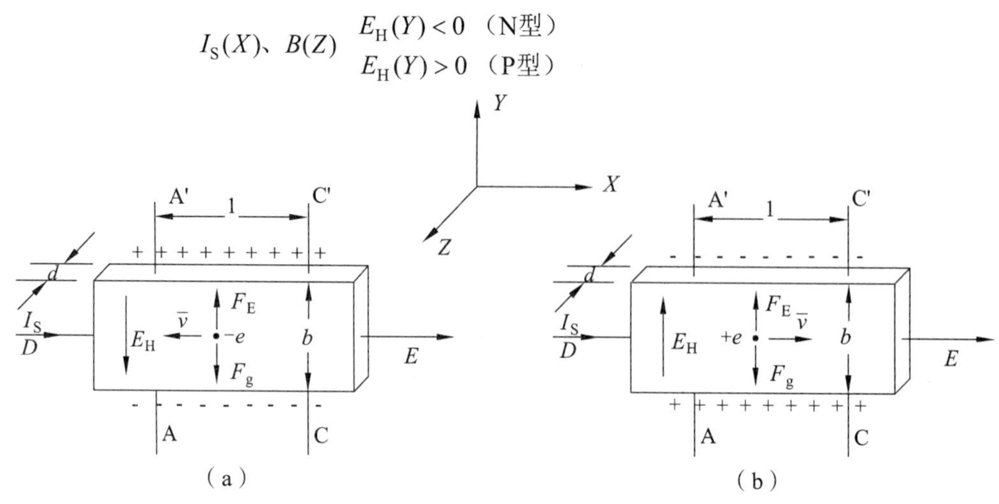

图 5-25　样品示意图

显然，该电场阻止载流子继续向侧面偏移，试样中载流子将受一个与 F_g 方向相反的横向电场力

$$F_E=eE_H \tag{5-44}$$

其中 E_H 为霍尔电场强度。

F_E 随电荷积累增多而增大，当达到稳恒状态时，两个力平衡，即载流子所受的横向电场力 eE_H 与洛仑兹力 $e\bar{v}B$ 相等，样品两侧电荷的积累就达到平衡，故有

$$eE_H = e\bar{v}B \tag{5-45}$$

设试样的宽度为 b，厚度为 d，载流子浓度为 n，则电流强度 I_S 与 $\bar{v}$ 的关系为

$$I_S = ne\bar{v}bd \tag{5-46}$$

由（5-45）、（5-46）两式可得

$$U_H = E_H b = \frac{1}{ne}\frac{I_S B}{d} = R_H \frac{I_S B}{d} \tag{5-47}$$

即霍尔电压 U_H（A、A′电极之间的电压）与 $I_S B$ 乘积成正比，与试样厚度 d 成反比。比例系数 $R=\frac{1}{ne}$ 称为霍尔系数，它是反映材料霍尔效应强弱的重要参数。根据霍尔效应制作的元件称为霍尔元件。由式（5-47）可见，只要测出 U_H（V）以及知道 I_S（A）、B（G）和 d（cm）可按下式计算 R_H（cm^3/C）。

$$R_H = \frac{U_H d}{I_s B}\times 10^8 \tag{5-48}$$

式（5-48）中的 10^8 是由于磁感应强度 B 用电磁单位（高斯）而其他各量均采用 C、G、s 实用单位而引入。

霍尔元件就是利用上述霍尔效应制成的电磁转换元件，对于成品的霍尔元件，其 R_H 和 d 已知，因此在实际应用中式（5-47）常以如下形式出现：

$$U_H=K_H I_s B \tag{5-49}$$

其中：比例系数 $K_H=\frac{R_H}{d}=\frac{1}{ned}$ 称为霍尔元件灵敏度（其值由制造厂家给出），它表示该器件在单位工作电流和单位磁感应强度下输出的霍尔电压。I_s 称为控制电流。式（5-49）中的单位取 I_S 为 mA，B 为 kGS，U_H 为 mV，则 K_H 的单位为 mV/（mA · kGS）。

K_H 越大，霍尔电压 U_H 越大，霍尔效应越明显。从应用上讲，K_H 愈大愈好。K_H 与载流子浓度 n 成反比，半导体的载流子浓度远比金属的载流子浓度小，因此用半导体材料制成的霍尔元件，霍尔效应明显，灵敏度较高，这也是一般霍尔元件不用金属导体而用半导体制成的原因。另外，K_H 还与 d 成反比，因此霍尔元件一般都很薄。本实验所用的霍尔元件就是用 N 型半导体硅单晶切薄片制成的。

由于霍尔效应的建立所需时间很短（约 $10^{-14} \sim 10^{-12}$ s），因此使用霍尔元件时用直流电或交流电均可。只是使用交流电时，所得的霍尔电压也是交变的，此时，式（5-49）中的 I_s 和 V_H 应理解为有效值。

根据式（5-49），因 K_H 已知，而 I_S 由实验给出，所以只要测出 U_H 就可以求得未知磁感应强度：

$$B=\frac{U_H}{K_H I_S} \tag{5-50}$$

2. 霍尔电压 U_H 的测量方法

应该说明，在产生霍尔效应的同时，因伴随着多种副效应，以致实验测得的 A、A′ 两电极之间的电压并不等于真实的 U_H 值，而是包含着各种副效应引起的附加电压，因此必须设法消除。根据副效应产生的机理（参阅【附录】）可知，采用电流和磁场换向的对称测量法，基本上能够把副效应的影响从测量的结果中消除，具体的做法是保持 I_s 和 B（即 I_M）的大小不变，并在设定电流和磁场的正、反方向后，依次测量由下列四组不同方向的 I_s 和 B 组合的 A、A′ 两点之间的电压 U_1、U_2、U_3 和 U_4，即

$$\begin{array}{ccc} +I_S & +B & U_1 \\ +I_S & -B & U_2 \\ -I_S & -B & U_3 \\ -I_S & +B & U_4 \end{array}$$

然后求上述四组数据 U_1、U_2、U_3 和 U_4 的代数平均值，可得

$$U_H=\frac{1}{4}(U_1-U_2+U_3-U_4) \tag{5-51}$$

通过对称测量法求得的 U_H，虽然还存在个别无法消除的副效应，但其引入的误差甚小，可以略而不计。

（5-50）、（5-51）两式就是本实验用来测量磁感应强度的依据。

3. 载流长直螺线管内的磁感应强度

螺线管是由绕在圆柱体上的导线构成的，对于密绕的螺线管，可以看成是一列有共

同轴线的圆形线圈的并排组合，因此一个载流长直螺线管轴线上某点的磁感应强度，可以从对各圆形电流在轴线上该点所产生的磁感应强度进行积分求和得到。

根据毕奥-萨伐尔定律，当线圈通以电流 I_M 时，管内轴线上 P 点的磁感应强度为

$$B_P=\frac{1}{2}\mu_0 NI_M（\cos\beta_1-\cos\beta_2） \tag{5-52}$$

其中：μ_0 为真空磁导率，$\mu_0=4\pi\times10^{-7}$ H/m；N 为螺线管单位长度的线圈匝数；I_M 为线圈的励磁电流；β_1、β_2 分别为点 P 到螺线管两端径矢与轴线夹角，如图 5-26 所示。

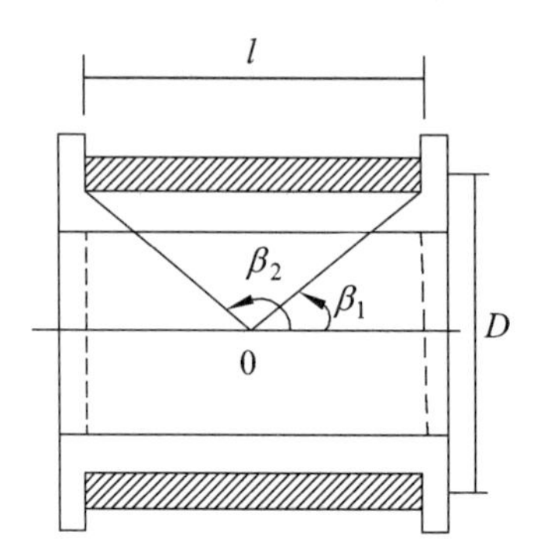

图 5-26　点 P 到螺线管两端径矢与轴线夹角

根据式（5-52），对于一个有限长的螺线管，在距离两端口等远的中心处轴上 O 点，

$$\cos\beta_1=\frac{\frac{1}{2}L}{\sqrt{\left(\frac{1}{2}L\right)^2+\left(\frac{1}{2}D\right)^2}}，\cos\beta_2=-\frac{\frac{1}{2}L}{\sqrt{\left(\frac{1}{2}L\right)^2+\left(\frac{1}{2}D\right)^2}}$$

式中：D 为长直螺线管直径，L 为螺线管长度。

磁感应强度为最大，且等于

$$B_0=\frac{1}{2}\mu_0 NI_M\left(\frac{\frac{1}{2}L}{\sqrt{\left(\frac{1}{2}L\right)^2+\left(\frac{1}{2}D\right)^2}}+\frac{\frac{1}{2}L}{\sqrt{\left(\frac{1}{2}L\right)^2+\left(\frac{1}{2}D\right)^2}}\right)$$

$$=\mu_0 NI_M\frac{L}{\sqrt{L^2+D^2}} \tag{5-53}$$

由于本实验仪所用的长直螺线管满足 $L\gg D$，则近似认为

$$B_0=\mu_0 NI_M \tag{5-54}$$

在两端口处，

$$\cos\beta_1=\frac{L}{\sqrt{L^2+\left(\frac{1}{2}D\right)^2}}，\cos\beta_2=0$$

磁感应强度为最小，且等于

$$B_1=\frac{1}{2}\mu_0 N I_M \frac{L}{\sqrt{L^2+\left(\frac{1}{2}D\right)^2}} \tag{5-55}$$

同理，由于本实验仪所用的长直螺线管满足 $L \gg D$，则近似认为

$$B_1=\frac{1}{2}\mu_0 N I_M \tag{5-56}$$

由式（5-55）、（5-56）可知，$B_1=\frac{1}{2}B_0$。

由图（5-27）所示的长直螺线管的磁力线分布可知，其内腔中部磁力线是平行于轴线的直线系，渐近两端口时，这些直线变为从两端口离散的曲线，说明其内部的磁场在很大一个范围内是近似均匀的，仅在靠近两端口处磁感应强度才显著下降，呈现明显的不均匀性。根据上面理论计算，长直螺线管一端的磁感应强度为内腔中部磁感应强度的 1/2。

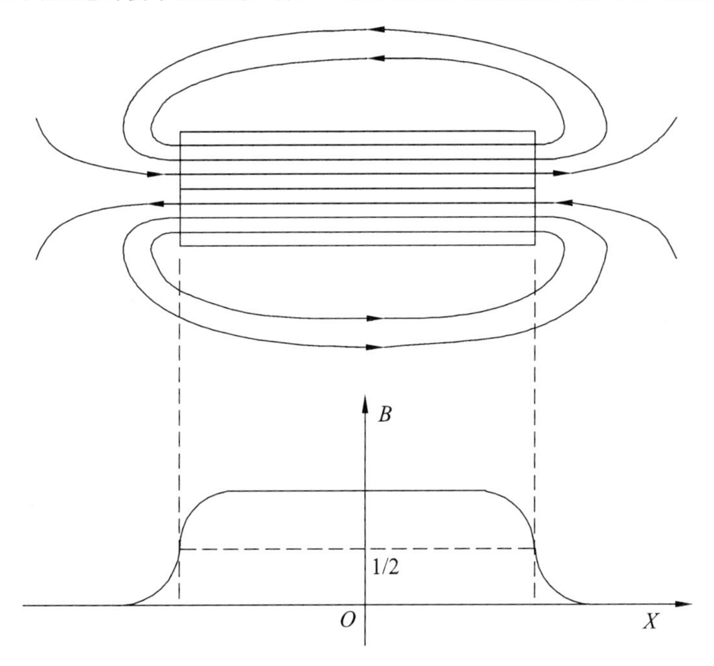

图 5-27　长直螺线管的磁力线分布

【实验内容】

1. 霍尔元件输出特性测量

（1）仔细阅读本实验仪使用说明书后，按图 5-28 连接测试仪和实验仪之间相对应的 I_S、U_H 和 I_M 各组连线，I_S 及 I_M 换向开关投向上方，表明 I_S 及 I_M 均为正值（即 I_S 沿 X 方向，B 沿 Z 方向），反之为负值。U_H、U_σ 切换开关投向上方测 U_H，投向下方测 U_σ。经教师检查后方可开启测试仪的电源。

注意：图 5-28 中虚线所示的部分线路即样品各电极及线包引线与对应的双刀开关之间连线已由制造厂家连接好。

必须强调指出：绝不允许将测试仪的励磁电源“I_M输出”误接到实验仪的“I_S输入”或“U_H输出”处，否则一旦通电，霍尔元件即遭损坏。

为了准确测量，应先对测试仪进行调零，即将测试仪的“I_S调节”和“I_M调节”旋钮均置零位，待开机数分钟后若U_H显示不为零，可通过面板左下方小孔的“调零”电位器实现调零，即“0.00”。

（2）转动霍尔元件探杆支架的旋钮 X_1、X_2、Y，慢慢将霍尔器件移到螺线管的中心位置。

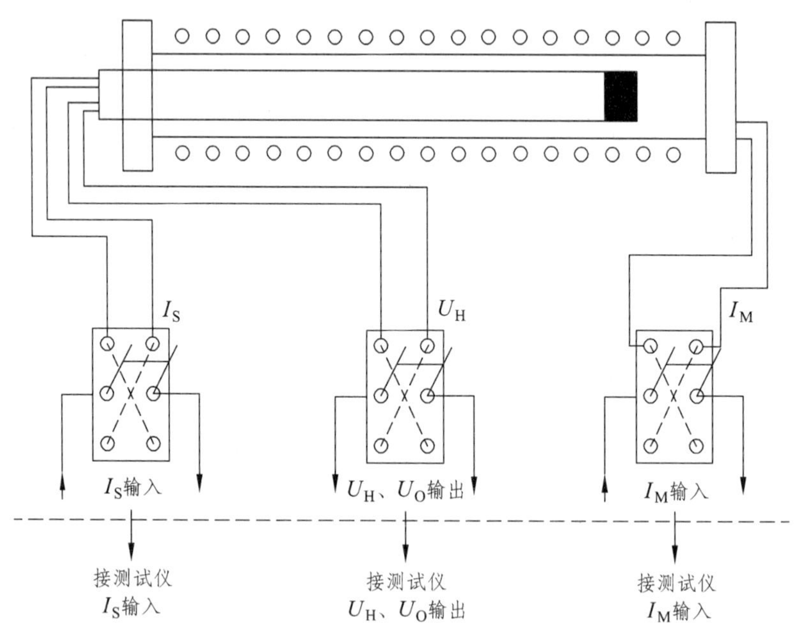

图 5-28　测试仪和实验仪之间的接线图

（3）测绘 U_H-I_S 曲线。

将实验仪的“U_H、U_σ”切换开关投向U_H侧，测试仪的“功能切换”置U_H。

取 I_M=0.800 A，并在测试过程中保持不变。

依次按表 5-8 所列数据调节I_S，用对称测量法（详见【附录】）测出相应的U_1、U_2、U_3和U_4值，记入表 5-8 中，绘制U_H-I_S曲线。

表 5-8　I_M=0.800 A

I_S/mA	U_1/mV	U_2/mV	U_3/mV	U_4/mV	$U_H=\dfrac{U_1-U_2+U_3-U_4}{4}$(mV)
	$+I_S$、$+B$	$+I_S$、$-B$	$-I_S$、$-B$	$-I_S$、$+B$	
4.00					
5.00					
6.00					
7.00					
8.00					
9.00					
10.00					

（4）测绘 U_H-I_M 曲线。

实验仪及测试仪各开关位置同上。

取 I_S=8.00 mA，并在测试过程中保持不变。

依次按表 5-9 所列数据调节 I_M，用对称测量法测出相应的 U_1、U_2、U_3 和 U_4 值，记入表 5-9 中，绘制 U_H-I_M 曲线。

注意：在改变 I_M 值时，要求快捷，每测好一组数据后，应立即切断 I_M。

表 5-9　I_S=8.00 mA

I_M/A	U_1/mV	U_2/mV	U_3/mV	U_4/mV	$U_H=\frac{U_1-U_2+U_3-U_4}{4}$(mV)
	$+I_S$、$+B$	$+I_S$、$-B$	$-I_S$、$-B$	$-I_S$、$+B$	
0.300					
0.400					
0.500					
0.600					
0.700					
0.800					
0.900					
1.000					

2. 测绘螺线管轴线上磁感应强度的分布曲线

取 I_S=8.00 mA，I_M=0.800 A，并在测试过程中保持不变。

（1）以螺线管轴线为 X 轴，相距螺线管两端口等远的中心位置为坐标原点，探头离中心位置 $X=14-X_1-X_2$，调节霍尔元件探杆支架的旋钮 X_1、X_2，使测距尺读数 $X_1=X_2=0.0$ cm。

先调节 X_1 旋钮，保持 X_2=0.0 cm，使 X_1 停留在 0.0、0.5、1.0、1.5、2.0、5.0、8.0、11.0、14.0 cm 等读数处，再调节 X_2 旋钮，保持 X_1=14.0 cm，使 X_2 停留在 3.0、6.0、9.0、12.0、12.5、13.0、13.5、14.0 cm 等读数处，按对称测量法测出各相应位置的 U_1、U_2、U_3、U_4 值，并根据（5-50）、（5-51）两式计算相对应的 U_H 及 B 值，记入表 5-10 中。

根据式（5-52）计算相对应的理论 B 值，记入表 5-10 中，其中

$$\cos\beta_1=\frac{L-X}{\sqrt{(L-X)^2+\left(\frac{1}{2}D\right)^2}}，\cos\beta_2=\frac{L+X}{\sqrt{(L-X)^2+\left(\frac{1}{2}D\right)^2}}$$

（2）绘制 B-X 曲线，验证螺线管端口的磁感应强度为中心位置磁感应强度的 1/2（可不考虑温度对 U_H 的影响）。

表 5-10　I_S=8.00mA，I_M=0.800A

X_1 /cm	X_2 /cm	X /cm	U_1/mV	U_2/mV	U_3/mV	U_4/mV	U_H/mV	B/kGS		
			$+I_s$、$+B$	$+I_s$、$-B$	$-I_s$、$-B$	$-I_s$、$+B$		实验值	理论值	相对误差
0.0	0.0									
0.5	0.0									
1.0	0.0									

续表

X_1 /cm	X_2 /cm	X /cm	U_1/mV	U_2/mV	U_3/mV	U_4/mV	U_H/mV	B/kGS		
			$+I_s$、$+B$	$+I_s$、$-B$	$-I_s$、$-B$	$-I_s$、$+B$		实验值	理论值	相对误差
1.5	0.0									
2.0	0.0									
5.0	0.0									
8.0	0.0									
11.0	0.0									
14.0	0.0									
14.0	3.0									
14.0	6.0									
14.0	9.0									
14.0	12.0									
14.0	12.5									
14.0	13.0									
14.0	13.5									
14.0	14.0									

（3）将实验得到的螺线管轴向磁感应强度 B 值与计算得到的理论 B 值进行比较，求出相对误差（需考虑温度对 U_H 值的影响）。

注：① 测绘 B-X 曲线时，螺线管两端口附近磁强变化大，应多测几点。

② 霍尔元件灵敏度 K_H 值和螺线管单位长度线圈匝数 N 均标在实验仪上。

【预习思考题】

（1）在什么样的条件下会产生霍尔电压，它的方向与哪些因素有关？

（2）实验中在产生霍尔效应的同时，还会产生那些副效应，它们与磁感应强度 B 和电流 I_S 有什么关系，如何消除副效应的影响？

（3）采用霍尔元件来测量磁场时具体要测量哪些物理量？

（4）用霍尔元件测磁场时，如果磁场方向与霍尔元件片的法线不一致，对测量结果有什么影响？如何用实验方法判断 B 与元件法线是否一致？

（5）能否用霍尔元件测量交变磁场？

【附　录】

实验中霍尔元件的副效应及其消除方法

1. 不等势电压降 U_0

如图 5-29 所示，由于元件的测量霍尔电压的 A、A′两电极不可能绝对对称地焊在霍尔片的两侧，位置不在一个理想的等势面上，因此，即使不加磁场，只要有电流 I_s 通过，就有电压 $U_o=I_S r$ 产生，其中 r 为 A、A′所在的两个等势面之间的电阻，结果在测量 U_H 时，就叠加了 U_o，使得 U_H 值偏大，（当 U_o 与 U_H 同号）或偏小（当 U_o 与 U_H 异号）。由于目前生产工艺水平较高，不等势电压很小，像本实验用的霍尔元件试样 N 型半导体硅单晶切薄片只有几百微伏左右，故一般可以忽略不计，也可以用一支电位器加以平衡。在本实验中，U_H 的符号取决于 I_S 和 B 两者的方向，而 U_o 只与 I_S 的方向有关，而与磁感应强度 B 的方向无关，因此 U_o 可以通过改变 I_S 的方向予以消除。

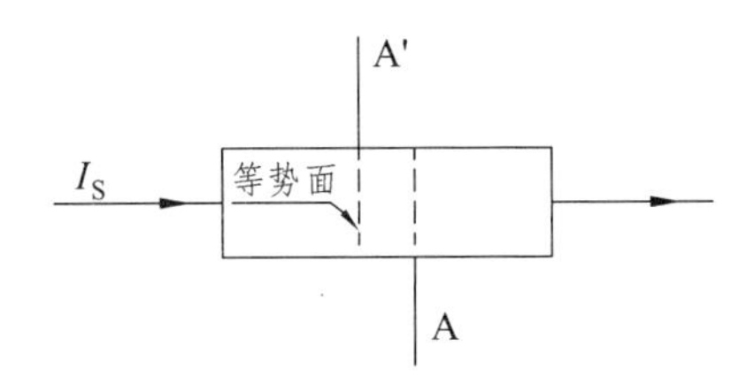

图 5-29 元件示意图

2. 热电效应引起的附加电压 U_E

如图 5-30 所示，由于实际上载流子迁移速率 $\bar{v}$ 服从统计分布规律，构成电流的载流子速度不同，若速度为 v 的载流子所受的洛仑兹力与霍尔电场的作用力刚好抵消，则速度小于 v 的载流子受到的洛仑磁力小于霍尔电场的作用力，将向霍尔电场作用力方向偏转；速度大于 v 的载流子受到的洛仑磁力大于霍尔电场的作用力，将向洛仑磁力力方向偏转。这样使得一侧高速载流子较多，相当于温度较高，另一侧低速载流子较多，相当于温度较低，从而在 Y 方向引起温差 $T_A-T_{A'}$，由此产生热电效应，在 A、A′电极上引入附加温差 U_E，这种现象称为爱廷豪森效应。这种效应的建立需要一定的时间，如果采用直流电则由于爱廷豪森效应的存在而给霍尔电压的测量带来误差，如果采用交流电，则由于交流变化快使得爱廷豪森效应来不及建立，可以减小测量误差，因此在实际应用霍尔元件片时，一般都采用交流电。由于 $U_E \propto I_S B$，其符号与 I_S 和 B 的方向的关系跟 U_H 是相同的，因此不能用改变 I_S 和 B 方向的方法予以消除，但其引入的误差很小，可以忽略。

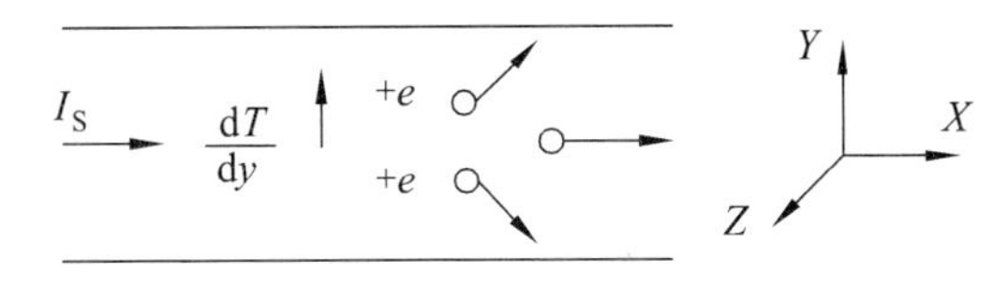

图 5-30 热电效应

3. 热磁效应直接引起的附加电压 U_N

如图 5-31 所示因器件两端电流引线的接触电阻不等，通电后在接点两处将产生不同的焦耳热，导致在 X 方向有温度梯度，引起载流子沿梯度方向扩散而产生热扩散电流，热流 Q 在 Z 方向磁场作用下，类似于霍尔效应在 Y 方向上产生一附加电场 ε_N，相应的电压 $U_N \propto QB$，而 U_N 的符号只与 B 的方向有关，与 I_S 的方向无关，因此可通过改变 B 的方向予以消除。

4. 热磁效应产生的温差引起的附加电压 U_{RL}

如图 5-32 所示，3 中所述的 X 方向热扩散电流，因载流子的速度统计分布，在 Z 的方向的磁场 B 作用下，和 2 中所述的同一道理将在 Y 方向产生温度梯度 $T_A-T_{A'}$，由此引入的附加电压 $U_{RL}\propto QB$，U_{RL} 的符号只与 B 的方向有关，亦能消除。

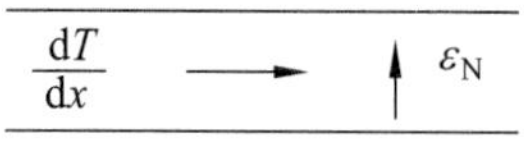

$\frac{dT}{dx}$ → ↑ ε_N

图 5-31　热磁效应

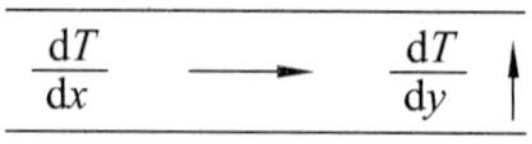

$\frac{dT}{dx}$ → $\frac{dT}{dy}$ ↑

图 5-32　热磁效应产生的温差

综上所述，实验中测得的 A、A′之间的电压除 U_H 外还包含 U_O、U_N、U_{RL} 和 U_E 各电压的代数和，其中 U_O、U_N 和 U_{RH} 均通过 I_S 和 B 换向对称测量法予以消除。具体方法是在规定了电流和磁场正、反方向后，分别测量由下列四组不同方向的 I_S 和 B 的组合的 A、A′之间的电压。

设 I_S 和 B 的方向均为正向时，测得 A、A′之间电压记为 U_1，即

当$+I_S$、$+B$ 时　　　　$U_1=U_H+U_O+U_N+U_{RL}+U_E$

将 B 换向，而 I_S 的方向不变，测得的电压记为 U_2，此时 U_H、U_N、U_{RL}、U_E 均改号而 U_O 符号不变，即

当$+I_S$、$-B$ 时　　　　$U_2=-U_H+U_O-U_N-U_{RL}-U_E$

同理，按照上述分析

当$-I_S$、$-B$ 时　　　　$U_3=U_H-U_O-U_N-U_{RL}+U_E$

当$-I_S$、$+B$ 时　　　　$U_4=-U_H-U_O+U_N+U_{RL}-U_E$

求以上四组数据 U_1、U_2、U_3 和 U_4 的代数平均值，可得

$$U_H+U_E=\frac{U_1-U_2+U_3-U_4}{4}$$

由于 U_E 符号与 I_S 和 B 两者方向关系和 U_H 是相同的，故无法消除，但在非大电流、非强磁场下，$U_H\gg U_E$，因此 U_E 可略而不计，所以霍尔电压为

$$U_H\frac{U_1-U_2+U_3-U_4}{4}$$

第 6 章　电磁场虚拟仿真实验

实验 1　电磁场仿真软件——MATLAB 的使用

【实验目的】

（1）掌握 MATLAB 仿真的基本流程与步骤。

（2）掌握 MATLAB 中帮助命令的使用。

【实验原理】

1. MATLAB 运算

（1）基本算术运算。

MATLAB 的基本算术运算有：+（加）、-（减）、*（乘）、/（右除）、\（左除）、^（乘方）。

注意，运算是在矩阵意义下进行的，单个数据的算术运算只是一种特例。

（2）点运算。

在 MATLAB 中，有一种特殊的运算，因为其运算符是在有关算术运算符前面加点，所以叫点运算。点运算符有.*、./、和.^。两矩阵进行点运算是指它们的对应元素进行相关运算，要求两矩阵的维参数相同。

例 6-1：用简短命令计算并绘制在 $0 \leqslant x \leqslant 6$ 范围内的 $\sin(2x)$ 、 $\sin^2 x$ 程序：

```
x=linspace(0,6);
y1=sin(2*x);y2=sin(x.^2);y3=(sin(x)).^2;plot(x,y1,x, y2,x, y3);
```

2. 几个绘图命令

（1）doc 命令：显示在线帮助主题。

调用格式：doc 函数名

例如：doc plot，则调用在线帮助，显示 plot 函数的使用方法。

（2）plot 函数：用来绘制线形图形。

plot（y），当 y 是实向量时，以该向量元素的下标为横坐标、元素值为纵坐标画出一条连续曲线，这实际上是绘制折线图。

plot(x，y)，其中 x 和 y 为长度相同的向量，分别用于存储 x 坐标和 y 坐标数据。

contour 函数：用来绘制等高线图形。

ezplot 函数：对于显式函数 $f=f(x)$，在默认范围[$-2\pi<x<2\pi$]上绘制函数 $f(x)$的图形；对于隐式函数 $f=f(x, y)$，在默认的平面区域[$-2\pi<x<2\pi$，$-2\pi<y<2\pi$]上绘制函数 $f(x, y)$的图形。

（3）具有两个纵坐标标度的图形。

在 MATLAB 中，如果需要绘制出具有不同纵坐标标度的两个图形，可以使用 plotyy 绘图函数。

调用格式：plotyy(x1,y1,x2,y2)

其中 x1,y1 对应一条曲线，x2,y2 对应另一条曲线。横坐标的标度相同，纵坐标有两个，左纵坐标用于 x1,y1 数据对，右纵坐标用于 x2,y2 数据对。

（4）三维曲线。

plot3 函数与 plot 函数用法十分相似，其调用格式为：

plot3（x1，y1，z1，选项 1，x2，y2，z2，选项 2，…，xn，yn，zn，选项 n）

其中每一组 x,y,z 组成一组曲线的坐标参数，选项的定义和 plot 函数相同。当 x,y,z 是同维向量时，则 x,y,z 对应元素构成一条三维曲线。当 x,y,z 是同维矩阵时，则以 x,y,z 对应列元素绘制三维曲线，曲线条数等于矩阵列数。

（5）legend 命令：为绘制的图形加上图例。

调用格式：legend（'string1'，'string2'，...）

例如：legend（'电信 161 班'，'学号：05401111'，'张三'，'Location'，'best'）;

（6）xlabel 命令：给 X 轴加标题。

调用格式：xlabel（'string'）

例如：xlabel（'x'）;

【实验内容】

（1）在命令窗口中运行一个加法程序。

（2）在命令窗口中练习帮助命令（doc 命令）的使用。

（3）建立第一个.M 文件并运行，观察并保存运行结果。

【实验步骤】

1. 在命令窗口中运行一个加法程序

（1）点击桌面上 MATLAB7.0 快捷方式图标，如图 6-1 所示，启动该软件。

图 6-1　MATLAB7.0 快捷方式图标

（2）在打开的界面右方，是命令窗口，如图 6-2 所示，在闪动光标处可以写入命令。

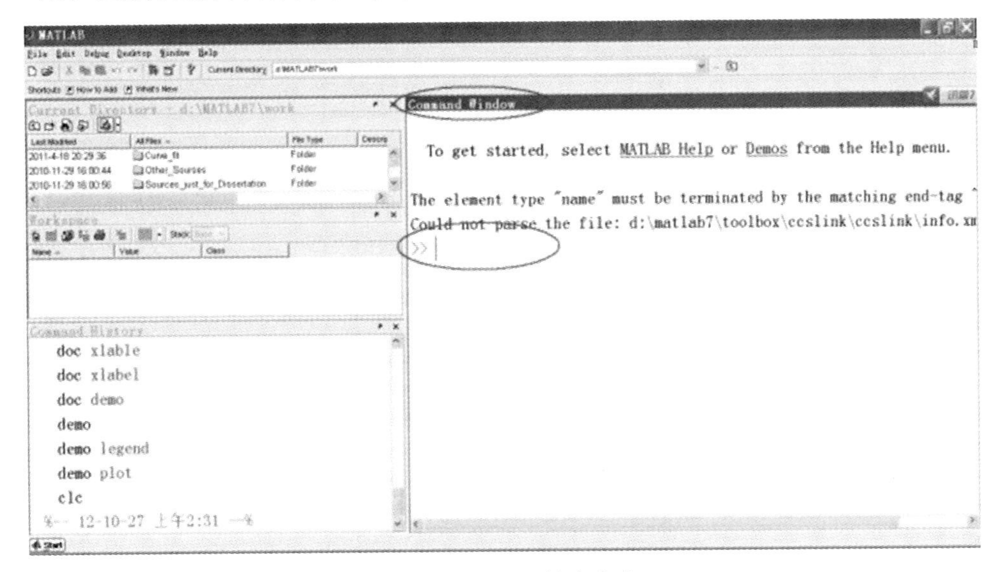

图 6-2　MATLAB 的命令窗口

（3）在光标处写入如图 6-3 所示的命令（注意：前两个语句后面有分号，最后一个语句没有分号）；按回车键，则得到运行结果为 50，如图 6-4 所示。

2. 在命令窗口中练习帮助命令的使用

在命令窗口光标处输入命令：doc plot；点击键盘回车键，则进入在线帮助文件，显示 plot 命令的使用方法页面，如图 6-5 所示。

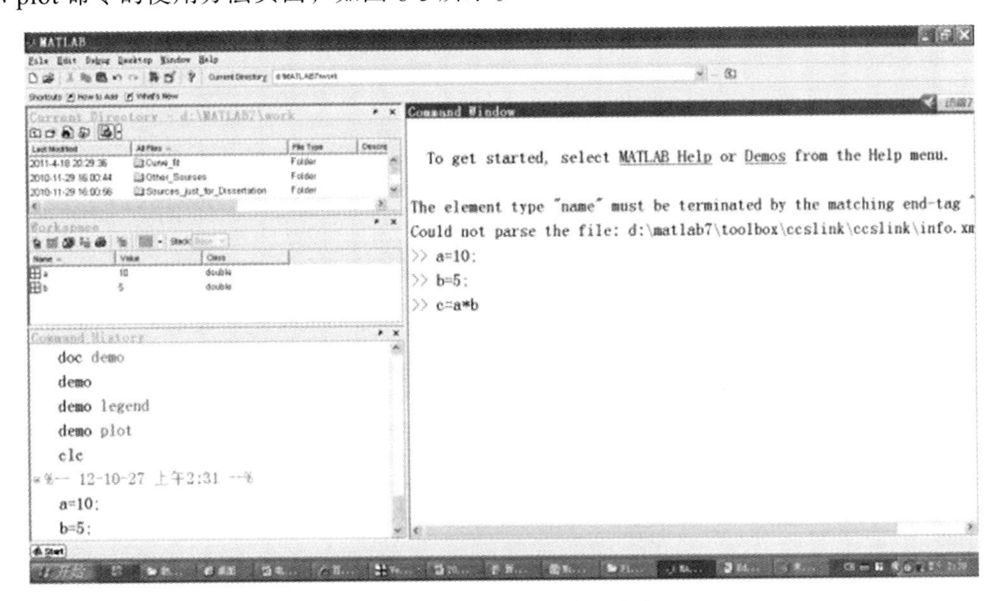

图 6-3　在命令窗口输入命令

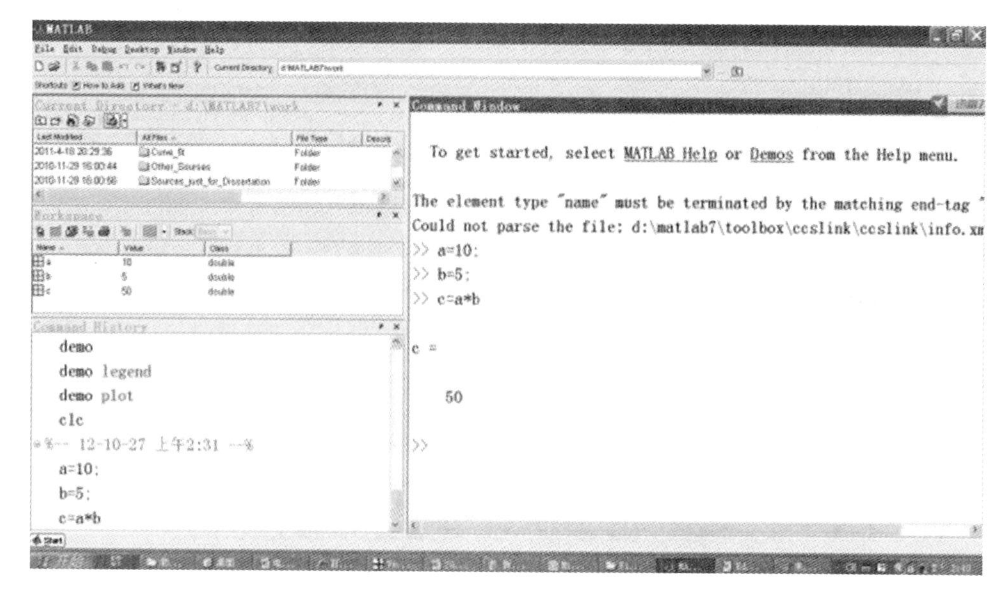

图 6-4　按回车键执行命令得到正确运行结果

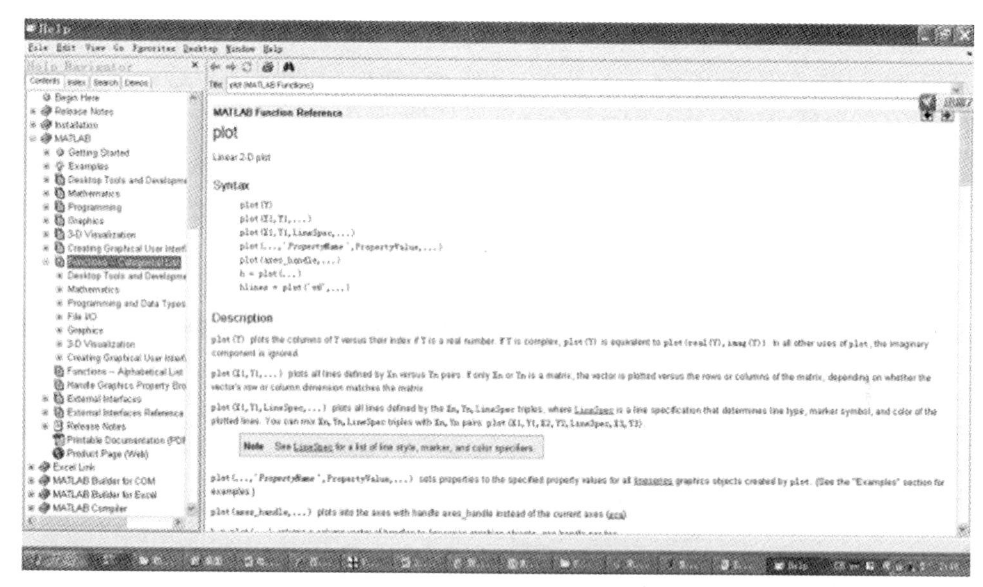

图 6-5　plot 命令的在线帮助页面

3. 建立第一个 M 文件并运行，观察并保存运行结果

（1）点击图标，如图 6-6 圆圈所示，即创建了一个新的 M 文件，如图 6-7 所示。

（2）在空白 M 文件中输入“二、实验原理”例子的程序，保存，运行，得到运行结果如图 6-8 所示。

要求：在 E 盘建立新文件夹，命名为 Fiele_Wave_simulation_2012_10_27；

将 M 文件保存在 Fiele_Wave_simulation_2012_10_27 目录下，命名为 Exp_1.m；特别说明两点：

a. M 文件名及保存的路径名均应为英文，否则运行出错；

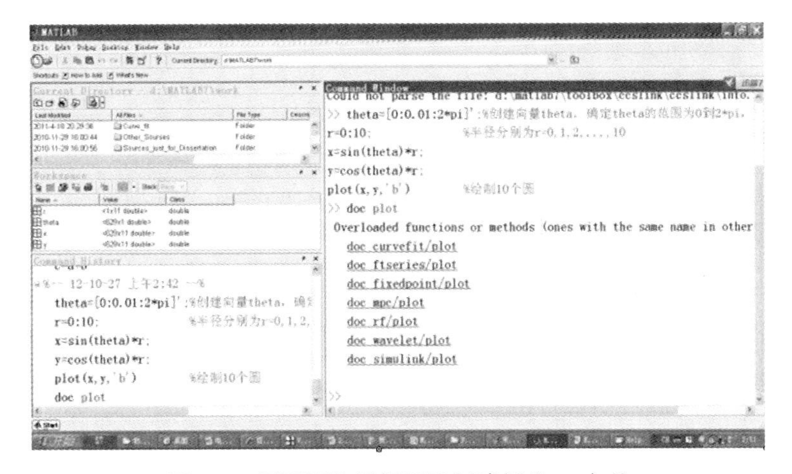

图 6-6　画圆圈的图标用于创建新的 M 文件

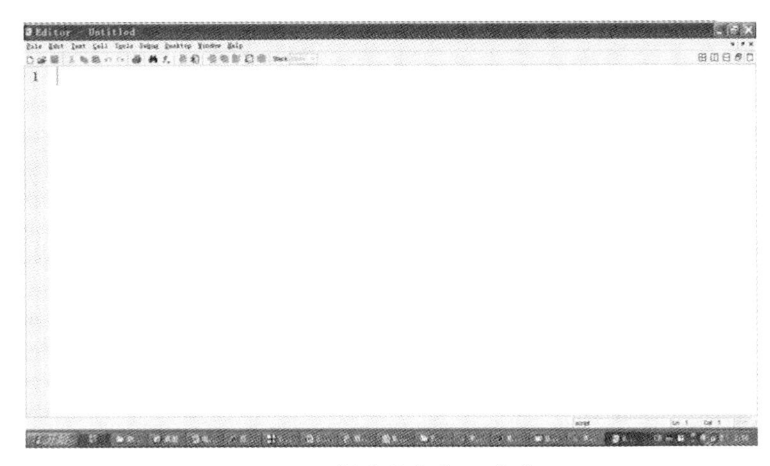

图 6-7　创建的空白 M 文件

b. 程序中的所有字符均应为英文状态下输入，特别注意单引号、逗号、空格，这些细节会导致运行报错，又极难发现。

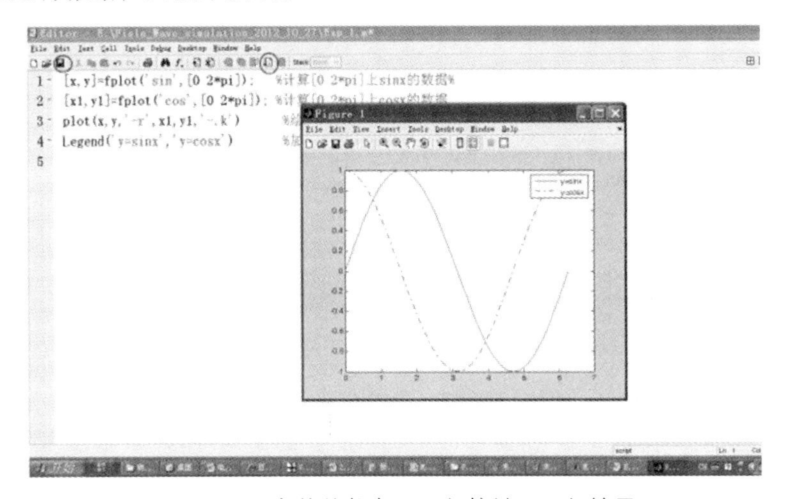

图 6-8　M 文件的保存、运行按键及运行结果

【实验工具】

（1）计算机 1 台；

（2）MATLAB 仿真软件 1 套。

【实验报告要求】

（1）写出仿真程序源代码。

（2）在同一窗口用不同的线性绘制 y=sin$x$，y=cos$x$ 在[0，2*pi]上的图像，并加标注。

（3）在同一窗口用不同的线性绘制 y=sin2x，y=cos2x 在[−2*pi，2*pi]上的图像，并加标注。（要在图中绘制出姓名与学号）

实验 2　单电荷的场分布

【实验目的】

（1）掌握 MATLAB 仿真的基本流程与步骤。

（2）学会绘制单电荷的等位线和电力线分布图。

【实验原理】

1. 基本原理

单电荷的外部电位计算公式：

$$\varphi = \frac{q}{4\pi_0 \varepsilon_r}$$

等位线就是连接距离电荷等距离的点，在图上表示就是一圈一圈的圆，而电力线就是由点向外辐射的线，比较简单，这里就不再赘述。

2. 参考程序

```
theta=[0:0.01:2*pi]'; %创建向量 theta，确定 theta 的范围 0 到 2*pi，步距为 0.01
r=0:10;
x=sin(theta)*r; %半径分别为 r=0,1,2,...,10
y=cos(theta)*r;
plot(x,y,'b') %绘制 10 个圆
x=linspace(-5,5,100); %创建线性空间向量 x 从-5 到 5，等间距分为 100 个点
for theta=[-pi/4 0 pi/4]
y=x*tan(theta); % 分别绘制 y=x*tan(theta)的三条直线，其中 theta 分别取-pi/4，0，pi/4
hold on; %Hold 住绘制的图形
plot(x,y); %绘制 y=x*tan(theta)的三条直线
end
grid on
% axis tight
%legend('电信本 162 班', '学号：16401111', '张三', 'Location', 'best');
%legend('boxoff'); %加上图例
% xlabel('x'); %加上横坐标标题
% ylabel('y'); %加上纵坐标标题
% hold on;
```

3. 程序参考运行结果

运行程序，获得图像大致如图 6-9 所示。

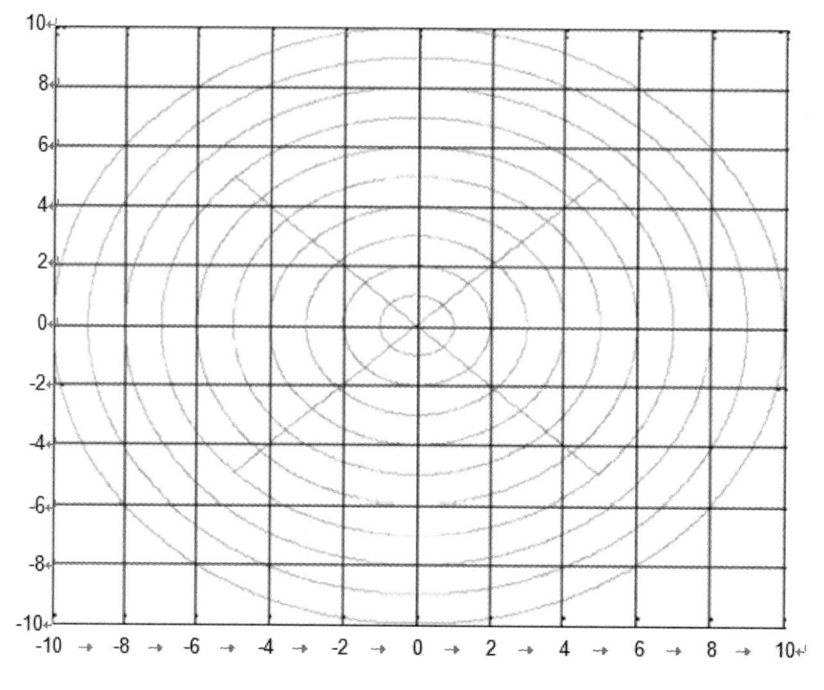

图 6-9　单电荷的等位线和电力线分布图

【实验内容】

绘制单电荷的等位线和电力线分布图。

【实验步骤】

（1）在 E 盘建立新文件夹，命名为 Fiele_Wave_simulation_2012_10_27。

（2）打开 MATLAB 软件，新建一个空白的 M 文件，保存在 Fiele_Wave_simulation_2012_10_27 目录下，命名为 Exp_2.m。

（3）将源程序拷贝到 M 文件中，保存。

（4）点击运行按钮，观察程序运行结果。

【实验工具】

（1）计算机 1 台；

（2）MATLAB 仿真软件 1 套。

【实验报告要求】

（1）写出仿真程序源代码。

（2）绘制单电荷的等位线和电力线分布图。（要在图中绘制出姓名与学号）

实验 3　点电荷电场线的图像

【实验目的】

学会由解析表达式进行数值求解的方法。

【实验原理】

1. 基本原理

考虑一个三点电荷系所构成的系统。其中一个点电荷 $-q$ 位于坐标原点，另一个 $-q$ 位于 y 轴上的点，最后一个 $+2q$ 位于 y 轴的一点，则在 xoy 平面内，电场强度应满足：

$$E(xy)=\left\{\frac{2qx}{4\pi\varepsilon_0\left[(y+a)^2+x^2\right]^{3/2}}-\frac{qx}{4\pi\varepsilon_0\left[y^2+x^2\right]^{3/2}}-\frac{qx}{4\pi\varepsilon_0\left[(y-a)^2+x^2\right]^{3/2}}\right\}i+$$
$$\left\{\frac{2q(y+a)}{4\pi\varepsilon_0\left[(y+a)^2+x^2\right]^{3/2}}-\frac{qx}{4\pi\varepsilon_0\left[y^2+x^2\right]^{3/2}}-\frac{q(y-a)}{4\pi\varepsilon_0\left[(y-a)^2+x^2\right]^{3/2}}\right\}j$$

任意条电场线应该满足方程：

$$\frac{\mathrm{d}y}{\mathrm{d}x}=\frac{E_y(x,y)}{E_x(x,y)}$$

求解上式可得

$$\frac{2(y+a)}{\left[(y+a)^2+x^2\right]^{1/2}}-\frac{y}{\left[y^2+x^2\right]^{1/2}}-\frac{q(y-a)}{\left[(y+a)^2+x^2\right]^{1/2}}=C$$

这就是电场线满足的方程，常数 C 取不同值将得到不同的电场线。

2. 参考程序

解出 $y=f(x)$ 的表达式再作图是不可能的，但用 MATLAB 语言即能轻松地做到这一点。其语句是：

```
syms x y; %   设置 x，y 变量
for C=0:0.1:3.0
    ezplot(2*(y+1)/sqrt((y+1)^2+x^2)-y/sqrt(y^2+x^2)-(y-1)/sqrt((y-1)^2+x^2)-C, [-5,5,0.1]);
    %其中取了 a=1，C=0，0.1，0.2，…，3.0
   hold on;
end
```

3. 程序参考运行结果

运行程序，获得图像大致如图 6-10 所示。

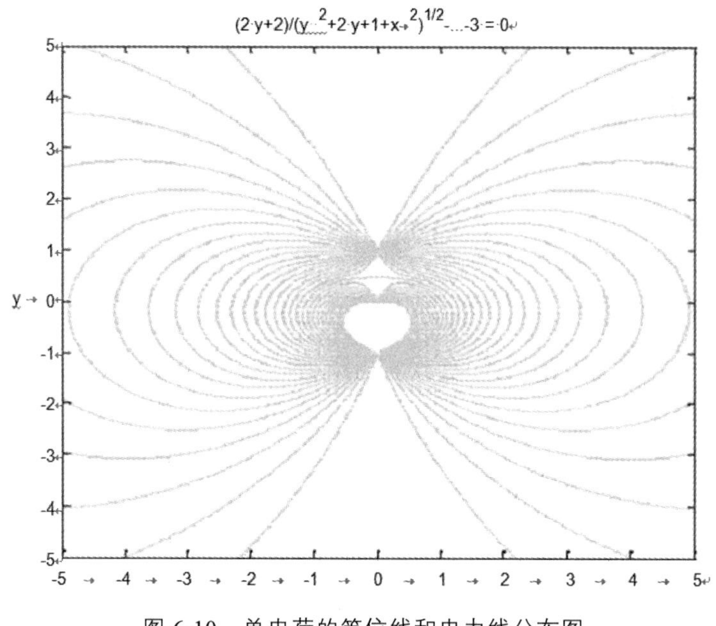

图 6-10　单电荷的等位线和电力线分布图

【实验内容】

根据给出的三点电荷系所构成的系统电场线满足的方程，绘制其图像。

【实验步骤】

（1）在 E 盘建立新文件夹，命名为 Fiele_Wave_simulation_2012_10_27。

（2）打开 MATLAB 软件，新建一个空白的 M 文件，保存在 Fiele_Wave_simulation_2012_10_27 目录下，命名为 Exp_3.m。

（3）将源程序拷贝到 M 文件中，保存。

（4）点击运行按钮，观察程序运行结果。

【实验工具】

（1）计算机 1 台；

（2）MATLAB 仿真软件 1 套。

【实验报告要求】

（1）写出仿真程序源代码。

（2）绘制三点电荷系所构成的系统电场线的图像。（要在图中绘制出姓名与学号）

实验 4　线电荷产生的电位

【实验目的】

理解交互式程序运行的过程。

【实验原理】

1. 基本原理

设电荷均匀分布在从 $z=-L$ 到 $z=L$，通过原点的线段上，其密度为 q（单位 C/m）。求在 xy 平面上的电位分布。点电荷产生的电位可表示为

$$V = Q / 4\pi r \varepsilon_0$$

该式是一个标量。其中 r 为电荷到测量点的距离。线电荷所产生的电位可用积分或叠加的方法来求。为此把线电荷分为 N 段，每段长为 $\mathrm{d}L$。每段上电荷为 $q\mathrm{d}L$，看作集中在中点的点电荷，它产生的电位为

$$\mathrm{d}V = \frac{q\mathrm{d}L}{4\pi r \varepsilon_0}$$

然后对全部电荷求和即可。

2. 参考程序

把 xy 平面分成网格，因为 xy 平面上的电位仅取决于离原点的垂直距离 R，所以可以省略一维，只取 R 为自变量。把 R 从 0 到 10 m 分成 Nr+1 点，对每一点计算其电位。

```
clear all;
L=input(‘线电荷长度  L=:’ );
N=input(‘分段数  N=:’ );
Nr=input(‘分段数  Nr=:’ );
q=input(‘电荷密度  q=:’ );
E0=8.85e-12;
C0=1/4/pi/E0;
L0=linspace(-L,L,N+1);
L1=L0(1:N);
L2=L0(2:N+1);
Lm=(L1+L2)/2;
dL=2*L/N;
R=linspace(0,10,Nr+1);
for k=1:Nr+1
```

```
    Rk=sqrt(Lm.^2+R(k)^2);
    Vk=C0*dL*q./Rk;
    V(k)=sum(Vk);
end
[max(V),min(V)]
plot(R,V),grad
```

3. 程序参考运行结果

输入：

线电荷长度 L=: 5

分段数 N=: 50

分段数 Nr=: 50

电荷密度 q=:1

可得最大值和最小值为：

ans =1.0e+010 *[9.3199 0.8654]

图像大致如图 6-11 所示。

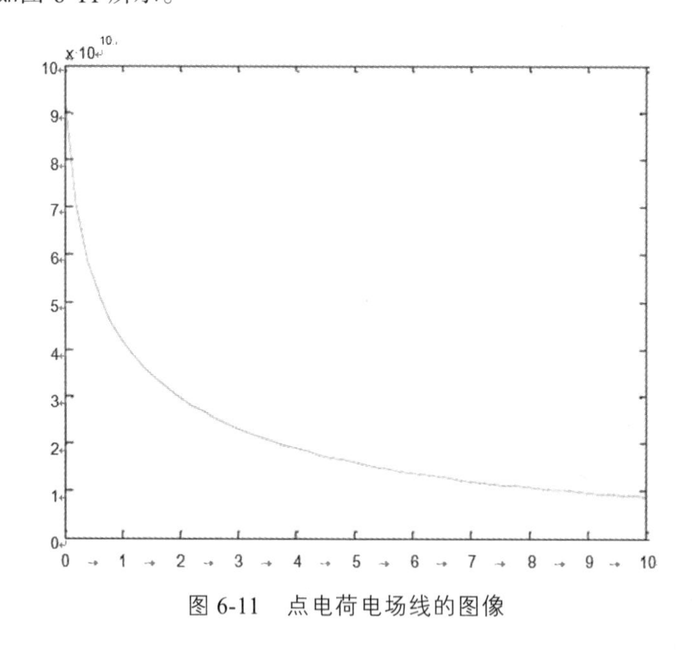

图 6-11　点电荷电场线的图像

【实验内容】

根据给出的三点电荷系所构成的系统电场线满足的方程，绘制其图像。

【实验步骤】

（1）在 E 盘建立新文件夹，命名为 Fiele_Wave_simulation_2012_10_27。

（2）打开 MATLAB 软件，新建一个空白的 M 文件，保存在 Fiele_Wave_simulation_2012_

10_27 目录下，命名为 Exp_4.m。

（3）将源程序拷贝到 M 文件中，保存。

（4）点击运行按钮，观察程序运行结果。

【实验工具】

（1）计算机 1 台；

（2）MATLAB 仿真软件 1 套。

【实验报告要求】

（1）写出仿真程序源代码。

（2）绘制线电荷产生的电位的图像。（要在图中绘制出姓名与学号）

实验 5　有限差分法处理电磁场问题

【实验目的】

理解有限差分法处理电磁场问题。

【实验原理】

1. 基本原理

在很多实际情况下，往往我们不知道电荷的分布情况，而只知道边界的电位。例如在静电场中的导体，边界是等位面，但是表面上的电荷分布往往不一样，而且很难求得。

如果我们想求导体附近的电场，这里就介绍用差分法解电场的方法。

解决这个问题的关键是对电位使用以下结论：在一个没有电荷的区域，给出一个点的电位等于周围点的电位数值的平均值。我们使用高斯定律以及以下公式来证明这个结论：

$$E_x = \frac{\partial V}{\partial x}; E_y = \frac{\partial V}{\partial y}; E_z = \frac{\partial V}{\partial z}$$

我们将集中讨论该情况，其中电位只取决于两个坐标，x 和 y。一个例子是一个带电的长圆柱体：一个点的电势只依赖于这一点在平面垂直于圆柱体的轴线，而不是 z 坐标。对于这样一个二维的情况下，考虑一个点 P 的坐标（x，y，z），并在一个由高斯表面封闭的立方体的一面长度是 $2\Delta l$，中心在 P。如果立方体的内部没有电荷，通过立方体的电通量 ΦE 等于零。由方程可知 z 轴的电场分量为零，因为电势 V 并不是 z 的函数。因此，并没有通过高斯表面的平行于 xy 平面的电通量。由于是一个小的立方体，通过其他四个面每通量有一个良好的逼近，等于在每面的中心和每一面的（$2\Delta l$）2 的 E 的垂直分量的乘积。如图 6-12 所示。

在一个没有电荷的区域，点 P 的电位数值等于 P 点周围电位值的平均值。

$$E_x\ (x+\Delta l, y, z) = -\frac{\partial V(x+\Delta l, y)}{\partial x} = -\frac{V(x+\Delta l, y) - V(x, y)}{\Delta l}$$

$$E_x\ (x-\Delta l, y, z) = -\frac{\partial V(x-\Delta l, y)}{\partial x} = -\frac{V(x, y) - V(x-\Delta l, y)}{\Delta l}$$

$$E_x\ (x, y+\Delta l, z) = -\frac{\partial V(x, y+\Delta l)}{\partial y} = -\frac{V(x, y+\Delta l) - V(x, y)}{\Delta l}$$

$$E_x\ (x, y-\Delta l, z) = -\frac{\partial V(x, y-\Delta l)}{\partial y} = -\frac{V(x, y) - V(x, y-\Delta l)}{\Delta l}$$

我们可以得到 P 点的电位是

$$V(x, y, z) = \frac{1}{4}\left[V(x+\Delta l, y) + V(x-\Delta l, y) + V(x, y+\Delta l) + V(x, y-\Delta l)\right]$$

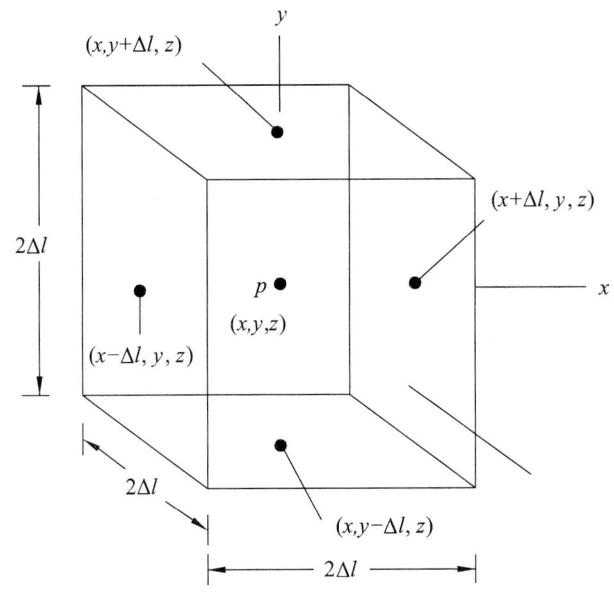

图 6-12　在没有电荷的区域，点 P 的电位求解示意图

总之，P 点的电位值等于 P 点周围点的电位值的平均值，前提是 Δl 非常小。

2. 计算机绘图算法

（1）选取一个正电压 V。

（2）选取横纵线上网格点数 m，则在内场区的网格点数为（m−2）^2。

（3）$V(j，k)$为网格上点的坐标，j 从 1 到 m，k 从 1 到 m。

（4）开始循环 k 从 1 到 m。

（5）开始循环 j 从 1 到 m。

（6）给网格上的点赋初值，k=1 时，$V(j，k)=U$。j=1，$j=m$ 或者 $k=m$ 时 $V(j，k)=0$，其余的 $V(j，k)=0$。

（7）j 和 k 都结束循环。

（8）设置一个值，为最小精度，这里设为 cha=0.01。

（9）设置一个变量，初值为 0，这里设为 delta=0。

（10）k 开始循环，从 2 到 m−1。

（11）j 开始循环，从 2 到 m−1。（就是内场的点，不包含边界）

（12）设置一个变量 $V_{new}(j，k)$ 使之：

$$V_{new}(j,k)=\frac{1}{4}\left[V(j+1,\ k)+V(j-1,\ k)+V(j,\ k+1)+V(j,\ k-1)\right]$$

（13）设置一个变量 d，使之满足：

$$d=\left|\frac{V_{new}(j,k)-V(j,k)}{V(j,k)}\right|$$

如果 d>delta，则把 d 的值赋给 delta。

（14）把 $V_{new}(j,k)$的值赋给以前的 $V(j,k)$。

（15）结束 j、k 的循环。

（16）如果 delta 的值大于前面设置的精度 cha，则至少有一个网格上的点两次计算之间的差值大于所设的精度。则程序从第 10 步开始重新计算，直到 delta 的值小于 cha 为止。

（17）输出网格上点的电压值。

（18）程序结束。

3. 参考程序

计算场点电压值程序如下。

```
m=12;
for k=1:m
    for j=1:m
        if k==1
            V(j,k)=1;
        elseif ((j==1)|(j==m)|(k==m))
            V(j,k)=0;
        else
            V(j,k)=0.5;
        end
    end
end
cha=0.01;
delta=0;
n=0;
while(1)
    n=n+1;
    for k=2:m-1
        for j=2:m-1
            Vnew(j,k)=1/4*(V(j+1,k)+V(j-1,k)+V(j,k+1)+V(j,k-1));
            d=abs((Vnew(j,k)-V(j,k))/V(j,k));
            if d>delta
                delta=d;
            end
            V(j,k)=Vnew(j,k);
        end
    end
    if delta<cha
        break;
```

```
    end
    if(n>100)
          break;
   end
    delta=0.;
end
```

代入 m=22

绘图程序：

```
k=1:m;
j=1:m;
[DX,DY] = gradient(V,.4,.4); hold on
quiver(k,j,DX,DY,2)
hold off
k=1:m;
j=1:m;
[DX,DY]=gradient(V,.4,.4)
A=(DX.^2+DY.^2).^0.5;
[DA,DB]=gradient(A,.4,.4);
hold on
quiver(k,j,DA,DB,2)
hold off
```

4. 程序参考运行结果

图像大致如图 6-13、6-14 所示。

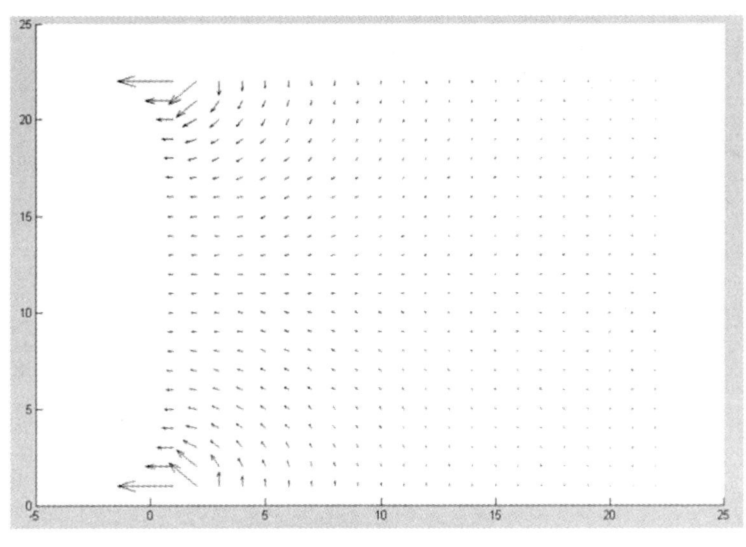

图 6-13　电场线的图像

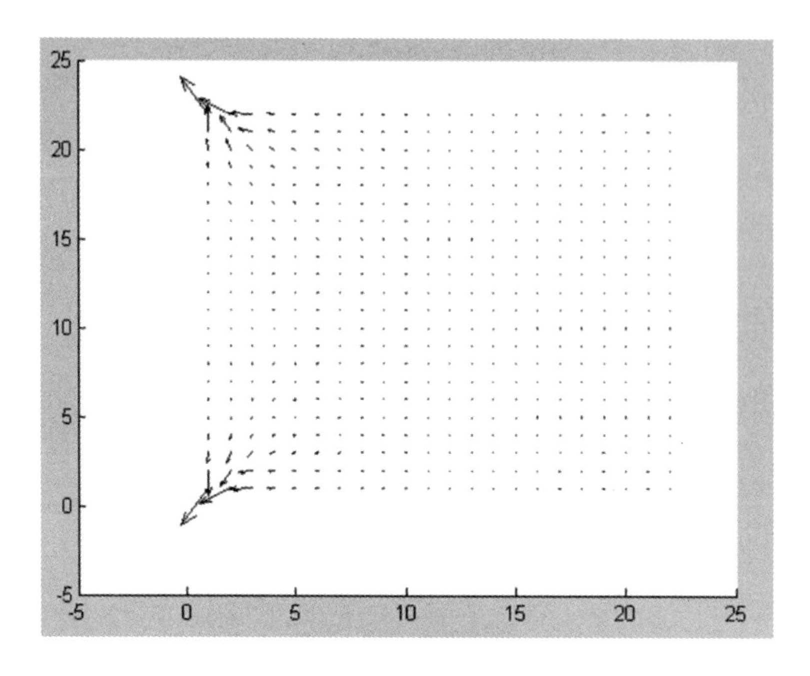

图 6-14　电力线的图像

【实验内容】

有限差分法绘制带电长圆柱体的电位和电力线图像。

【实验步骤】

（1）在 E 盘建立新文件夹，命名为 Fiele_Wave_simulation_2012_10_27。

（2）打开 MATLAB 软件，新建一个空白的 M 文件，保存在 Fiele_Wave_simulation_2012_10_27 目录下，命名为 Exp_5.m、Exp_5.1.m。

（3）将源程序拷贝到 M 文件中，保存。

（4）点击运行按钮，观察程序运行结果。

【实验工具】

（1）计算机 1 台；

（2）MATLAB 仿真软件 1 套。

【实验报告要求】

（1）写出仿真程序源代码。

（2）绘制带电长圆柱体的电位和电力线图像。（要在图中绘制出姓名与学号）

实验 6　电磁场 MATLAB 编程

【实验目的】

（1）用 MATLAB 编程计算解析解和数值解，实现二维静态电磁场的求解。

（2）学习 MATLAB PDE 工具箱。

【实验内容】

如图 6-15 所示，已知均匀带电细棒的棒长为 l，带电量为 q，用 MATLAB 编程求解其中垂面上的电场强度。

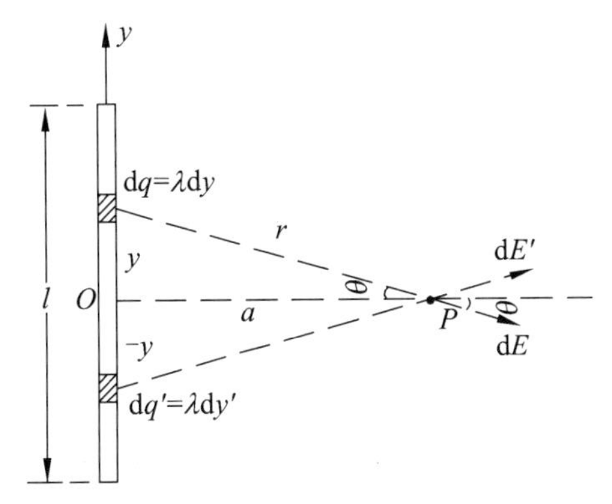

图 6-15　均匀带电细棒

分析：均匀带电细棒可以当作带电自导线处理，电荷线密度 $\lambda=\dfrac{q}{l}$。取棒的中点 O 为原点，沿中垂线向右为 x 轴，沿细棒向上为 y 轴。在 x 轴上任取一点 P，P 点离 O 点的距离为 a。将细棒分割成无限多个电量线元，任取一线元 $\mathrm{d}y$，它所带电量 $\mathrm{d}q=\lambda\mathrm{d}y$，$\mathrm{d}q$ 在 P 点产生的场强大小为：

$$\mathrm{d}E=\frac{\mathrm{d}q}{4\pi\varepsilon_0 r^2}=\frac{\lambda\mathrm{d}y}{4\pi\varepsilon_0(a^2+y^2)}$$

由于对称性，电荷元在 P 点产生的场强在 y 轴方向的分量大小相等，方向相反，互相抵消，所以合成场强在 y 轴方向的分量为零，即 $\mathrm{d}E_y=0$，$E_y=0$。在 x 轴方向的分量大小为

$$\mathrm{d}E_x=\frac{\lambda\mathrm{d}y}{4\pi\varepsilon_0(a^2+y^2)}\cdot\cos\theta$$

则 P 点场强的大小为

$$E=E_x=\int_L\frac{\lambda\cos\theta}{4\pi\varepsilon_0(a^2+y^2)}\mathrm{d}y$$

由于 $\cos\theta = \frac{a}{r} = \frac{a}{\sqrt{a^2 + y^2}}$，所以

$$E = \int_{-\frac{L}{2}}^{\frac{L}{2}} \frac{\lambda a}{4\pi\varepsilon_0} \cdot \frac{\mathrm{d}y}{(a^2 + y^2)^{\frac{3}{2}}}$$

中垂面上与 O 点的距离为 a 的场强大小的解析解（精确解）:

$$E = \begin{cases} 0\ , & a = 0 \\ \dfrac{\lambda l}{2\pi\varepsilon_0 a(4a^2 + l^2)^{1/2}}, & a > 0 \end{cases} \tag{6-1}$$

用 $\Delta y = \frac{l}{N}$ 代替 $\mathrm{d}y$，取 $y = -\frac{l}{2} + \left(n - \frac{1}{2}\right)\Delta y$，把上式化为数值计算，得其数值解的表达式为

$$E = \frac{\lambda a}{4\pi\varepsilon_0} \sum_{n=1}^{N} \frac{\Delta y}{\left\{a^2 + \left[-\frac{l}{2} + \left(n - \frac{1}{2}\right)\Delta y\right]^2\right\}^{3/2}} \tag{6-2}$$

用 MATLAB 分别编写式（6-1）和（6-2）计算解析解和数值解的程序。

【实验要求】

完成以上问题的计算解析解和数值解的 MATLAB 程序设计，运行后能正确输出结果，并比较解析解和数值解的结果。

实验 7　工程电磁场应用仿真

【实验目的】

（1）应用电磁场的概念对边值问题进行数学建模。
（2）利用 PDE Toolboxes 进行仿真并研究场的特性。

【实验原理】

MATLAB 提供的 GUI 的偏微分方程数值求解工具主要有菜单和工具栏两部分，可以交互式地实现偏微分方程数学模型的几何模型建立、边界条件设定、三角形网格剖分和加密、偏微分方程类型设置、参数设置、方程求解以及结果图形显示等；包括了数值求解的前处理、计算和后处理等一套完整的程序，可以直观、快速、准确形象地实现偏微分方程的求解，从而求解出电磁场中的边值问题。

1. PDE Toolbox 菜单

在 MATLAB 中进入 start 命令，找到 Toolboxes 中 PDE Toolboxes，将显示 PDE 图形用户界面，如图 6-16 所示。

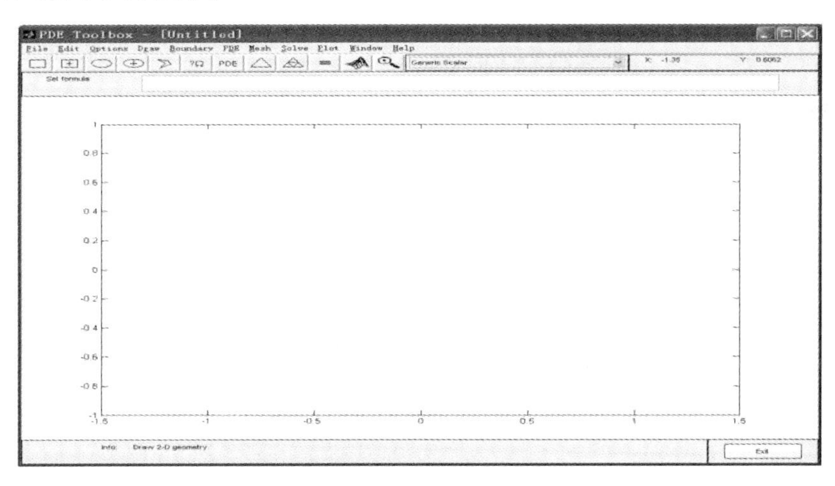

图 6-16　PDE 界面图

（1）File 菜单。
New：更新或建立一个新的几何结构实体模型。
Open：从硬盘装载 M 文件。
Save：将在 GUI 中完成的结果存储到一个 M 文件中。
Save As：将在 GUI 内完成的结果存储到另外一个文件中。
Exit：退出 PDE 图形用户界面。
在此菜单下可以建立一个新的实体模型。

（2）Edit 菜单。

Undo：在绘制多边形时退回到上一次操作。

Cut：将已选实体移到剪贴板上。

Copy：将已选实体复制到剪贴板上。

Paste：将剪贴板上的实体复制到当前几何结构实体模型中。

Clear：删除已选的实体。

Select ALL：选择当前的几何结构实体造型 CSG 中的所有的实体以及边界和子域。

（3）Options 菜单。

Grid：绘图式栅格的开启和关闭。

Grid Spacing：调整栅格大小。

Axis Limits：改变绘图轴的比例。

Axis Equal：绘图轴的打开和关闭。

Application：应用模式的选择。

Refresh：重新显示 PDE 工具箱中所有的图形实体。

（4）Draw 菜单。

Draw Mode：进入绘图模式。

Rectangle/Squar：以角点方式画矩形/方形。

Rectangle/Squar（centered）：以中心方式画矩形/方形。

Ellipse/Circle：以角点方式画椭圆形。

Ellipse/Circle（centered）：以中心方式画椭圆。

Polygon：画多边形状，按右键可封闭多边形。

（5）Boundary 菜单。

Boundary Mode：进入边界模式。

Show Edge Labels：显示边界区域标识开关。

Show Subdomain Labels：显示子区域标识开关。

Specify Boundary Conditions：定义边界条件。对话框对中如图 6-17 所示，对已选的边界输入边界条件。若选定的边界 $\varphi=0$，则输入 Dirichlet 条件下 h、r 的值，$h=1$，$r=0$。

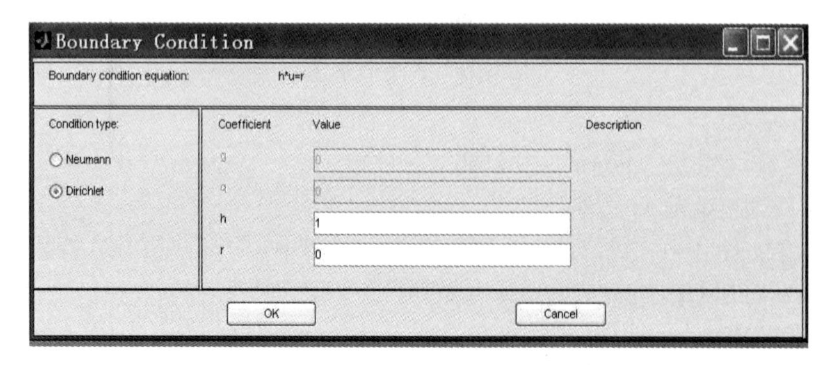

图 6-17　设定边界条件的对话框

（6）PDE 菜单。

PDE Mode：进入偏微分方程模式。

Show Subdomain Labels：显示子区域标识开关。

PDE Specification：打开对话框以输入 PDE 参数和类型，如图 6-18 所示。

PDE Specification
Equation:
-div(c*grad(u))+a*u=f
Type of PDE:
Elliptic
Parabolic
Hyperbolic
Eigenmodes
Coefficient
Value
c
1.0
a
0.0
f
10.0
d
1.0
OK
Cancel

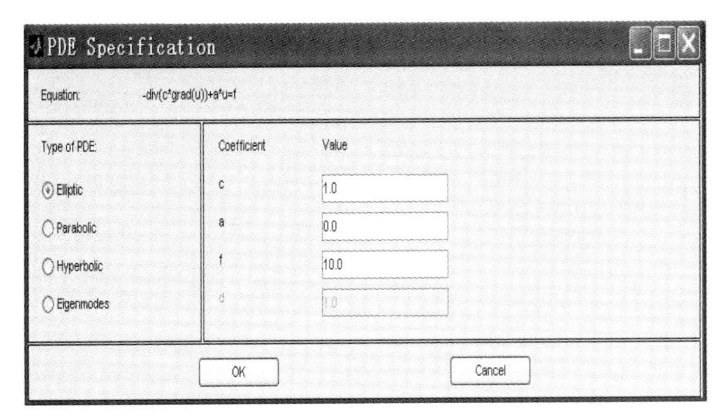

图 6-18　偏微分方程参数与类型对话框

打开对话框，输入偏微分方程类型和应用参数。参数的维数决定于偏微分方程的维数。如果选择专业应用模式，那么特殊偏微分方程和参数将代替标准偏微分方程系数。每一个参数 c、a、f 和 d 皆可作为有效的 MATLAB 表达式，以作为计算三角形单元质量中心的参数值。

若我们在工具条内选择静电学应用模式，则出现如图 6-19 所示的泊松方程：

$$\nabla^2\varphi = -\frac{\rho}{\varepsilon}$$

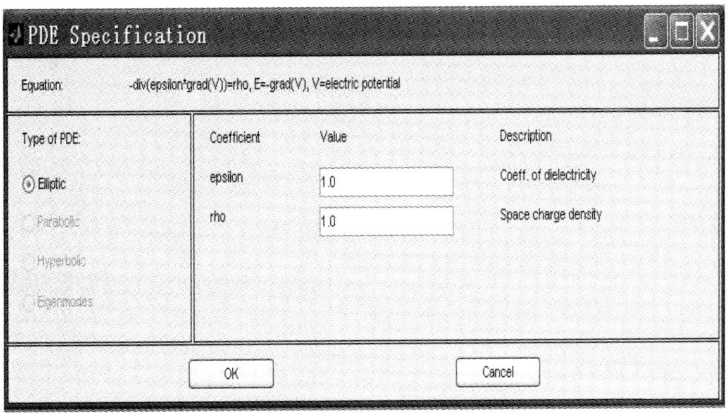

PDE Specification
Equation:
-div(epsilon*grad(V))=rho, E=-grad(V), V=electric potential
Type of PDE:
Elliptic
Parabolic
Hyperbolic
Eigenmodes
Coefficient
Value
Description
epsilon
1.0
Coeff. of dielectricity
rho
1.0
Space charge density
OK
Cancel

图 6-19　泊松方程

（7）Mesh 菜单。

Mesh Mode：输入网格模式。

Initialize Mesh：建立和显示初始化三角形网格。

Refine Mesh：加密当前三角形网格。

Jiggle Mesh：优化网格。

（8）Solve 菜单。

Solve PDE：对当前的几何结构实体 CSG、三角形网格和图形解偏微分方程。

Parameters：打开 PDE 对话框，输入解 PDE 的参数。

（9）Plot 菜单。

Plot Selection：打开绘图对话框，如图 6-20 所示。

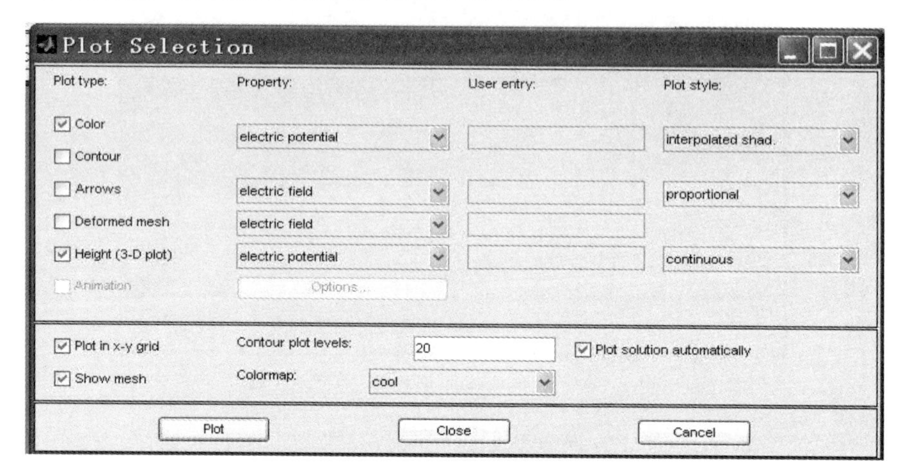

图 6-20　绘图对话框

Color（颜色）：用于着色曲面标量属性的可视化。

Contour（等值线）：用于等值线标量属性的可视化。当绘图类型（颜色和等值线）被检查后，等值线可提高颜色的可视化，等值线被画成黑色。

Arrows（箭头）：用箭头表示矢量属性的可视化。

（10）Window 菜单。

选择当前打开的所有的 MATLAB 图形窗口。

（11）Help 菜单

Help：显示简洁帮助窗口。

About：显示带有一些程序信息的窗口。

2. PDE 工具栏

主菜单下工具栏含有许多图标按钮，可以快速、简洁地运行 PDE 函数和菜单项。左边 5 个按钮为绘图模式按钮，其后面 6 个按钮为边界、网格、解方程和图形显示控制按钮，最右边的为图形缩放按钮。

3. 应用举例

横截面为矩形的无限长槽由三块接地导体板构成，如图 5-6 所示，槽的盖板与其他三板绝缘，接直流电压 100 V，求矩形槽的电位。采用 PDE Toolboxes 求解此二维电磁场的边值问题，绘制出电位的等值线和电场线分布。

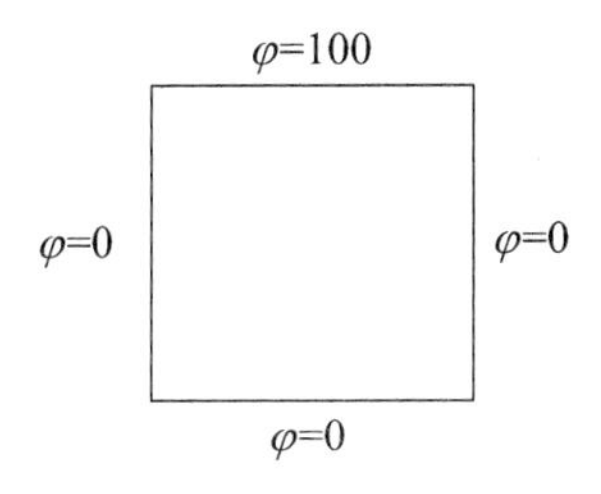

图 6-21　矩形槽

分析：这是二维平面场问题。由于电位函数 φ 和电场强度 $\boldsymbol{E}$ 之间关系为

$$\boldsymbol{E}=-\nabla\varphi$$

利用麦克斯韦方程 $\nabla\cdot\boldsymbol{D}=\rho$ 和关系式 $\boldsymbol{D}=\varepsilon\boldsymbol{E}$，得到泊松方程：

$$-\nabla^2\varphi=\rho$$

式中：ε 为介电常数；ρ 为体电荷密度。
由于所求区域内体电荷密度 $\rho=0$，故可得到拉普拉斯方程：

$$\nabla^2\varphi=0$$

其边界满足狄里赫利（Dirichlet）条件：

$$\varphi\big|_{\text{左边界}}=0\qquad \varphi\big|_{\text{右边界}}=0$$

$$\varphi\big|_{\text{下边界}}=0\qquad \varphi\big|_{\text{上边界}}=100$$

本题可应用 MATLAB 的偏微分方程工具箱 PDE Toolbox 进行数值求解。在 MATLAB 命令窗口中输入命令 pdetool，打开 PDE 图形用户界面，计算步骤如下：

（1）网格设置。

选择菜单“Options”下的“Grid”，将 x 轴设置为[-1.5：0.2：1.5]，y 轴设置为 Auto。

（2）区域设置。

选择菜单“Draw”下的“Rectangle/Square”画矩形。

（3）应用模式的选择。

在工具条内选择静电学应用模式。

（4）输入边界条件。

进入“Boundary Mode”，输入以下条件：

在左边界，输入狄里赫利条件，h=1，r=0。

在右边界，输入狄里赫利条件，h=1，r=0。

在上边界，输入狄里赫利条件，h=1，r=100。

在下边界，输入狄里赫利条件，h=1，r=0。

（5）方程参数设定。

打开 PDE Specification 对话框，设介电常数“epsilion”为 1，体密度“rho”为 0。

（6）网格剖分。

选择菜单“Initialize Mesh”，加密网格。

（7）图形解显示参数的设定。

单击菜单“Plot”下的参数，在对话框中选择“Color”、“Height”、“Plot in x-y grid”和“Show mesh”4 项，并在“Contour plot levels”中设置等位线的条数，在“Colormap”中选择不同的色图后，单击“Plot”按钮，画出电位的三维曲面图；选择“Color”、“Contour”和“Arrows”三项，设置等位线条数和选择不同的色图参数，再单击“Plot”按钮，画出电位的等位线和电场线的分布图如图 6-22 和 6-23 所示。

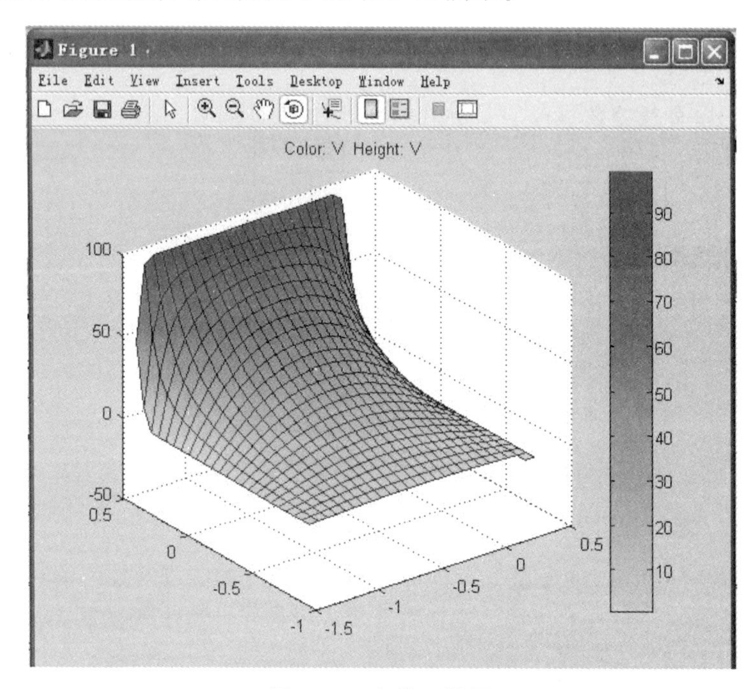

图 6-22　电位三维图

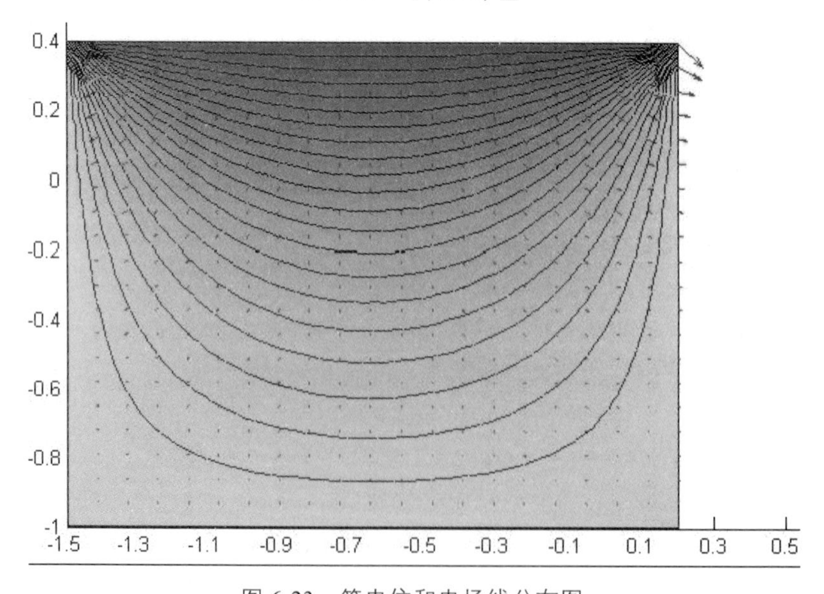

图 6-23　等电位和电场线分布图

本题可以由分离变量法直接求解，但其理论解是无穷级数的和，不易直观地理解。为了分析场域内电位的分布，最简单的方法就是利用 MATLAB 的 PDE 箱进行数值计算，只要在 PDE 图形用户界面按条件和步骤操作即可。该方法可以直观、快速、准确形象地实现偏微分方程的求解，绘制等位线分布图、电场线的分布图，直观地表示电位电场在空间分布的情况。

【实验要求】

学会 PDE 工具箱的使用，利用 PDE Toolboxes 求解二维电磁场的边值问题。首先将电磁场的边值问题表述为数学模型，利用 MATLAB 工具箱求解其偏微分方程，从而描绘场的等值面和场线，研究场的特性。

任务 1:

设两个同轴矩形金属槽如图 6-24 所示，外金属槽电位为零，内金属电位为 100 V，求槽内电位的分布。

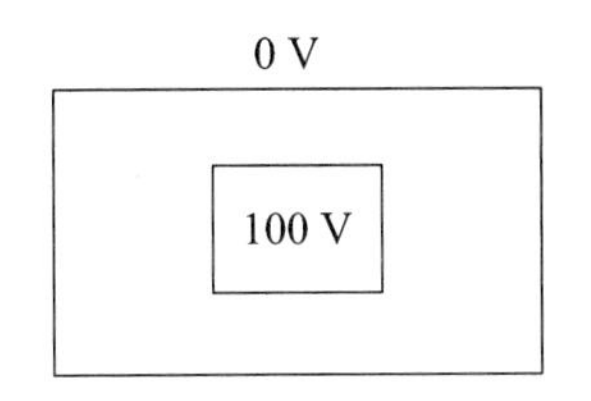

图 6-24　同轴矩形金属槽

要求采用 PDE Toolboxes 求解该边值问题，绘制出电位的等值线和电场线分布。

任务 2:

《工程电磁场导论》(参考文献[5]) 第 26 页例题 1-12，采用 PDE Toolboxes 求解其边值问题，并绘制出其电位的等值线和电场线分布。

参考文献

[1] 何红雨. 电磁场数值计算法与 MATLAB 实现[M]. 武汉：华中科技大学出版社，2004.
[2] 王正林，刘明. 精通 MATLAB7[M]. 北京：电子工业出版社，2006.
[3] 刘国强，赵凌志. Ansoft 工程电磁场有限元分析[M]. 北京：电子工业出版社，2005.
[4] 赵博，张洪亮. Ansoft 12 在工程电磁场中的应用[M]. 北京：中国水利水电出版社，2010.
[5] 冯慈璋，马西奎. 工程电磁场导论[M]. 北京：高等教育出版社，2000.
[6] 盛剑霓. 工程电磁场数值分析[M]. 西安：西安交通大学出版社，1991.
[7] 谢龙汉. ANSYS 电磁场分析[M]. 北京：电子工业出版社，2012
[8] 宋超伟. 接触网电磁环境模型与分析研究[D]. 北京：北京交通大学，2017.
[9] 孙惠娟，贺璨，刘兵，等. 基于分区模型的高铁接触网电场对人体影响数值计算与分析[J]. 华东交通大学学报，2018，35（03）：119-126.
[10] 孙惠娟，刘君，黄兴德，等. 高速铁路牵引供电网电磁环境数值模拟与分析[J]. 中国电力，2015，48（11）：60-66.